共病時代

醫師、獸醫師、生態學家如何合力對抗新世代的健康難題

芭芭拉・奈特森赫洛維茲 Barbara Natterson-Horowitz
凱瑟琳・鮑爾斯 Kathryn Bowers———著　陳筱宛———譯
吳聲海（國立中興大學生命科學系副教授）———審訂

ZOOBIQUITY : The Astonishing Connection Between Human and Animal Health

國家圖書館出版品預行編目(CIP)資料

共病時代：醫師、獸醫師、生態學家如何合力對抗新世代的健康難題 / 芭芭拉.奈特森赫洛維茲(Barbara Natterson-Horowitz), 凱瑟琳.鮑爾斯(Kathryn Bowers)著 ; 陳筱宛譯. -- 一版. -- 臺北市 : 臉譜出版 : 家庭傳媒城邦分公司發行, 2013.10
面 ; 公分. -- (臉譜書房 ; FS0030)
譯自 : ZOOBIQUITY：The Astonishing Connection Between Human and Animal Health
ISBN 978-986-235-271-7(平裝)

1.動物病理學
437.24 102013380

臉譜書房 FS0030

共病時代：醫師、獸醫師、生態學家如何合力對抗新世代的健康難題

ZOOBIQUITY：The Astonishing Connection Between Human and Animal Health

作　　者　芭芭拉・奈特森赫洛維茲（Barbara Natterson-Horowitz）、凱瑟琳・鮑爾斯（Kathryn Bowers）
譯　　者　陳筱宛
編輯總監　劉麗真
主　　編　陳逸瑛
編　　輯　林淑鈴、賴昱廷
行銷企畫　陳彩玉、陳玫潾、蔡宛玲
排　　版　漾格科技股份有限公司
發 行 人　凃玉雲
出　　版　臉譜出版
城邦文化事業股份有限公司
台北市民生東路二段141號5樓
電話：886-2-25007696 傳真：886-2-25001952
發　　行　英屬蓋曼群島商家庭傳媒股份有限公司城邦分公司
台北市中山區民生東路141號11樓
客服服務專線：02-25007718；25007719
24小時傳真專線：02-25001990；25001991
服務時間：週一至週五上午09:30-12:00；下午13:30-17:00
劃撥帳號：19863813 戶名：書虫股份有限公司
讀者服務信箱：service@readingclub.com.tw
城邦網址：http://www.cite.com.tw
香港發行所　城邦（香港）出版集團有限公司
香港灣仔駱克道193號東超商業中心1樓
電話：852-25086231或25086217　傳真：852-25789337
電子信箱：citehk@hknet.com
新馬發行所　城邦（新、馬）出版集團
Cite（M）Sdn. Bhd.（458372U）
41, Jalan Radin Anum, Bandar Baru Sri Petaling,
57000 Kuala Lumpur, Malaysia.
電話：603-90578822　傳真：603-90576622
一版一刷　2013年10月1日
一版二刷　2013年11月7日

ISBN　978-986-235-271-7

售價：*380*元

（本書如有缺頁、破損、倒裝、請寄回更換）

推薦序

醫學一體以保障地球眾生健康與福利

劉振軒

一口氣讀完這本由臉譜策畫出版的《共病時代》（Zoobiquity，動物與人類的同源性），著實令人大為震撼，久久不能自已。從事動物醫學工作多年，對於自己長久以來一直堅持的信仰與努力不懈的目標，在此書的十二個章節中勾畫出全貌，實在令人驚艷與折服！近年來世界衛生組織（WHO）及世界動物衛生組織（OIE）的熱門術語：「醫學一體以保障一個地球上的眾生健康與福利。（One medicine, one world and one health.）」，不正是這本書作者們用心良苦，再三呼籲，所要揭櫫的目標嗎？這本書出版後，相關的議題仍不斷在燃燒與發酵，而第三屆Zoobiquity Conference又如火如荼即將於二〇一三年十一月二日於紐約召開了。

作者之一的奈特森赫洛維茲醫師是一位曾接受過精神醫學訓練，並在加大洛杉磯分校醫學中心工作二十餘年的心臟科醫師，能夠以悲天憫人及反求諸己的精神，加之以淵博的知識，與科學記者鮑爾斯共同寫下這輝煌的巨著，不得不令人佩服他們敏銳的觀察力與豐富聯想力。科學的進步，不常就是由觀察入微、相互比較、提出假設，再加以證實嗎？本書透過上百位醫師與獸醫師對話，進而激發出智慧的火花，書中共分十二章，包羅萬象，涵蓋生理、心理、病理、演化、癌症、人類學、生物學及臨床醫學範疇，並打破這些學科之間的高牆藩籬，而重新賦以醫學的新生命與新境界，並反覆以科學的存在事實，加以分析並比較動物之間或與人的異同點，以謙虛的態度，彼此學習借鏡，以造福眾生。古人云：「江海之大，所以容百川」，也就是這個道理。

近年來新興與再浮現的人畜共通傳染病，如牛海綿狀腦病（俗稱狂牛病）、炭疽病、嚴重急性呼吸道症候群（SARS）、禽流感及狂犬病等的防控與撲滅工作，以及癌症、愛滋病及青少年的心理問題的探討，一再說明醫學一體的重要性，只有透過醫學與動物醫學彼此專業的合作，也才能制敵於機先。

現代病理學之父，德國魯道夫．費爾考夫（Rudolf Virchow,1821-1902）在一百多年前就說了一段發人深省的話：「動物醫學與人類醫學之間並沒有清楚的界限——事實上也不應該有。雖然服務的對象不同，但在彼此領域所獲得的經驗卻建構了所有醫學的基礎。」在臺灣醫學一體的躬行實踐，早在一九九四年就由一群病理醫師與獸醫病理師共同倡議成立「中華民國比較病理學會」，一年舉辦三次研討會，從未間斷，迄今將邁入第二十年了，共同留下的歷史記錄與完整英文病例報告達四百餘例，在比較醫學的歷史里程碑，臺灣醫學及動物醫學家們的智慧、努力與成就應有其不可抹滅的歷史地位與貢獻。

這是一本深植人心的啟發性科學書籍，對於目前正從事或即將進入醫學、動物醫學或生物醫學相關領域的工作者很受用，足以鼓勵研究人員以更開拓的胸襟、更寬廣的視野去探討動物與人類彼此可以學習的地方，以俾利眾生健康與福利，我非常樂意推薦這本好書給讀者細細賞讀。

（本文作者為國立臺灣大學獸醫專業學院分子暨比較病理生物學研究所教授兼生農學院附設動物醫院院長）

作者的話

儘管這部作品是兩位作者通力合作的成果，但為了文體上的考量，我們選擇從奈特森赫洛維茲醫師的觀點來撰寫本書。我們認為，採取第一人稱的敘述結構方能描述她從專注於人類醫學，到轉向更寬廣、跨越物種分際的態度這樣的心路歷程。書中絕大多數的訪談是由兩位作者一同進行，但有極少數的狀況是由其中一位負責提問。最後的成書內容不僅僅是奈特森赫洛維茲醫師與鮑爾斯兩人同心協力的心血結晶，更是許多醫師、獸醫師、生物學家、研究人員、其他專業人士及病患（在必要之處以化名代替其真實姓名），和我們慷慨分享其時間、學識與經驗的成果。

目錄

第1章

當怪醫豪斯遇上怪醫杜立德：重新定義醫學的分野

二〇〇五年春天，洛杉磯動物園（Los Angeles Zoo）的獸醫師室主任打電話給我，他的語氣聽起來非常急切。

「喂，芭芭拉嗎？聽著，我們園裡有隻帝王獠狨（emperor tamarin）心臟衰竭，你能馬上過來嗎？」

掛掉電話後，我立刻伸手去拿車鑰匙。過去十三年來，我在加大洛杉磯分校醫學中心（UCLA Medical Center）擔任心臟科醫師，負責治療人類病患。但有時洛杉磯動物園的獸醫室會邀請我協助他們處理某些棘手的動物病例。由於加大洛杉磯分校醫學中心在心臟移植領域執牛耳，我因而有幸對人類的各種心臟衰竭能有第一手的觀察機會。至於發生在獠狨這種個頭嬌小的哺乳動物身上的心臟衰竭，我倒是從未見識過。我把手提包丟進車內，驅車前往坐落於葛利菲斯公園東側，占地四十六公頃，青翠蓊鬱的洛杉磯動物園。

眼神的魔力

一走進獸醫室，我就看見獸醫師助理手上抱著一隻用粉紅毛毯裹住的小動物。

「這是小流氓（Spitzbuben）。」她一邊為我介紹，一邊輕柔地將這隻小獸放進透明的樹脂玻璃診療箱中。看到這一幕，我的心不禁蹦蹦亂跳。帝王獠狨果真是很可愛的生物。牠們的體型與小貓相仿，這些猴科動物棲息在中南美洲的雨林樹梢。牠們纖細、傅滿洲式（譯注：傅滿洲〔Fu Manchu〕是英國推理小說家薩克斯・羅默〔Sax Rohmer〕筆下的虛構人物。這個中國人瘦高禿頭，留著兩撇長長的八字鬍。他博學多才卻極為邪惡，善用魔術、毒藥和黑幫來禍害西方世界）的白鬍鬚垂懸在棕色大眼底下。小流氓被那條粉紅毛毯緊裹住，只能用滴溜溜的眼神直盯著我瞧，那神情勾起我心中的母性本能。

面對焦慮的人類病患，尤其是小病患，我總會睜大雙眼，俯身靠近他們。多年來，我親眼看見這套手法如何成功地建立起病患對我的信任感，讓他們緊張的情緒得到舒緩。所以我如法炮製，用同樣的方式對待小流氓。我想讓這頭無法自衛的小獸知道我能感受牠的脆弱無助，還有我會盡全力幫助牠。我把頭湊近診療箱，從箱子上方直勾勾地瞅著牠的雙眼，用一種動物對動物的方式深深地看著牠。這果然奏效了。牠坐得直挺挺的，雙眼透過滿是刮痕的塑膠板牢牢瞪著我。我噘起嘴，柔聲哄牠：

「小流氓，你好——勇敢喔。」

突然間，我感覺到有隻粗壯的手臂攬著我的肩頭。

「請你別再跟牠有眼神接觸了。」我轉過頭，發現說話的那位獸醫師尷尬地朝我笑了笑。「這麼做會讓牠容易發生捕捉性肌病（capture myopathy）。」

儘管有些吃驚，我依舊遵照對方的指示站到旁邊去。看來人獸間的情感交流得等一等再說。可是我心裡充滿疑惑。捕捉性肌病？我行醫已有近二十年的經歷，卻從來沒有聽說過這個病名。我知道什麼是「肌病」（myopathy），就是指會影響肌肉功能的疾病。在我專攻的領域裡，最常在「心肌症」（cardiomyopathy）這種心肌退化的疾病上看見這種現象。可是肌病和捕捉有什麼關係呢？

就在這時，小流氓的麻醉藥開始發揮效力。「該插管了，」在主治獸醫師一聲令下，獸醫室裡的人全都集中心神，齊力執行這項既危急且有相當難度的手術。我把自己對捕捉性肌病的疑問暫且擱下，全神傾注在眼前的這名動物病患身上。

等到手術順利完成，小流氓也平安回到自己的欄舍和同伴相聚後，我立刻著手查詢什麼是「捕捉性肌病」。幾十年來，這個名詞頻頻出現在獸醫學教科書與獸醫專業期刊中。甚至早在一九七四年，科技期刊《自然》（*Nature*）便刊登了一篇相關文章。在動物被掠食者逮到的瞬間，其血流中的腎上腺素會猛然激增，對肌肉產生「毒性」。就心臟來說，過多的壓力激素會損害心室的功能，使心室虛弱無力，無法有效運作。捕捉性肌病確實會致死，像是鹿、鼠、鳥和小型哺乳動物等生性警覺且神經高度緊繃的動物尤其容易受害。此外，凝視也可能會引發捕捉性肌病。對小流氓來說，我滿懷憐惜的注視代表的並不是「你好可愛，別害怕，我是來幫助你的」，而是「我好餓，你看起來真可口，我想一口吞了你」。

儘管這是我第一次知道這種病的存在，但其中有部分卻讓我覺得十分眼熟。在剛跨入二十一世紀的頭幾年，一種名為「章魚壺心肌症」（takotsubo cardiomyopathy）的症候群在心臟學界引發許多討論。這種特殊的疾病往往伴有劇烈、令人承受不住的胸痛，患者的心電圖明顯異常，其變化與典型的突發性心臟病極為相似。我們將這些病患緊急送入開刀房進行血管攝影，以為會發現危險的血塊。然而在章魚壺心肌症個案中，主治醫師發現病人的冠狀動脈非常健康，毫無問題；既沒有血塊，也沒有堵塞，更沒有心臟病發的跡象。

經過更仔細的檢查後，醫師注意到患者的左心室有個燈泡形狀的奇怪鼓脹。心室是推動循環系統的引擎；為了快速、強勁地泵血，心室必須是像檸檬般的卵形。假如左心室的底部鼓起，就像患有章魚壺心肌症的心臟那樣，那麼原本堅實有力、健康的收縮，就會變成效能低落的痙攣——不但軟弱無力，而且還變化莫測。

可是，最值得注意的是引發這鼓脹的原因。包括看見自己摯愛的人死亡、伴侶臨陣逃婚，或是賭運不佳而傾家蕩產等情形，都能使大腦感受到強烈、巨大的痛苦，進而引發心臟產生令人擔憂且致命的物理變化。過去有許多醫師認為心臟與心智間的關係只是個比喻，然而，章魚壺心肌症這種新的診斷證實了心臟與心智間確實存有強大的實質關聯。

身為臨床心臟科醫師，我必須知道如何辨認並治療章魚壺心肌症。不過，在轉攻心臟專科之前，我在加大洛杉磯分校神經精神醫學中心（UCLA Neuropsychiatric Institute）完成了精神科住院醫師的訓練。由於我曾接受過精神科的養成教育，使我對這種症候群深感著迷，因為它正好落在我的兩種專業興趣的交會處。

那樣的醫學訓練背景讓我站在一個罕見的絕佳位置上，去思索那天在動物園裡發生的事。我不由自主地將那種發生在人類身上的異常現象與眼前這隻動物的反應擺在一塊思考。感情刺激……壓力激素激增……心肌壞死……可能致死……。突然間，我靈光一閃，「啊哈！」人類病患心室的章魚壺鼓起和動物染上捕捉性肌病時對心臟產生的影響，幾乎肯定是相關的，而且說不定根本是一模一樣的症候群，只是名字不同罷了。

緊隨著這個「啊哈！」而來的，是另一層更強烈的頓悟。真正要緊的，不在於兩種病症的重疊之處，而是橫亙於兩個領域之間的鴻溝。近四十年來（也許還更久），獸醫師早已知道極度的恐懼會損害動物的肌肉功能，尤其是心肌的功能。事實上，就連最基礎的獸醫師訓練都會納入特定的行為準則，以確保動物不致死於張網捕捉和診察檢驗的過程中。然而，治療人類的醫師卻在剛跨進二十一世紀時大肆宣揚這個觀察結果，以花俏別致的異國名字增添吸引力，把每個獸醫系學生在入學第一年就學到的事當成「新發現」，並藉此打造自己的學術事業。我們醫師茫無頭緒的病，這些獸醫師早已有所掌握。如果這個假定是真的，那麼還有什麼是獸醫師知道，但醫師不懂的呢？還有其他「人類」疾病也能在動物身上找到嗎？

於是我為自己設計了一項挑戰。在加大洛杉磯分校醫學中心擔任主治醫師的我，可以看見許許多多不同的疾病。白天巡診時，我會仔細記錄遇到的各種疾病。到了晚上，我會搜遍獸醫學資料庫和期刊，尋找與那些疾病相關聯的蛛絲馬跡。我總是不斷自問：動物會不會得〇〇病？

我從重大致命疾病著手。我會問：動物會不會得乳癌？血癌？黑色素細胞瘤？動物會不會發生壓力引起的急性心肌梗塞？昏厥？動物會不會感染披衣菌？我孜孜矻矻地比對著一種又一種疾病，而答案總是肯定的。兩者間的相似之處突然變得再明顯不過。

美洲豹會得乳癌，也可能帶有 $BRCA_1$ 突變基因；許多德系猶太人後裔的身上也帶有這種遺傳變異，使他們特別容易罹患乳癌。動物園裡的犀牛有得血癌的紀錄。從企鵝到水牛，許多動物的身體裡都能找到黑色素細胞瘤。非洲西部低地大猩猩會死於一種恐怖的疾病，使猩猩體內最粗、最重要的動脈（主動脈）破裂。主動脈破裂也奪走了愛因斯坦、女演員露西・鮑兒（Lucille Ball）和喜劇演員約翰・李特（John Ritter）的性命，每年還侵犯襲擊數千名平凡大眾。

此外，我得知澳洲的無尾熊正飽受猖獗的披衣菌感染之苦。沒錯，披衣菌是性傳染病。澳洲的獸醫師正全速研發一種無尾熊的披衣菌疫苗。那給了我一個好點子：全美各地的醫師都看見人類披衣菌的感染率陡然驟升，這項無尾熊的研究是不是能做為人類公共衛生對策的借鏡？由於沒做防護措施的性行為是無尾熊性交的唯一選擇（我找不到動物使用保險套的研究），那些無尾熊專家對於性傳染病如何在一個完完全全從事「不安全」性交的族群中傳播散布，想必頗有了解。

再者，我很好奇肥胖與糖尿病這兩種當代最迫切的人類健康問題是不是也會發生在動物身上？我熬夜上網調查以下問題：野生動物有可能達到醫學定義的肥胖嗎？動物會有飲食過量或暴食的問題嗎？牠們會積存食物，等到夜半再偷吃嗎？答案是肯定的。對照草食動物、肉食動物、反芻動物與愛吃零嘴的人、吃大餐的人、節食的人之後，改變了我對傳統人類營養攝取建議的看法，也改變了我對肥胖流行這件事的觀點。

很快地，我發現自己置身在一個充滿驚奇與陌生新見解的世界中。在我接受醫學訓練與執業的這些年來，我從未被鼓勵去思索那些想法的可能性。坦白說，這情形讓我認識到自己的不足，並且促使我採用一種嶄新的方式來看待自己身為醫師的角色。我不禁納悶：醫師、獸醫師和野生動物學家要是在野外、實驗室和診間都能聯手合作，不是會更好嗎？也許這樣的跨領域合作能夠激發出屬於我的章魚壺時刻，只不過主題會變成乳癌、肥胖、傳染性疾病或其他健康議題罷了。說不定，這樣的共同研究還能找出新的治療方法呢。

向獸醫師取經

我愈是鑽研，有個撩人的問題愈是逐漸在我心中發酵：為什麼我們醫師不習慣和動物專家合作呢？

進一步尋求答案時，我很驚訝地發現，過去我們確實曾經這麼做。事實上，大約在一、兩個世紀前，許多地區的動物和人是由同樣的醫者（也就是小鎮醫師）負責照料。當小鎮醫師固定斷骨與接生時，物種的隔閡並不妨礙他行醫。那個時代最有名的醫師魯道夫・費爾考夫（Rudolf Virchow）至今仍被公認為現代病理學之父。他對這件事的看法是：「動物醫學與人類醫學之間並沒有清楚的界限——事實上也不應該有。儘管服務的對象不同，但在彼此領域所獲得的經驗卻建構了所有醫學的基礎。」[1]

話雖如此，動物醫學與人類醫學卻在進入二十世紀時開始漸行漸遠。都市化代表著只有極少數人仰賴動物營生，而自動化機械則進一步將勞役動物逐出眾人的日常生活之外，許多獸醫師的收入因而大幅削減。此外，十九世紀晚期頒布推行的美國聯邦法規「莫里爾贈地法案」（Morrill Land-Grant Acts）將獸醫學校留在鄉間，同時間醫學研究中心卻在富裕的大城市迅速崛起。

隨著現代醫學的黃金時期初現，治療人類病患顯然可以賺取更多金錢，贏得更高的聲望與學術地位。對醫師來說，這個新時代幾乎抹除了他們過去運用水蛭行醫、為人配製靈丹妙藥的那種不光采形象。不過，在這波醫師社會地位與收入一飛沖天的浪潮中，獸醫師幾乎沒有分得任何好處。這兩個領域在二十世紀的大多時候都是分道揚鑣的，走在兩條平行的道路上。

直到二〇〇七年，事情才有了轉機。那一年，一位名叫羅傑・馬爾（Roger Mahr）的獸醫師與一位名叫朗・戴維斯（Ron Davis）的醫師在密西根州的東蘭辛（East Lansing）籌辦了一場會議。他們就自己在病患身上看見的類似問題交換意見；這些問題包括：癌症、糖尿病、二手菸的危害，以及人畜共通傳染病（zoonoses，意指會傳染給人的動物疾病，比如西尼羅熱和禽流感）的激增。他們呼籲醫師與獸醫師停止實行物種隔離，開始互相學習。

由於戴維斯時任美國醫學會（American Medical Association）理事長，馬爾則是美國獸醫學會（American Veterinary Medical Association）理事長，他們聯手舉辦的會議比起過去重新整合兩個領域的幾次嘗試都要來得更有分量。❷

可惜，戴維斯與馬爾的聯合宣言並未得到大眾媒體的重視，就連醫學界自己也不看重此事，醫師的反應尤其冷淡。確實，「健康一體」（One Health，這項運動的美稱）得到了世界衛生組織（World Health Organization）、聯合國及美國疾病管制局（Centers for Disease Control and Prevention）的青睞。❸美國國家科學院醫學研究所（Institute of Medicine of the National

❶ 廣受美國醫學院學生尊為現代醫學之父的加拿大醫師威廉・奧斯勒（William Osler）是費爾考夫的得意門生。只不過醫界可能不知道，獸醫學界也認定奧斯勒是他們這一行的先驅。奧斯勒是比較醫學的主要倡議者，為後來加拿大蒙特婁麥基爾大學（McGill University）獸醫學院的走向影響甚鉅。

❷ 發生於一九六〇年代的首波現代整合嘗試是由著名的獸醫流行病學家凱文・許瓦博（Calvin Schwabe）帶頭發起。眾人公認他是這個領域的先驅。

❸ 多年來，這項運動換過幾個不同的名稱，像是比較醫學（comparative medicine）、醫學一體（One Medicine）等等。

Academies）在二〇〇九年於華盛頓特區主辦了一場「健康一體」高峰會。此外，包括賓州大學、康乃爾大學、塔弗茲大學、加州大學戴維斯分校、科羅拉多州立大學及佛羅里達大學在內的各校獸醫學院，則從教育、研究與臨床照護等面向著手投入「健康一體」。

然而擺在眼前的現實是，大多數醫師在自己的行醫涯中從末和獸醫師打過交道，至少在專業上沒有任何互動。在我開始為洛杉磯動物園提供諮詢之前，我會想到動物醫師的唯一時刻，是帶我家狗兒上動物醫院檢查或打預防針的時候。我的獸醫師同僚告訴我，他們會定期閱讀人類醫學期刊，以便隨時掌握最新的研究動態與技術發展。可是我所認識的大部分醫師壓根兒沒想過要翻閱任何一本探討動物醫療的月刊，即便是像《獸醫內科期刊》（*Journal of Veterinary Internal Medicine*）這麼受到敬重的刊物也不例外；包括我自己，也是直到最近想法才有所改變。

我想我知道其中的原因。大多數醫師認為，動物和牠們罹患的疾病有別於人類。我們人類有自己的疾病，動物也有牠們自己的疾病。除此之外，我懷疑恐怕還有另一個理由，那就是儘管沒說出口，但是人類醫學界對於獸醫學懷有一種無可否認的偏見。雖然大部分醫師擁有許多值得讚美的特質，比方孜孜不倦的敬業精神、熱心助人、懷有社會責任感，以及追求科學性的嚴謹，但是我必須勉強自己揭發咱們醫師某些不大光采的事。不知道你聽了會不會驚訝，醫師泰半是自負傲慢的人。問問你的（非醫學士）足病診療師、驗光師、齒顎矯正師，他們是否曾覺得那些姓名後附有兩個神聖英文字母（譯注：這裡指的是「M.D.」，也就是醫學士學位〔Doctor of Medicine〕）的人態度高傲？我猜你可能聽過不少關於醫師驕傲自大或那種醫學士特有的位高任重的矜持態度的麻辣八卦。

順帶一提，我們醫師甚至也這樣對待彼此。你絕不會看見一群不可一世的神經外科住院醫師和歡樂的家醫科團隊，或深富同理心的精神科實習醫師共享咖啡與瑪芬蛋糕。在醫界，有種不成文的等級制度。愈是競爭激烈、愈賺錢、愈程序導向，以及愈「出類拔萃」的專科，愈是穩坐在醫師自尊金字塔的頂端。考慮到醫師如何輕易地按照自己負責診治的身體部位來評斷自己的地位高低，不難想像光是「動物醫師」這個頭銜就能引起他們何等的輕蔑。假如我的一些同事知道如今要進獸醫學院遠比進醫學院難得多，我相信他們肯定會很震驚。

當某些獸醫師告訴我這兩大領域間由來已久的嫌惡時，許多人對於自己不被認真看待為「真正的」醫師這件事感到忿忿不平。不過，當那些醫學士以高姿態相待，使人益發耿耿於懷時，大多數的獸醫師選擇採取認命的態度來應對那些華而不實的醫師同業。有幾位甚至向我透露一則獸醫師的圈內笑話：**你會怎麼描述醫師？只會治療單一物種的獸醫師**。

儘管如此，在醫師之中，歡迎動物醫師成為同儕這件事仍待努力。正如達爾文敏銳地觀察到，「人類並不喜歡把（動物）看成和我們旗鼓相當。」可是有關生物學的一切，乃至於醫學的基本原則，全都有賴我們是動物這項事實。確實，我們的遺傳密碼有絕大多數是和其他生物共有的。

當然，我們在某種程度上能接受這樣大量的生物學重疊，例如幾乎每一種人類服用與開立的藥品都曾在動物身上試驗過。真的，假如你問大多數醫師什麼樣的動物能告訴我們有關人類健康的事，他們肯定會不自覺地指出一個地方：實驗室。可是，那絕非我在本書中要談的。

本書跟動物試驗無關，也不會探討那些錯綜複雜且重要的倫理議題，而是要介紹一種能同時增進人類與動物病患健康的新方法。這種方法是以一項簡單的事實為基礎：生活在叢林、海洋、森林與我們住家中的動物有時候會生病，就像我們一樣。獸醫師在許多種類的動物身上看見這些疾病，並加以治療，但醫師對此卻幾乎視若無睹。那是個重大盲點，因為我們可以從動物如何在自然環境中存活、死亡、生病及恢復健康，學得如何增進所有物種的健康。

恐龍的腦瘤

當我開始關注人獸的共同之處，而不是為了相異之處分心時，它改變了我看待自己的病患、他們罹患的疾病，甚至是「身為醫者的意義」這件事的方式。人獸之間的界限逐漸變得模糊。一開始，這變化讓我惶惶不安。無論是在加大洛杉磯分校醫學中心為人類病患或在洛杉磯動物園為動物病患進行心臟超音波檢查，每一回都會突然迸發似曾相識的感覺和嶄新意義。每個僧帽瓣、每個左心室心底都帶著我們共享的演化結果與健康的挑戰。

我心中的那個心臟科醫師對這嶄新的觀點、大量的重疊感到非常興奮。可是身為精神科醫師，我不是很確定該做何反應。生理的相似之處是一回事。血液、骨頭、跳動的心臟不只賦予靈長類和其他哺乳動物生命，也讓鳥類、爬蟲類，甚至是魚類活潑有生氣。不過，我認為人類那獨特的發達大腦代表了這樣的雷同僅止於肉體，那些重疊之處肯定無法擴及我們的心智與情緒層面。於是，我從精神病學的觀點切入問題。

動物會不會得……強迫症？臨床憂鬱症？藥物濫用與成癮？焦慮症？動物會不會自殺？沒想到，經由搜尋，我竟然找到一連串令人吃驚但卻很迷人的答案。

章魚和種馬有時會自殘，那手段跟我們稱為「切割者」的自戕病患如出一轍。野外的黑猩猩會憂鬱，有時甚至因此身亡。精神科醫師治療強迫症患者的強迫行為，與獸醫師在動物病患身上看到的刻板行為極為類似。

真是意想不到，對照人獸醫療經驗的做法似乎能給人類心理健康帶來巨大的好處。假如負責治療強迫症患者的精神科醫師願意向鳥類專家討教他們診治患有啄羽症的鸚鵡的經驗，或許那位總是無法克制、想拿香菸燙傷自己的人類病患的狀況可以因而獲得改善；如果黛安娜王妃或安潔莉娜·裘莉（她們都曾公開承認用刀片割傷自己）有機會跟處理過馬兒欲罷不能地啃咬自身的專科醫師討論自己那種難以抑扼的強烈衝動，或許她們能得到些許慰藉。

對於有癮頭的人和他們的治療師來說，耐人尋味的是已知有多種動物（從鳥兒到大象）會尋覓、採食能影響心智的莓果與植物，以求改變自己的知覺狀態——也就是尋求快感。大角羊、水牛、美洲豹，以及多種靈長類動物，會食用具有麻醉效果、能引發幻覺的物質，接著表現出這些物質的威力。多年來，博物學家早已注意到野外的這些行為。也許治療酗酒或成癮的方法，或某種新觀點，正潛伏在那些動物研究當中也說不定。

我也搜尋有關憂鬱症和自殺的獸醫學實例。很難想像動物和人類一樣都會有想要自戕的強烈心理衝動。雖然行為學家和獸醫師早已針對動物情緒的類似特質提出了極有說服力的描述，但是我對其他動物是否有能力分享人類對死亡的洞察抱持懷疑，更遑論對死亡的威力有所認知。儘管如此，我還是追問：「動物會自殺嗎？」

沒錯，牠們不會懸梁自盡，也不會用左輪手槍送自己上西天，更不會留下遺書交代緣由。可是那些顯然出於悲痛、足以奪命的「自我忽視」（self-neglect，拒絕進食和飲水）實例，在科學文獻和獸醫師與寵物飼主的證言中比比皆是。至於感染寄生蟲的昆蟲會自殺這件事，則在昆蟲學家筆下留有翔實的紀錄。

這引發了一個有趣的議題。既然人類的生理結構是億萬年演化而成，也許現代人類的情感也是歷經數千年才逐步形成。舉凡焦慮、悲痛、羞愧、驕傲、喜悅，甚至是幸災樂禍，天擇是否在我們感受各種情緒的歷程中扮演了重要角色？

儘管達爾文自己就天擇對人類與動物情緒的影響做了深入研究，也詳加闡述，但是我的精神科訓練中根本不曾提到「人類的感覺也許有演化的根源」這項可能性。事實正好完全相反。我接受的醫學教育嚴厲警告我們不得受擬人化的不當吸引。在過去，注意到動物臉上流露出疼痛或悲傷，會被指謫為投射、做白日夢、過分多愁善感。可是過去二十年來的科學進展指出，我們應該採取合乎時代的觀點來看待此事。在其他動物身上看見太多人類的身影，也許並不像我們以為的是個問題，或許未能重視我們的動物天性才是更大的限制。

身為精神科醫師，過去我對自己受過的訓練深信不疑。然而我開始覺得，刻意保持對動物身心疾病的無知，跟只因為某份人類研究報告是用外文書寫，就拒絕去理解其內容一樣，是種胸襟狹小的作為。

話雖如此，我心中的懷疑天性仍想對人獸間的雷同找到其他的解釋方法。也許我們的相似只是因為我們和動物享有相同的環境。畢竟，人類強占了整個食物鏈，將我們主要的日常飲食、防禦手段與疾病硬塞給受我們控制的一切生物。

於是，我重新檢視過去我始終認定是人類與現代獨有的病症。沒想到，我偶然遇見了一些值得注意的發現：恐龍患有痛風、關節炎、壓力性骨折……，甚至是癌症。不久前，古生物學家才在某隻蛇髮女怪龍（*Gorgosaurus*，霸王龍〔*Tyrannosaurus rex*〕的近親）的化石頭骨中發現一團東西。他們說，是腦瘤讓地球上最惡名昭彰的食肉動物倒下。這種疾病使一個中生代晚期的癌症病患與包括作曲家喬治・蓋希文（George Gershwin）、雷鬼教父巴布・馬利（Bob Marley），以及美國參議員泰德・甘迺迪（Ted Kennedy）在內的人類腦瘤患者產生了連繫。

長久以來，我將心力全都奉獻給人類病患，沒想到卻突然迎面遇到移動的界限。癌症侵襲並殺害它的受害者已有至少七千萬年的歷史。我不禁納悶，這個消息會如何重新定義病患與醫師看待這種疾病的眼光……，甚至是腫瘤學家如何尋找治療的方法。

人獸同源

大約就在這時候，我開始和科學記者凱瑟琳・鮑爾斯（Kathryn Bowers）攜手合作。她不是醫師，但擁有社會科學與文學的教育背景，她在這些醫學相似性中看見了更寬廣的含意。她敦促我用更開闊的眼光檢視我在動物園及醫院體會到的重疊經驗。我們開始合力研究並撰寫本書，期望能將醫學、演化、人類學與動物學結合在一塊。

我們的調查始於幾千年來哲學家與科學家如何定位人在眾生物間的位置。顯然，打從人類有能力琢磨這個問題開始，對於「我們是動物」這個明明白白的事實一直存有兩種截然不同的想法。根據至少能回溯到柏拉圖時代的文字記載判斷，我們的祖先確實承認人類和所謂較低等生物之間存有明顯的相似性。柏拉圖若有所思地說：「人是沒有羽毛的兩足動物，鳥則是有羽毛的兩足動物。」然而長期以來，人類一直希望能透過人性的定義，讓我們穩居於較其他生物高一級的位階。

達爾文則是透過《物種起源》（*The Origin of Species*）一書，提供我們一種新穎的（對許多人而言則是令人驚恐慌亂的）方式去設想人類與動物的關係——達爾文斷定，人與獸分別存在同一棵樹的不同分枝上，而不是處於分裂的兩個對立面上。各路學者紛紛針對人究竟是否與猿類和其他動物是親戚，以及到底關係有多親近，發表了很有份量的意見。

到了二十世紀中葉，又因《裸猿》（*The Naked Ape*）一書問世而重新引發論戰。動物學家戴思蒙・莫里斯（Desmond Morris）曾是倫敦動物園哺乳動物館館長，經過客觀研究後，他將生物學家在野外詳細記錄動物行為的方式套用至人類，在《裸猿》一書中翔實描述人類進食、睡覺、打架及育兒的種種。

大約在莫里斯指出我們與猿類如何相似的同時，有兩位開風氣之先的靈長類學者詳盡記錄了猿類在許多方面舉止表現得像人類。珍古德（Jane Goodall）是最早觀察到野生黑猩猩會運用工具，還會有組織地攻擊敵人的靈長類學者。黛安・佛西（Dian Fossey）則是花了將近二十年的時間，與盧安達的一群大猩猩近距離相處，研究牠們的發聲和社會組織。儘管佛西與珍古德探討的是嚴肅的科學知識，但她們針對猿類的獨特個性與大家庭成員關係所發表的權威文章，還有那些令人難忘的媒體談話，卻促使大眾對人猿交會產生了莫大的興趣。

後來，有不少學者透過鑽研動物與演化生物學，嘗試揭開現代人類生活的神祕面紗。其中的兩大對立陣營，愛德華・威爾森（Edward O. Wilson）和已故的史蒂芬・古爾德（Stephen Jay Gould）都是任教於哈佛的博學之士。

威爾森於一九七五年發表的著作《社會生物學》（*Sociobiology*）不僅撼動了學界，也為廣泛的公共論述帶來衝擊。受到他對螞蟻的全面性研究啟發，威爾森將動物的社會行為與包括天擇在內的演化力量連結在一起。將這個理論擴展推及人類社會時，則意指基因勾勒出我們許多方面的天性與行為。可惜威爾森提出這個理論時正好遇上特別不利於此的氛圍。此時，距離優生學理論被用來合理化種族滅絕才過了三十年，這世界還沒準備好接受人類天性的任一方面有可能是由基因決定的。同時間，民權運動與女性主義運動方興未艾，誓言破除幾個世紀以來的種族、性別與經濟歧視，輿論完全無法容忍絲毫暗示「與生俱來的生物特性決定了命運」（biology is destiny）的理論。此外，分子生物學與基因組定序的科學革命還要再等上十五年才會出現，雖然這些高科技工具在未來終將證實他的大多數理論，但這時的威爾森還無法以此為奧援。

某些學術界同儕為他冠上種族主義者、性別主義者、「決定論者」的惡名。其中炮火最猛烈的詆毀者就是古爾德。他是著名的古生物學家、地質學家，以及科學史家（他正巧也是我的學士論文指導老師之一。當年我的論文探討的是達爾文對大眾看待身體殘缺有何影響）。古爾德在其著作，比方《貓熊的大拇指》（*The Panda's Thumb*）一書中主張，人類狀態的細微差別無法單獨透過天擇來理解。他告誡讀者，輕率地從遺傳學角度解釋人類行為，有可能會使社會發展倒退地更嚴重。他的看法正符合一九七〇與八〇年代的學界氛圍——值此同時，新歷史主義學家正重新詮釋文學，而解構主義學者正在破壞西方文明進程。

理查・道金斯（Richard Dawkins）在這個豐饒多產的時期出版了挑釁意味濃厚的多部著作，如《自私的基因》（*The Selfish Gene*）和《盲眼鐘錶匠》（*The Blind Watchmaker*）。道金斯將演化描繪成一種不感情用事的歷程，是一場存在於競爭基因間、出於自私且永不止息的競賽。道金斯就像威爾森一樣，被抨擊是過度誇大了遺傳的優勢遠勝於文化的作用。儘管如此，這位牛津大學教授仍然繼續深入調查人類行為的生物學基礎，包括它在宗教與信靠上帝中扮演的角色。在《祖先的故事》（*The Ancestor's Tale*）這部較晚期的作品中，道金斯探討了生物學大一統的概念，嘗試確認河馬、水母和單細胞生物的共同始祖是什麼。

科技期刊《自然》在二〇〇五年刊載了一份重新定義這場對話的研究：人類基因組與黑猩猩基因組的相似性高達百分之九十八・六。那個統計數值鼓舞了許多人（不光是科學家）去重新思考什麼原因使我們為人。如今，已毋需證明動物與人之間存在的關聯，值得較勁的是對這龐大重疊性的深度與廣度的探索。

這樣的挑戰促使科學家將探索的觸角延伸到人猿以外。生物學家很快就發現了貫串哺乳動物、爬蟲類、鳥類及昆蟲等不同生物間的古老遺傳相似性。這個發現十分驚人：幾乎完全相同的好幾組基因已在細胞與生物間流傳了數十億年。這些未曾改變的基因群負責在跨物種間打造相似的結構，乃至於相似的本能反應。換句話說，一份共有的遺傳「藍圖」會指示殺人鯨「夏慕」、賽馬名駒「祕書」和凱特王妃的胚胎長出外觀不同，但實則同源的肢體：能操縱方向的鰭狀肢、呼嘯而過的馬蹄，以及優雅揮動致意的手臂。「深同源性」（deep homology）是生物學家西恩・卡洛（Sean B. Carroll）、尼爾・蘇賓（Neil Shubin）和克里夫・塔賓（Cliff Tabin）創造的新詞，用以描述我們人類與幾乎所有生物一起共享的這些遺傳核心要點。深同源性說明了從視力正常的老鼠身上取出的基因，如何能在植入盲眼果蠅體內後，使這隻昆蟲長出結構正確無誤的果蠅複眼。同樣的，在遺傳上貫串老鷹對光敏感的銳利視力與綠藻感光性的，正是深同源性。我們可以透過深同源性追溯分子的血統，一路回溯到生物最早的共同始祖。它證實了包括植物在內的所有生物全都是失散已久的親戚。

先天遺傳與後天環境孰輕孰重的爭論，在一九八〇年代曾經引起整個學術圈的關注，如今卻成了歷史陳跡。由於分子生物學、遺傳學與神經科學進展神速，爭論的主題早已從行為是否具有遺傳基礎，轉移到基因、文化與環境究竟如何互動上。這個轉變使得「表觀遺傳學」（epigenetics）這個嶄新領域迅速茁壯。且不說別的，表觀遺傳學探討感染、毒素、飲食、其他生物，還有文化實踐如何啟動與關閉基因作用，從而改變動物個體的發展。

想想看，那代表了什麼。演化未必只能發生在經過世世代代以後，或百萬年間，它也可能發生在你我或任何動物的有生之年。驚人的是，表觀遺傳機制為我們的DNA帶來的變化，意謂著我們傳給子女的基因可能和我們繼承自父母的基因有別。表觀遺傳學和深同源性分據演化的正反兩面。前者有助於解釋快速的遺傳變化，同時也凸顯出環境在遺傳健康上扮演的角色；而後者則讓我們想起自身血緣的發韌之始，以及絕大多數演化的變遷腳步是極其緩慢的。

這個出色的全新觀點開始改變許多領域，包括生物學、醫學與心理學。當蘇賓在二〇〇八年發表《我們的身體裡有一條魚》（*Your Inner Fish*）一書時，眾人無不驚嘆比較生物學賦予現代醫學新觀念的能力。蘇賓帶領我們透過人類與遠古生物共享的解剖結構，展開一場使人眼界大開的旅程。蘇賓是任教於芝加哥大學的古生物學家暨生物學家，他會同藍道夫・內斯（Randolph Nesse）、喬治・威廉斯（George Williams）、彼得・葛魯克曼（Peter Gluckman）、史帝芬・史登斯（Stephen Stearns），在他們的著作《生病，生病，why?》（*Why We Get Sick*）、《演化醫學的原理》（*The*

Principles of Evolutionary Medicine）及《健康與疾病的演化》（*Evolution in Health and Disease*）中一同提倡演化醫學（evolutionary medicine）這個新領域。至於其他為人類與動物生物學開闢出共享領域、極具影響力的學者，還包括了著有《蝴蝶、斑馬與胚胎》（*Endless Forms Most Beautiful*）的卡洛，著有《第三種猩猩》（*The Third Chimpanzee*）的賈德・戴蒙（Jared Diamond），著有《人性白板說》（*The Blank Slate*）的史迪芬・平克（Steven Pinker），著有《猿形畢露》（*Our Inner Ape*）的法蘭斯・德瓦爾（Frans de Waal），著有《一位靈長類的回憶》（*A Primate's Memoir*）的羅柏・薩波斯基（Robert Sapolsky），以及著有《為什麼演化是真的》（*Why Evolution Is True*）的傑瑞・柯尼（Jerry Coyne）等人。

多年來，對動物的精神生活的關注，一直被批評為推測成分太過濃厚以及擬人化而輕易打發，如今終於廣為世人所接受。包括天寶・葛蘭汀（Temple Grandin，著有《動物使我們為人》〔*Animals Make Us Human*〕和《傾聽動物心語》〔*Animals in Translation*〕）、傑佛瑞・麥森（Jeffrey Moussaieff Masson，著有《哭泣的大象》〔*When Elephants Weep*〕）、馬克・貝考夫（Marc Bekoff，著有《動物的情感生活》〔*The Emotional Lives of Animals*〕），以及亞莉珊卓・赫洛維茲（Alexandra Horowitz，著有《狗眼看世界》〔*Inside of a Dog*〕）等人寫的書，在在顯示出動物的認知與行為跟我們所謂的遠見、懊悔、羞愧、內疚、復仇與愛極為相似。

由於他們的作品是如此發人深省又讓人眼界大開，因而使我想要找出一種具體的方法，以便利用他們的深刻見解來改善我的醫師工作表現。我想要打破聳立在醫師、獸醫師與演化生物學家之間的高牆，因為我們的處境很難得地正好有機會可以探索動物與人重疊之處中最急迫的事——嘗試治癒我們的病患。

讓身為醫師的我深深著迷，進而讓我踏上這趟改造我個人醫學信念之旅的，其實是個很簡單的念頭：我想要從數十年來的演化研究與動物照顧者的集體智慧中提煉出精華，整理成一份表格，讓我和我的病患能在我的診間使用。

凱瑟琳和我發現，從「侏羅紀癌症」到「文明病」，動物與每一種我們能想到的人類疾病都有關聯，幾乎沒有任何例外。我們缺的，是能用來描述這種獸醫師、醫師與演化醫學的整合名詞。

由於文獻中找不到適用的名詞，最後我們決定自己想一個：Zoobiquity（人獸同源學）。在希臘文中，「*zo*」指的是動物，而拉丁文裡的「*ubique*」則是「四面八方、無所不在」的意思。「zoobiquity」結合了兩種文化（希臘與拉丁），正如同我們想要結合人類醫學與動物醫學兩種「文化」的企圖。

人獸同源學指望能從動物與獸醫師身上找到人類最關切的答案。它想看穿我們的歷史，雖然在人猿和靈長類出現這兩個演化時間略作停留，但它會持續探索更古老的歷史。它打開了我們的眼界，看見和人類一同演化並共存於地球的哺乳動物、爬蟲類、鳥類、魚類、昆蟲，乃至於細菌間共有的疾病與弱點。

工程師早已從自然界擷取靈感。在這個叫做「仿生學」（biomimetics）的領域中，翅膀和鰭啟發設計師創造出漂浮與飛行效率更高的運輸工具。蟑螂幫忙解決了機器人爬上不平地面時難以保持穩定狀態的迫切難題。研究人員仿造昆蟲的六足，製造出一台不太容易傾倒，且傾倒時能自我扶正的機械。白蟻、蚊子、巨嘴鳥、螢火蟲和蛾具有超強的適應力，而牠們不過是科學家嘗試要引介至人類市場的極少數幾種動物罷了。

此刻，該輪到醫學上場了。我有幸在對的時間、地點將章魚壺心肌症和捕捉性肌病整合在一起（你會在第六章讀到更多有關這項發現的細節）。人獸同源學鼓勵其他醫師努力發掘類似的跨學科經驗。這種融合不同領域的做法，有可能帶來預期之外的效益。假如接受美國國家衛生研究院（National Institutes of Health）經費補助的各項研究願意擴大它們探究問題的範疇，只需要加上「動物會不會得○○病？」這道簡單的問題，就能使科學研究的成果大幅增強。

這種比較方法的應用並不只局限在人類醫院或動物醫院中。透過揭露一群鮭魚或一群大角羊如何面對類似挑戰，或許可能幫助胸懷大志的商人或中學女生找到在錯綜複雜的社會關係中合宜的適應方式。這種比較法也指出，動物保護、捍衛領土的方式跟我們人類如何及為何創造出邊境、社會階級、王國、監獄的道理是一樣的。假如能知道我們的動物親戚是如何解決照顧孩子、手足競爭和不孕的議題，或許就能為人類生兒育女帶來一絲啟發。

人類無疑是獨一無二的生物。包含在我們與黑猩猩僅有的百分之一‧四遺傳差異裡的生理、認知與情緒特徵，是莫札特、火星探測車及分子生物學研究出現的理由。可惜，這重要卻極微小的差異所散發的宏偉炫目光芒，往往使我們看不見另外那百分之九十八‧六的相同。人獸同源學鼓勵我們將目光從那明顯但範圍狹隘的差異上移開一會兒，轉而擁抱那許許多多、無數的相似性。

可惜，小流氓後來還是死了——我必須趕緊聲明，並不是因為我嘗試對牠表示友善的緣故。在屍體解剖（necropsy）後，我為牠做了心肌切片，交給麥可‧費胥班（Michael Fishbein）判讀，他是全美最受敬重的心臟病理學家，也是我在加大洛杉磯分校的同事。

當我們透過費胥班的顯微鏡盯著這些細胞瞧的時候，我注意到受損的心肌細胞似乎陷入、卡在周圍組織中。當我從顯微鏡下那耀眼白圈中認出眼熟的淡紫紅色形狀微微發光時，突然感到一陣惡寒。雖然這些不正常的心臟細胞來自一隻毛絨絨、有尾巴的樹居動物，但它們和患有那種疾病的人類心臟細胞根本如出一轍。

可是，這不僅僅是人類與動物系出同源的細胞表現而已。這些模式說明了獸醫師熟知、但現代醫師卻毫無所悉或置之不理的一件簡單事實。動物和人類在面對同樣的傳染病、疾病與創傷時，容易受到相同的傷害。

如同他過去處理人類心臟樣本時所做的那樣，費胥班仔仔細細地研究眼前的這份切片，接著才說出他的看法。我還記得他是這樣評論的：「心肌症，有可能是病毒引起的——看起來就像是人類的心肌症。」

他的這番話包含了人獸同源學的精髓。在顯微鏡下，皮毛和尾巴無法發揮效力，使我們分心，我們看見的不是「一隻獠狨身上的心臟病」，而是「一隻靈長類身上的心臟病」——病患也許是大猩猩、長臂猿、黑猩猩、獠狨……，也可能是人類。

聽見費胥班的判斷後，過去我只關注單一生物的日子就此正式告終。取而代之的，是運用人獸同源學這種能起連接作用、跨越物種的態度來面對臨床醫療上的診斷挑戰與治療難題。從此以後，無論我注視的是人類或動物的心臟，我的眼光再也不同於以往。

第2章

心臟的假動作：為什麼我們會暈倒

大城市醫院的急診室偶爾才會出現《實習醫師》（*Grey's Anatomy*）或《怪醫豪斯》（*House, M.D.*）那種電視劇裡的場景。確實，我們會遇上有人受了槍傷、心臟病發或藥物過量的忙亂情景。在這些刺激的忙碌之間，是風平浪靜的尋常日子，沒有那麼多可怕的插曲。進出急診室的常見類型：疑心自己生了病的人、過度警戒的父母，當然也少不了虛弱無力的人。

動物會暈倒嗎？

儘管看起來沒什麼大不了，但虛弱得快要暈倒，也就是醫師口中的「昏厥」（syncope），是非常普遍的情形。在美國，上急診室的人有百分之三是因為昏厥，住院患者當中也有百分之六是因為昏厥。在加大洛杉磯分校醫學中心的急診部門，我們會處置許多值得搬上電視的案例，包括地震、多車追撞和幫派火拼的受害者。不過，幾乎每天晚上都會有暈倒的人被送進來。事實上，急診室處理暈倒病例的數量遠多於處置槍傷、自殺未遂及三度灼傷病例數的總和。

大約有三分之一的成人在一生中至少曾經歷一次完全暈倒、失去知覺的狀態。幾乎每個人都曾有過那種頭昏眼花、快要暈倒的感覺。在那個時點上，你能做的，就是坐下來，低頭垂懸於兩膝間。這不是在開玩笑，昏厥有可能是重大心臟疾病的徵候，也可能會引發嚴重的創傷，比方你在跌落地面的過程中撞破了頭。

心臟科醫師經常要治療有暈眩症狀的病患。雖然昏厥看似是一種大腦的疾病，其實是大腦與心臟間複雜的相互影響下的產物。在加大洛杉磯分校醫學院主講「暈倒」這個課題時，我向學生解釋，知覺的喪失往往發生在大腦突然得不到血液與氧氣供給的時刻。造成昏厥的真正原因千變萬化，但多數時候，心臟是主嫌。

我們都知道，如果我們站起身的速度太快，就會覺得頭暈。那種暈眩來自基本的物理學挑戰，液態血液必須對抗地心引力，流遍全身各處。至於嚴重的心臟疾病所引發的暈眩（此時心臟無法將穩定流量的血液泵至大腦）則相對容易確定病因。

而名氣最響亮的昏厥就數那種由情緒觸發的暈倒，它往往被作家拿來當做轉折點。從莎士比亞、珍・奧斯汀、J. K.羅琳到史蒂芬・金，他們全都用過這一招。只可惜它的基礎成因如今還是個謎。

由於這種叫做血管迷走神經性昏厥（vasovagal syncope，或譯「血管張力失調性昏厥」）的暈眩狀況極為常見，在美國，負責向陣亡將士家屬通報死訊的軍官都會接受相關的處置訓練。護士在抽血時也經常會遇上病患暈倒的狀況，因此，他們總會在伸手可及之處備妥氨吸入劑（ammonia inhalant，現代版嗅鹽），以備不時之需。此外，每個產科醫師都知道，最容易在產科病房暈倒的就是分娩中產婦的丈夫。在情緒最高張的時刻，比如在自然產中胎兒頭冒出陰道或剖腹產時寶寶的頭從子宮中露出來的那一刻，有時候還來不及聽見新生兒哇哇啼哭，就聽到新生兒父親暈倒，頭撞到地板發出「砰」一聲的聲響。

儘管如此，就算匯集了一切關於暈倒的專業知識和實務經驗，我還是無法準備好面對帶十二歲的女兒去穿耳洞時發生的事。從我為人母的眼光看來，與其讓購物商場首飾店裡的高中孩子在她純潔無瑕的耳垂上穿洞，不如為她選擇我能想得到最乾淨、最安全的場所——我們有位家庭友人是整型醫師，他那拘謹又無菌的診所就是最佳選擇。當那個開心的日子到來，我興奮的女兒一屁股坐進一張又厚又軟的舒服椅子裡，那是設計給施打肉毒桿菌的患者坐的。她向我露出一個勇敢的微笑。醫師用一支綠色的筆在她的耳垂上做記號。他手上拿著一面小鏡子，好讓我女兒確認穿耳洞的位置。接下來，他取出那管銀色的耳洞槍……我看見我女兒臉上的笑容逐漸消失……那管槍愈來愈靠近她的頭……就在幾乎碰到她的左耳時——咕咚！我還來不及說出「親愛的，你真棒」為她加油打氣，她就暈過去了。

相信我，我的女兒並不是受到脅迫才會出現在那個診間。為了穿耳洞，她不知道向我懇求了多少年，她是真心想要上那兒去。而且我們再也找不到比那裡更安全的地方了。可惜她體內或腦中的某種本能堅持她最好是失去知覺，而不是「清醒地」面對那個時刻。顯然她的大腦和心臟完全遵從指示，啟動了暈倒的反應。

後來等我仔細回想這整件事的時候，我發現自己把焦點放在暈倒那錯綜複雜的邏輯上。假如那把耳洞槍是貨真價實的武器，選擇逃走或抵抗，對她來說難道還不如無助地倒在攻擊者的腳邊來得好嗎？這種奇怪的反應為什麼還會留在人類的基因庫中呢？為什麼過去演化沒有淘汰這些暈倒的傢伙，只留下鬥士和飛毛腿呢？[1]

為了解開人類身體與行為之謎，我們可以朝那些日常現實與自己的演化根源不至於像現代西方城市生活脫鉤得那麼厲害的生物身上找線索。血管迷走神經性昏厥是一場人獸同源學遠征的完美起始點。我領悟到，雖然我治療人類暈眩病患多年，卻從未想到要問一個基本的問題：動物會暈倒嗎？

只要環顧任何一位獸醫師的病患，你很快就能得到肯定的答案：是的，動物有時也會暈倒。在狗族中，從洛威拿到吉娃娃，昏厥都有可能出現在像是吠叫、跳躍、嬉鬧、梳毛或盆浴等日常活動之後。在靜止狀態下突然被嚇到時也可能會暈倒。在違反動物的意願下限制牠們的身體活動，會讓某些貓與狗出現血管張力失調性昏厥；對許多寵物而言，那是一種非常可怕、極度驚駭的情境。很顯然地，某些寵物病患對於打針採取的策略和許多人類患者相同：一隻約克夏在抽血時暈倒……某隻小貓在獸醫師用注射器從牠的膀胱抽出尿液時暈倒……一頭查理士王小獵犬在預防注射時失去知覺。

那麼野生動物呢？這是一道比較難以掌握實貌的問題，不過動物園的獸醫師曾看見過黑猩猩暈倒，這情形易於動物處在壓力下或身體脫水時發生。野生動物獸醫師曾見識過鳴角鴞（screech

---

❶ 對此有幾種不同的理論。其中，「凝塊製造」假說（"clot-production" hypothesis）主張，緩慢的心搏或徹底暈倒都能使動物在受到攻擊後不致流血致死，因為在低血壓下，流速緩慢的血液比較容易凝結。另一種比較不可信的「人類暴力衝突」假說（"human violent conflict" hypothesis），則認為這是源於舊石器時代，在部族交戰時，婦女與孩童會以暈倒做為脫險的手段，不過這一招並不適用於男人。

owl）和北美磧鶸（junco）被握住以便抽血時，身體突然變成像冬眠般的僵直狀態。就連達爾文也曾記錄道，他捉住一隻知更鳥後，牠「完完全全失去了知覺，我一度以為牠死了」。他也看到一隻嚇破膽的金絲雀「不只全身發抖，連嘴喙的根部都發白了，最後還暈了過去」。

昏厥的戲碼通常會在我們認知的戰或逃反應（fight-or-flight response），以相同方式展開。當動物（包括人類）感覺到某種可能致命的威脅，大量的腎上腺素和名為兒茶酚胺（catecholamine）的其他荷爾蒙會湧入我們體內的血流中，使心跳加速、血壓升高。最關鍵的是，我們體內會湧生出一股活力，讓我們能逃離威脅或擊退敵人。

不過你很快就會看到，傳統的「戰或逃」二元論需要更新，以合乎時代進展。許多動物發展出一套額外的花招來增強自己遭遇危險時的存活可能性。如今不再只是戰或逃，而是戰、逃或**暈倒**。

本能的求生策略

顯然，暈倒的肇始方式和其他兩種恐懼反應是相同的——始於強烈情緒的壓力源和高張的腎上腺素。但是，接下來暈倒走的是另一條不同的路徑。心跳非但沒有加快（心搏過速，tachycardia），反而筆直落下（心跳徐緩，bradycardia）。血壓不但沒有激增，反而急降。全身各處的感測器察覺血壓變低、血流放緩後，會發出信號通知大腦：事情非常不對勁，若不是心臟衰弱，就是身體正大量失血。為了自我保護，大腦決定透過暈倒來關閉整個身體系統的運作。

對於那些受到驚嚇後脈搏變得飛快的人而言，心臟這種放慢速度的狀況似乎與直覺背道而馳，但是你一定有過這樣的體驗。想像一下，假如你在北京弄丟了護照，或者發現某個合夥人撒謊騙了你，你可能會感受到一股強烈的噁心；當你犯了個會危害自己前途的大錯，或駕著載滿孩子的車差點撞上一部十六輪的長途大貨車，你肯定會有「我想我快要吐了」的感覺。它也是你上台面對觀眾前會有的那種頭昏眼花的感覺，因為你預期會有上百雙眼睛盯著你瞧（第六章會進一步探討心臟對眼神注視偶爾會做出的致命反應）。

那種極度噁心的感覺是迷走神經的反應。它是由神經系統中主管消化與休息的副交感神經系統所引起的。在短短幾秒的關鍵時刻，控制「戰或逃」的交感神經系統撤退，由副交感神經系統接管一切。如果有機會在迷走神經興奮帶來的噁心感發生的當下測量脈搏，便會發現此時的心搏率變慢了。在某些案例中，心搏率會慢到足以引發意識喪失，也就是大家口中的「暈倒」；不過，並非所有的案例都會如此發展。

儘管弄丟護照並不會讓花栗鼠心生憂慮，但其他充滿壓力的狀況卻有此威力。心跳慢得該拉警報的狀況在動物王國中隨處可見，不足為奇。土撥鼠、兔子、幼鹿和猴子在面對恐懼時，心跳全都會明顯地放慢（同時血壓也會下降）。柳雷鳥（Willow grouse）、凱門鱷（caiman）、貓、松鼠、短吻鱷、許多種類的魚，當然還有花栗鼠，都會使出這招心跳變慢的把戲。這種狀況未必會發展成暈倒（在人類身上也未必如此），但究竟為什麼許多動物在面對壓力時會轉換成迷走神經性昏厥的狀態，進而使心跳減緩？這種司空見慣的情形著實令人好奇，也正是我女兒等著被穿耳洞時發生在她身上的狀況。我多年前就知道人類醫學術語用「由恐懼誘發、迷走神經調節的心跳徐緩」來描述這種情形，但等我深入研究後，才知道獸醫師用的是另一個術語「驚慌引發的心跳徐緩」（alarm bradycardia），它聽起來和醫師的術語很類似，只不過更為簡潔。而且毫無疑問，這兩個詞描述的是相同的狀況。

動物和人類暈倒的情形有個值得注意的差異，那就是儘管動物經常因驚慌而引發心跳徐緩，但牠們似乎不常像人類那樣徹底失去知覺。可是話說回來，我們知道在急診室看見的昏厥案例，代表著有更多案例是人們感覺身體虛弱、想吐、因心跳徐緩而頭昏眼花，但卻沒有完完全全失去意識。因此，稱呼這種發生在人類與動物身上的症候群為「幾近昏厥卻還有意識」（near-fainting while conscious）是很合理的。此外，既然有這麼多物種有同樣的反應，使得我們必須回頭思索一個最根本的問題：動物的心臟能在高壓的情境下進入超慢動作模式是否為一種生存優勢？

答案有好幾種可能，而你或許已經猜到第一種。驚慌引發的心跳徐緩可以幫助動物裝死，藉此欺騙掠食者略過自己，另覓其他目標。

有個研究指出，神經反應變慢、看起來死了的鴨子，有可能成功騙過經驗不足的狐狸。然而，年紀較長的狐狸過去也許吃過一兩次悶虧，如今長了智慧，因此這些老練的獵者知道要立刻殺了到手的鴨子或是咬下牠的腿，以確保牠不會奇蹟似地「死而復生」。

這種心與腦聯手使出的花招也能使人免於迫在眉睫的立即傷害。在一九四一年，二十一歲的妮娜・莫列茨基（Nina Morecki）從某座集中營逃出。在波蘭的樹林裡被納粹軍追捕時暈倒了。等她恢復知覺後，發現自己躺在死屍堆中，那些死者是沒那麼幸運的集中營夥伴。其他殘忍的類似狀況還包括裝死以求脫逃的大屠殺生還者。從二次大戰期間的巴比亞爾大屠殺（譯注：Babi Yar massacre，指一九四一年德軍於基輔城外的峽谷屠殺猶太人的暴行）、一九九四年的盧安達種族滅絕（譯注：Rwandan genocide，指盧安達的胡圖族〔Hutu〕政府軍有組織地屠殺圖西族〔Tutsi〕人及溫和派的胡圖族人，估計有八十萬人在為期三個月的種族清洗中喪生），到二〇〇七年維吉尼亞理工大學（Virginia Tech）持槍濫殺事件，這些殺戮暴行下的倖存者都曾提到裝死求生的策略。

「幾近昏厥卻還有意識」的另一項常見副作用雖然令人作嘔，卻讓人佩服其策略高明。迷走神經性昏厥會讓動物失去對自己身體功能的控制力；某些動物在情緒極度緊繃或恐懼的狀態下會撒尿或排便。許多掠食者發覺有惡臭難聞的尿或排泄物就會離開。大家都知道狗兒聞到臭鼬的氣味就會打退堂鼓，受到驚嚇的鼩鼱（shrew）會從肛門囊釋放出強烈惡臭氣味，就連飢腸轆轆、性情凶惡的獵都要退避三舍。到手獵物的嘔吐物對掠食者而言也有同樣便利的擊退效果。

這種因恐懼而生、讓人很難堪的生理失控狀態，可能是我們人類但願自己能因進化而失去的一項殘遺。不過，實際上它偶爾也能保護我們。強暴犯罪防治教育者有時會告訴婦女，假如性侵就要發生，排尿或嘔吐或許能扭轉局面。在某些案例中，性侵犯會心生厭惡而打消念頭。此外，受害婦女因昏厥或進入「幾近昏厥卻還有意識」的狀態而成功避免被性侵，這也很常見。心理學家研究了這類案例，並拿它們與動物一動也不動的反應兩相對照。他們表示，無法反擊時，選擇不掙扎或許能化解危急局面，並且降低被強姦的可能性。❷儘管算不上絕對安全可靠，但昏厥的成功率已高得

---

❷ 雌性食蟲虻（robberfly，又稱「盜虻」）有時會採取類似的戰術，阻撓不受歡迎的性挑逗。昆蟲學家勾讓・昂克里斯特（Göran Arnqvist）寫道：「假如被雄虻抱住，雌虻會呈現假死狀態（thanatosis）。一旦雌虻動也不動，雄虻便不再認定這個無生命的雌虻為可能交配的對象，從而對牠失去了興趣，於是放過這隻雌虻。」我們無從得知這套昆蟲版的性暴力防治策略有無值得人類借鏡之處，不過昂克里斯特推斷，裝死在昆蟲界極為普遍，雌性昆蟲有可能改編這個策略，保護自己免於不想要的交配。

足夠認定它為演化根源的依據。

偏偏，最了解昏厥在提供身體必需的暫時喘息上扮演何等重要角色的那一群人，正是致力於施加痛苦的拷問者；好個殘忍的諷刺。許多酷刑受害者的敘述總會包含令人作嘔的相似制約：在驚恐與身體侵犯的折磨下，許多受害者會暈過去。但非常恐怖的是，拷問者會設法讓他們恢復知覺，可是等他們一甦醒，拷問者便像是得到暗號，立刻繼續施暴。你可以說，拷問者透過無視受害者昏厥的這個身體保護反應，又增添了另一層的折磨，剝奪其睡眠，讓受害者的身體無法得到恢復元氣的喘息。[3]

心搏變緩還提供了另一個重要的生存優勢，也就是幫助易受傷的動物保持靜止。研究白尾鹿（white-tailed deer）的加拿大科學家跟蹤幼鹿，想知道牠們聽見預錄好的狼嚎聲會有什麼反應。小鹿的反應是「完全可以預期的」驚慌引發的心跳徐緩，牠們的心搏速率放緩，身體文風不動。想想這種生理學上的把戲能帶給幼鹿何等的生存優勢。這些幼鹿在母親出門覓食時往往得長時間獨處。緩慢的心搏率讓牠們在危險迫近時不至於四處走動發出聲響。換句話說，它幫助幼鹿躲藏起來。這種生理機能是不是也會出現在小孩身上呢？

這是我們永遠不會在嬰兒身上進行的那種實驗；若蓄意驚嚇嬰孩以測試他們的心搏率變化，研究人員就算沒被逮捕，肯定也會受到眾人痛斥。可是沒想到，一場地緣政治災難為我們開啟了一扇小窗，讓我們窺視人類最年幼的成員會對原始的恐懼做何反應。

在波斯灣戰爭期間，一九九一年一月十八日這天晚上，伊拉克軍隊發射飛毛腿飛彈，開始轟炸以色列。空襲警報的狂哮聲透過戶外擴音器、電視與廣播大肆播送，鬧得人心惶惶。由於傳言這些炸彈彈頭載有化學武器，驚恐萬分的群眾被指示一旦聽見警報聲響起，就得戴上防毒面具，立刻躲入避難所。

那一夜，在台拉維夫（Tel Aviv）地區的一家醫院產科病房中，有三名產婦正在分娩。按照標準程序，她們的腹部會綁上胎兒心跳監測器，以便記錄腹中胎兒的心跳狀況。凌晨三點，一記突如其來、讓人嚇破膽的飛毛腿來襲警報尖叫聲穿透了產科病房的重重牆壁，而且顯然也穿透了待產媽媽的子宮。當醫院人員手忙腳亂地為自己與病患戴上防毒面具時，產科護士注意到胎兒監測器的螢幕出現了極度不尋常的變化。這三個即將出世的寶寶的心搏率竟冷不防、出人意表地筆直跌落。從原本健康又輕快的每分鐘一百到一百二十次突然折半，變成令人驚恐不安的四十到六十次。這些丁點兒大的心臟像這樣「保持低調」大約兩分鐘後，才恢復正常狀態。

這三個還沒有離開子宮也沒聽過雙親聲音的嬰兒，面對帶有威脅的聲音卻會產生心跳徐緩的生理反應。這種心搏率變緩的現象有部分可能是由警報聲響所引起，同時還有部分是因為母親聽見警報後，身體產生的壓力激素進入了胎兒體內所致。不管是哪一種情形，這些產科監測資料都強烈指出，早在誕生前，我們的體內便已備有能在不知不覺間對抗掠食者的防禦措施，其中包括了強有力

❸ 有些專家相信，釘死於十字架（crucifixion）其實是死於一再發生血管迷走神經性昏厥。在執行這種令人毛骨悚然的酷刑期間（「劇痛難忍的」（excruciating）這個英文字就是源於此），你的身體被五花大綁，不讓你有機會倒下來，形成有助於恢復元氣的橫躺姿勢。你失去意識，接著醒來，絲毫得不到片刻緩解，最後死於低血壓與缺氧。

的驚慌引發的心跳徐緩反應。這三個嬰兒後來都順利地健康誕生，顯然也配有裝備齊全的各種生存本能——這些本能我們都有，只是很少會去考慮它們。

獵物為了不讓自己被掠食者吞下肚，最常見也最有效的一種避敵策略，就是在面對危險時把自己隱藏起來——科學家稱之為「隱匿性」（crypsis）。有些動物仰賴體型和偽裝幫助藏匿；有些動物靠著表現出本能或習得的行為，比方定住不動、躲藏或蜷伏，來掩護自己；還有許多動物會把這些全都用上。因心跳緩慢而帶來的靜謐只不過是獵物幫助自己「銷聲匿跡」（至少就掠食者而言是如此）的諸多手段之一。

在心跳緩慢的協助下，定住不動、躲藏或蜷伏，將人類神經系統和那些與人類同源的各式各樣物種連接起來。透過獸醫學的眼光檢視暈倒，讓我從它也許是一種避敵策略的角度去設想這種常見卻令人費解的心臟不良反應。同時，這個假設還反過來幫助我理解，導致某些人失去意識或暈過去的那種存在於心臟和大腦之間強大的反饋迴路。為了探究為什麼會有這樣的迴路，我踏進人類遠古祖先的水域棲地。

聽不見的心跳

圖麗魚（又名豬魚、地圖魚，oscar，學名為*Astronotus ocellatus*）是一種淡水魚，和吳郭魚是親戚。圖麗魚精力旺盛又親人，素有「水族箱裡的幼犬」的美名，這個封號來自牠們會熱烈迎接飼主，不但搖尾、耍特技般地快速翻轉，還會輕啃飼主的手指頭。不過，當圖麗魚承受極大壓力時（比方飼主為牠們清洗魚缸時），牠們會變得無精打采、毫無生氣；還會側著身子平躺，完全靜止不動，身上的顏色轉白，連呼吸也變緩。牠們的魚鰭會停止揮動，有時候，就算你輕輕推牠們一把，牠們還是會保持這個模樣。

假如我有機會能用水中聽診器聆聽躺在水族缸底動也不動、但還活著的圖麗魚的心跳聲，我想我會聽見另一條線索，知道暈厥為什麼能歷經這麼多回合的艱難天擇而留存下來。更確切地說，線索會藏在我聽不見的部分——一顆健康跳動的心臟裡。反而，我得注意的是那在兩次心搏間會長時間停頓的心跳徐緩症狀。❹

要了解這種較不明顯、減速的心律的重要性，不妨先看看鯊魚這種主要掠食者的生理機能。鯊魚和魟魚、鯰魚等幾種水下掠食者一樣，生來就具有心跳偵測器。這種名為「勞倫氏壺腹」（Ampullae of Lorenzini）的器官裡頭有特化的感受細胞，能察覺由其他魚類跳動的心臟發射出來的微弱電場脈衝。這些獵者的內耳也會掃描魚類的心跳，就像醫師用聽診器那樣，仔細聆聽「路卜—搭卜」的心音。掠食者可以鎖定這些有效的訊號，藉此精確地瞄準目標，就算獵物和牠們還有相當距離或躲在沙底下，一樣無所遁逃。這意謂著在水底下，一顆跳動的心臟就能洩露天機。❺

每一種生物身上都有這個「告密者」。不管是人類、蠑螈或金絲雀，那顆洩露內情的心臟從受

---

❹ 魚類的心臟有一心房一心室，由一個退化的瓣膜隔開；哺乳動物的心臟則有二心房二心室及四個瓣膜。當心臟的瓣膜閉合，會製造出我們稱為「心音」（heart sound）的聲響。以人類為例，心臟瓣膜閉合會產生聽來像「路卜—搭卜」（lub-dub）的聲音。

❺ 富豪（Volvo）汽車公司一度曾提供一種心跳偵測器做為某些車款的選配項目。富豪汽車宣稱，這部機器能在你坐進駕駛座前，預先警示你後座有侵入者。

孕後沒多久就開始跳動，而且會一直持續到死亡的那一刻為止。

但是，假如水底下的魚能讓自己的識別信號消音，就能做到在聽覺上隱形，甚至還能夠躲避敵人。看過潛艇電影的人都知道這項原理。只要被敵軍的聲納發現，該潛艇的艦長總是會下令全員「靜音潛航」——這包括了從切斷無線電到關閉引擎以藏匿潛艇的心跳聲等一切手段。等到危機解除，他們才會重新發動引擎，接著該潛艇就能加速航向安全之地。

知道這一點，我們就能理解為什麼天擇會暗中幫助某些有福氣的魚，讓牠們在變成天敵的晚餐前暈過去。擁有一顆能在受到真實威脅或意識到威脅出現時減緩心搏率的心臟是一項重大的優勢，它甚至能在攻擊發動前就發揮保護作用。昏厥與「幾近昏厥卻還有意識」的形成或許是救命用的「第三種選擇」，是傳統的「戰或逃」之外的另一種替代方案。

如我們所知，由恐懼、痛苦或煩惱等強烈情緒所引發的心跳減緩反射，是人類血管迷走神經性昏厥的最重要特徵。驚慌引發的心跳徐緩一直保護著遍及各綱的脊椎動物，而且依然明確地存在今日的你我身上，這是因為它的保護力量深植於自主神經系統中，從生活在水中的遠古祖先傳下來給我們。這個假設，將水中某條被獵捕的魚心跳劇烈減緩和急診室裡某個暈倒的人類病患連結起來。

在某種程度上，我們很難想像自己會是獵物。當今人類支配了整個地球，我們有能力（也確實會）徹底消滅其他物種，對此，我們有時甚至渾然不覺。身為已開發國家的人民，大多數人在一生中都不曾面對來自任何非人的動物掠食者的實際威脅。於是，像昏厥這樣的演化殘遺對於我們這個摩登時代而言，似乎就像雙輪馬車維修店一樣不合時宜。但是人獸同源學的態度讓我們領悟到，我們身上的反射反應與行為，其實反映出其他動物的禦敵策略。

大自然賦予許多成年動物各式各樣的防衛手段，比如豪豬刺、鹿角、利爪、難聞的氣味，以及致命的毒液。儘管這些在遭逢攻擊時全都非常有用，但它們也具有在攻擊發生前警告對方「少惹我」的作用。常見於鹿群與瞪羚的「反覆彈跳」（stotting）這種奇特的跳躍花招也是如此。使出彈跳招數的那頭動物會向上躍起，四隻腳直挺挺地落地，接著再度彈起、落下、彈起、落下，彷彿踩著彈簧單高蹺（pogo stick）一路彈跳、遠離掠食者。科學家爭論著這種行為如何能幫助動物逃跑。它看起來像是種很浪費體力的做法——明明可以直接逃跑，不是嗎？不過，這整件事的重點似乎是要賣弄自己的精力無窮。反覆彈跳這個行為明白告知掠食者，眼前的這頭動物精力旺盛，想要追捕牠，只是白費工夫罷了。

野生動物學家稱這類身體特質與行為是「無利可圖的信號」（signals of unprofitability）。它們向掠食者發出明確的訊息：走開，去找別的容易得手的目標。

我們人類也會運用無利可圖的信號保護自己。想像一名保鑣展現他雙臂鼓凸的二頭肌；當你在暗夜獨自走過一條靜得嚇人的街道，想想你會怎樣本能地昂首挺胸，故意用一種誇張、大搖大擺的姿態武裝自己；想想你家草坪上豎立的「內有竊賊警報器」告示牌；或是大企業聘任律師團打官司。上述每個案例透露的訊息都是一樣的：請另尋其他受害者；眼前的這一個太棘手，很難對付。

確實，公開宣布自身的嚴密防護，是一種廣見於各物種的基本動力。我曾有幸向已故的哈佛演化生物學家卡爾・林（Karel Liem）請益，他告訴我，幾乎所有動物行為的核心都具有自我保護或防範被捕食的成分在內。

昏厥的生理機能也不例外。單純保持靜止不動就能賦予生物生存優勢。當然，不是每回都奏效，但是成功的次數已足以讓它成為窮途末路時還不錯的一個選項。

然而，迎接暈倒者的反應鮮少是敬重。驚慌引發的心跳徐緩、迷走神經引發的噁心、嚇呆了、裝死和徹底失去知覺，幾乎總是和軟弱與膽小畫上等號，在文學和電影中常是膽怯的簡稱。舉例來說，富蘭克林・皮爾斯（Franklin Pierce）曾在戰場上暈倒的事，讓他一生都擺脫不了「暈倒將軍」這個諢名，即便他在一八五三年當了美國總統後，這個綽號依舊纏著他不放。很少有人會認為老布希（George H. W. Bush）、柴契爾夫人（Margaret Thatcher）、前美國中情局局長大衛・裴卓斯（David Petraeus）、卡斯楚（Fidel Castro）或前美國司法部長珍妮特・雷諾（Janet Reno）是意志軟弱的人，但是他們全都曾在辦公室裡暈倒過。就旁人看來，暈倒也許看似無助，是屈服甚至戰敗的生理行為，可是，考慮到昏厥帶來的防護力，也許現在該是扭轉這種貶抑且無知的觀點的時刻了。

戰、逃，或暈倒。暈倒是身體快速開關斷路器的方法。它暫停身體的動作，有時甚至能阻擋掠食者的追捕。它可以免去衝突的危險性，讓逃脫變得可能。昏厥和相關的「減速」行為之所以繼續留在人類身上，是因為過去幾億年來它們一直成功地幫助動物避開死亡。深植在昏厥的遠古生理機能中的一項重要教訓是，人類如何因應那些讓我們驚恐的事物。戰或逃有時也許行得通，可是當奮戰無用，逃也逃不了的時候，光是動彈不得，或許反而能帶給我們更有力的保護。

等著穿耳洞的青少年、躲在樹葉堆中的小鹿、捐血者，還有逃離掠食者魔爪的魚，全都繼承了昏厥那避開死亡的神經系統迴路。他們心與腦的溝通賦予他們一個暫時的喘息——瞬間的欺騙式的緩刑，它長久以來都代表著生存的一個方法。

第3章

猶太人、美洲豹與侏羅紀癌症：古老病症的新希望

二戰結束後，當退役軍人紛紛從亞洲和歐洲返鄉時，全美各地的醫師正在大後方與一種致命的威脅交戰。每年死於心臟疾病的美國人是葬身在硫磺島及奧馬哈海灘的五倍之多。為此，美國國家心臟研究中心（National Heart Institute）著手投入夫拉明罕心臟病研究（Framingham Heart Study），這項研究後來成為長期醫療調查研究的準據。從一九四八年起持續至今，麻州夫拉明罕市的數千名男女每兩年都要向特定醫師報到。他們得提供血液及其他實驗室化驗樣本，做各式各樣的身體檢查，並且回答一個又一個有關自己的飲食、運動、工作與閒暇嗜好的問題。

經過幾十年後，研究人員由累積的數據，看出其中的模式。抽菸和高血壓會導致心臟疾病，年齡與性別則會影響風險高低。實在難以想像，如今被我們當成再平常不過的資訊，竟然曾經是未知的事物。時至今日，夫拉明罕心臟病研究超過半世紀的統計數據，在研究人員利用資料探勘，找出中風、失智、骨質疏鬆和關節炎的長期趨勢時，仍能持續產出成果。這項指標性的研究如今已是第三代，名冊中包括了許多初始參與者的孩子及孫子。

長期的醫學研究不容易成功，尤其那些調查母體人數眾多，調查時間範圍又長的研究更是如此。這類研究如此珍貴的原因，也正是它們讓人洩氣之處。就算報名者眾，同時也很多人退出。參

與者沒有意願繼續。他們忘了去做身體檢查；搬走了卻沒有留下新居的地址；忘了要填第三次、第十三次或第三十次的問卷。

然而，這樣的挑戰並沒有嚇倒麥可・蓋伊醫師（Dr. Michael Guy）。他在二〇一二年開始招募參與者（目標為三千名），投入一項也許可說是最有野心的全新長期研究，時間長達十幾年。這項研究關切的是某個群體的罹癌狀況，因為其成員死於癌症的風險竟然高達百分之六十。

而且他的研究團隊確切知道他們的受測對象不可能作弊、睜眼說瞎話或者消失無蹤。他們不會在調查中捏造答案，或是只對研究人員說他想聽的話。他們會很忠誠、熱情又順從。研究人員之所以這麼有把握，乃是因為他們費了心思鄭重其事地挑選受測者——這些參與者全都是黃金獵犬。

在你開始想像一隻垂耳幼犬坐在一只消毒過的實驗室鐵籠中之前，請容我做個說明。「犬隻終身健康計畫」（Canine Lifetime Health Project）是一項長期的癌症研究計畫，蓋伊醫師有時稱它是「狗界的夫拉明罕研究」。而登記參與「犬隻終身健康計畫」的狗兒全都是備受鍾愛的家犬。牠們來自全美各地的普通家庭，住在院子或臥房中，和孩童及其他狗兒喧鬧嬉戲，吃的是自己主人精心選擇、準備的食物。牠們會在住處附近的人行道上散步，也會在當地的公園裡玩你丟我撿的遊戲。

「犬隻終身健康計畫」裡的每隻狗就像夫拉明罕研究中的人類參與者，終其一生都會被持續追蹤。隨著數據大量湧進，流行病學家、腫瘤學家和統計學家會仔細查看這些狗兒的飲食狀況，了解營養成分或餐點份量有無可能促成癌症的產生。他們會細心研究狗兒暴露在環境污染物（從二手菸到家用清潔劑）的情況；他們會測量這些狗居住的地點距離高壓電力輸配線及高速公路有多遠，以判斷是否有任何癌症明顯聚集的跡象。研究人員會分析每隻狗的遺傳密碼，拿它與其他狗兒的遺傳密碼以及完整的犬基因圖譜比較；完整的犬基因圖譜來自於一隻名叫「塔夏」（Tasha）的母拳師犬的DNA，於二〇〇五年完成分析。

由非營利機構莫里斯動物基金會（Morris Animal Foundation）所推動的這項史無前例的研究，有可能徹底扭轉我們治療犬隻罹癌的方法。此外，這些努力帶來的知識也許不僅有益於家犬的子子孫孫，同時也能幫助牽繩另一端的動物，也就是人類。犬癌有許多故事值得人類癌症借鏡：癌症打哪兒來？為什麼癌症會轉移？如果可能的話，如何讓癌症就地中止？從多物種的角度來研究癌症，代表了我們與人類最忠實夥伴間的那份特殊關係將會變得更加緊密。

遺傳密碼

除了吻部有些許變灰，泰莎（Tessa）的毛烏黑發亮，與牠身上那件街燈黃的背心形成強烈對比。那件顏色鮮明的服裝非常合身，緊得像是電視影集《歡樂滿人間》（*The Partridge Family*）裡的戲服，上頭滿是繡了圖案的布片。有幾則是為狗食公司打廣告。其中一個標榜泰莎是「跳水高手」（Dock Dog），一個表現優異的動物運動員，牠高超的跳躍與取回獵物能力，使得尋常家犬看起來像是小聯盟打者對上紐約洋基隊隊長德瑞克・基特（Derek Jeter）。不過，泰莎的背心最引人注目的是橫過整個上腹部，用黑線繡的五個大字：癌症康復者。

泰莎是一隻黑色的拉布拉多犬，我們首次相遇是在二〇一〇年春天，一場戰勝病魔的寵物聚會上。儘管牠的左下犬齒後方牙齦上的棕色病灶仍舊十分明顯，但牠的口腔癌在過去兩年來症狀已逐漸減輕。當我拍撫著泰莎那毛絨絨、尖尖的頭，牠的主人琳達・黑提區（Linda Hettich）向我說明當初她是怎麼發現泰莎生病的。當時他們正在玩你丟我撿的遊戲，沒想到泰莎撿回來的是一顆血淋淋的網球。經獸醫師檢查後確認是癌症，於是泰莎開始接受治療。雖然黑提區用她獨特的女低音（她是洛杉磯某家新聞廣播電台的午間時段主播）訴說著她有多感激泰莎的癌症沒有復發，但是她的表情透露出相當程度的焦慮。泰莎不是她養過的狗兒當中第一隻罹癌的。就在幾年之前，她心愛的雜種狗卡丁（Kadin）也死於癌症。黑提區低聲承認自己有時候不禁懷疑，為什麼她養的兩隻狗都得和癌症搏鬥？

「對於卡丁罹癌，我心裡滿是歉疚。」她告訴我。如今泰莎也得了癌症，她說她時不時會想：「我養的兩隻狗都得了癌症——我究竟做錯了什麼？」

這種反應一點也不讓我驚訝。過去我常聽到「我究竟做錯了什麼？」這句話，同樣的疑問也經常折磨著許多罹癌的人類病患。

我在加大洛杉磯分校醫學中心裡的其中一個角色是，照顧在癌症療程中產生心臟疾病副作用的癌症病患。對於自己為何會抽到癌症這張牌，每個病患都有一套自己的理論。有時候，他們會和我分享他們的看法。通常，罹癌是因為他們做了某件事：我用手機；我用除臭劑；我吃了烤得焦黑的鮭魚；我用微波爐；我塗口紅；喝塑膠罐裝的礦泉水；我曾經當了多年的空服員。有時候，問題出在他們沒做的事情上：不上教堂；缺乏運動；沒做乳房X光攝影。有時則是外力：都怪我父親的菸癮；都怪我家飲用水中加了氟化物；都怪我辦公室裡那張新地毯。或是籠統的壓力：一件纏訟多時的官司；龐大的本期信用卡應繳金額；照顧年邁的父親（或母親）。

我了解這些說詞能讓病患在面對駭人的診斷時，感覺自己仍保有些許的控制權。由於這個做法本身具有療癒效果，因此為他們測量血壓、檢查脈搏、用聽診器聆聽心音時，我大多只是默默聽他們述說自己的理論。可是有些病患是想尋求醫學上的赦罪，此時我會溫和地提醒他們，一些他們過去必定聽過的論調：癌症的成因林林總總，不一而足。在我們從父母、從曾祖父的祖父，以及從遠古的動物祖先繼承而得的DNA中存有藍圖與機制，能命令細胞創造我們的身體器官並使它們維持運作。可是，如果這套機制裡頭帶有錯誤，造成機制失靈，細胞失控增長，就可能發展成所謂的癌症。

以下就是我想表達的：充滿生氣、不斷成長的生物，必須時常用嶄新、精力充沛的細胞取代衰老、凋萎的細胞。製造一個新細胞需要將細胞DNA中近三十億個零組件（也就是「核苷酸」）逐一拷貝。這個動作能讓子細胞載有和母細胞完全一致的資訊。當一切進行順利時（驚人的是，通常都很順利），便能精確地複製DNA。但偶爾，大約是每一萬個核苷酸會出現一次錯誤，這些化學密碼可能會被遺漏、重複或錯置。

大多數時候，這些稱為「突變」（mutation）的差錯會被細胞的化學「校對者」揪出來，在它們進入新細胞前，錯誤就被修正完畢。至於「誤植」之類的小毛病往往會偷渡成功，但反正那無傷大雅，就算印刷錯誤，細胞仍能繼續正常運作。有時候，這些錯誤發生在DNA的重要區段，結果竟然提升了細胞的功能。假以時日，這些微小的變化就會產生新的性狀、新的行為，甚至是新的物種。舉例來說，突變是不同種類的狗有體型尺寸差異的原因。負責指示骨骼成長的基因只要有些許變化，就能創造出吉娃娃和大丹狗之間那樣顯著的差異。

儘管如此，某些突變會損害細胞的功能。比方，正常細胞的DNA中帶有「自殺密碼」。當某個細胞變老或受到無法修復的傷害，這些密碼會突然開始運轉，導致細胞進入一個名為「細胞凋亡」（apoptosis）的自我毀滅歷程。可是，在細胞上指揮這場破壞行動的特定基因有可能產生突變。當破壞指令出了差錯或故障，這些受損細胞將會繼續存活下去。接著，它們有可能把包含錯誤的所有部分都一起複製。之後，那個有缺陷的新細胞就像它的母細胞一樣，缺乏正常的細胞死亡指令。如今有兩個細胞，每一個都帶有DNA錯誤，而且少了適當的調控機制。等到這些有瑕疵的細胞增殖時，它們會變成四個，然後是八個，然後是十六個細胞。要不了多久，一整群不死的細胞會毫無節制地擴增數目。這就是癌症：原本正常的細胞，但成長過程失控，帶著不同的DNA指令。

當這些失控、突變的細胞聚集成群，就會形成腫瘤（tumor）。有時候，這些突變的細胞會找到方法進入血液或淋巴系統中，這兩者本來就是大規模連結全身各處的超級高速公路。當這些細胞從它們的原發部位走過很遠的距離，接著在新的據點開始複製，那就是「轉移」（metastasis）。有些癌症（比方黑色素瘤）很容易轉移；有些癌症（譬如長在頭顱底部的脊索瘤〔chordoma〕）沒那麼有野心，主要長在某個區域中（順帶一提，這是良性與惡性腫瘤的最基本差異。任何大量的不正常細胞就叫做腫瘤，但是良性腫瘤通常會在同一地點不斷增生，不會侵犯鄰近的組織）。

但不論某個癌症是遲緩或敏捷、是戀家阿宅或大冒險家、是實心或液體腫瘤（譯注：實心腫瘤〔solid tumor〕，指癌細胞組織為固定位置的腫瘤；液體腫瘤〔liquid tumor〕，指發生在血液和淋巴系統中的癌症），帶來無盡痛苦與死亡的不是別的，正是遺傳密碼中的錯誤。許多行為與環境因子會促進這些錯誤的產生，導致罹癌。抽菸、日曬、飲酒過量及肥胖全都與DNA受到傷害有關，也都和各種不同的癌症有關。

此外還有一大堆已知的有毒物質，只要接觸到一定量以上，幾乎肯定就能引發癌症：大氣中自然存在的氡（及其他放射性物質）、石綿、六價鉻、甲醛、苯及其他。美國國家衛生研究院標示出五十四種有確實證據顯示它們與人類癌症有牽連的致癌物質。可以肯定的是，隨著更多研究發表，這份名單只會更長。

既然環境中有這麼多毒素，社會上又有這麼多人罹癌，將世人罹癌的痛苦歸咎於污染的環境是最簡便的做法。許多人深信癌症是不自然的，這種疾病是人類自作孽的惡果。甚至，預防癌症成了一種行銷工具。選擇牛奶、除臭劑或鮪魚這種尋常事，感覺卻像是避免罹癌的一種高額賭注作為。從各式廣告行銷包裝中挑出在醫學上確有其事的資訊，成為病患的一大挑戰，同時也成了醫師的一大責任。

只不過癌症也會發生在那些不菸、不酒、不做日光浴、不用塑膠容器微波食物，也不用鐵氟龍（Teflon）不沾鍋烹煮食物的人身上。癌症會侵襲練瑜珈的人、餵母乳的媽媽，和採用有機方式栽培花草樹木的園丁；癌症會攻擊嬰孩、五歲、十五歲、五十歲和八十五歲的人，對眾人一視同仁。而且更辛辣的是，看見年長的病患做盡各種「不恰當」的舉動卻沒有半點罹癌的跡象，這也是很常見的事。

想要把罹患疾病的責任歸咎到自己或我們的文化身上，這種衝動並不是現代社會所獨有，也不是只有罹癌的人才會這樣想。如同醫學史學者查爾斯・羅森伯格（Charles Rosenberg）曾指出的，「想要從決斷力（選擇做什麼或不做什麼）的角度解釋患病與死亡，是亙古以來即有的效力龐大的想法。」

那麼，懷抱著跨物種的態度能為此帶來什麼樣的見解呢？就算只是簡略地調查其他動物的罹癌狀況，都能讓我們看清一件被人忽略卻很要緊的事實：只要細胞分裂、只要DNA複製、只要有成長發生，就會有癌症的存在。癌症和生命誕生、繁殖生育、死亡一樣，都是動物王國中很自然的一部分。此外，我們馬上就會看到，癌症簡直和恐龍一樣古老。

侏羅紀癌症

泰莎不過是每年被診斷出癌症的百萬隻狗兒的其中一隻。奇妙的是，許多犬隻癌症的表現跟人類癌症十分類似：致命的攝護腺癌（prostate cancer）在男人與公狗身上展現的臨床狀況相像；乳癌會攻擊母狗的骨組織，正如同它會優先轉移到罹癌女子的骨骼上；骨肉瘤（osteosarcoma）好發於加速成長期間的人類青少年身上，它對許多大型犬及巨型犬的侵害同樣猛烈。

令人遺憾的是，許多結果也很類似。跟人類一樣，狗兒身上的許多癌症具有治療抗性。而且即使已開刀完全切除腫瘤，無論人與狗，癌症都有可能復發。

狗兒不是我們生命中唯一會罹癌的動物。當貓咪出現發燒與黃疸症狀時，獸醫師就應該思考其是否為白血病或淋巴瘤（lymphoma）這兩大美國貓咪的頭號殺手。當貓咪飼主發現自己寵物的胸部有腫塊時，它很有可能是具有高度侵略性的乳癌，一如許多女子被診斷出的結果。對於罹患乳癌的某些貓咪來說，乳房腫瘤切除術（lumpectomy）就已足夠；但其他貓咪可沒那麼幸運，牠們得進行徹底的乳房切除術（mastectomy），移除全部的四對乳腺。

由於家兔年紀大了很容易罹患子宮癌（uterine cancer），所以獸醫師通常會建議飼主讓家兔接受子宮切除術（hysterectomies）；長尾鸚鵡容易在腎臟、卵巢、睪丸長腫瘤；爬蟲類也可能是癌症病患。動物園獸醫師曾敘述蟒蛇和紅尾蚺罹患白血病、南棘蛇（death adder）和豬鼻蛇（hognose snake）罹患淋巴瘤、響尾蛇染上間皮瘤（mesothelioma）等案例。

為皮膚白皙的兒童看診的小兒科醫師，並不是唯一擔心其病患可能會罹患皮膚癌的醫師。曬傷被認為是讓淺色馬罹患皮膚癌的原因，儘管這種「灰馬的黑色素瘤」（gray horse melanoma）與這個品種的基因關聯，更甚於曝曬時間；然而因為有高達八成的灰馬、腳上穿著白「襪」或鼻子上有白斑的那些馬兒會罹患某種皮膚癌，因此，憂心的飼主有時會在牠們身上塗抹含有氧化鋅遮光劑的防曬用品，甚至堅持自家的馬兒離開馬廄時得披上遮陽罩。

假如皮膚科醫師提醒你在做年度黑痣檢查前要先卸除指甲油，那是因為醫師不只希望檢查黑色素瘤，同時也想確認有無鱗狀細胞癌（squamous cell carcinoma）這種常見的皮膚癌。拉布拉多犬泰莎得的就是鱗狀細胞癌，牠的患部在口腔，但這種癌症也可能從腳趾甲底下開始發展。那跟有一次我在動物園為一頭犀牛診察時的狀況很類似。那頭犀牛身上的癌細胞在牠的犀角下滋長。犀角的成分是角質蛋白，恰好正是構成人類手指甲與腳趾甲的蛋白質。牛的雙眼周圍那圈顏色較淡的皮膚也會發生鱗狀細胞癌。某些白面牛（Hereford cattle）曾被刻意育種成眼周顏色較深的樣子，這給予牠們多一點防曬的保護，而結果似乎降低了罹癌的發生率。

用加熱到華氏三百到六百度的烙鐵在牲畜身上烙印，有可能導致這些永久印記的周圍長出腫瘤。同樣的，凡是用烙印裝飾自己身體的人，也會增加這些傷口附近罹癌的風險。就連刺青也可能與某種罕見的皮膚癌產生牽連。

癌症的侵襲貫穿整個生態系統，遍及動物王國的每個角落。迫使美國參議員泰德・甘迺迪的兒子小泰德（Ted Junior）於一九七〇年代早期截肢的骨肉瘤，也會攻擊狼、北美灰熊、駱駝與北極熊的骨骼；微軟共同創辦人保羅・艾倫（Paul Allen）成功戰勝何杰金氏淋巴瘤（Hodgkin's lymphoma），然而一頭來自冰島的虎鯨在歷經數個月的高燒、嘔吐與體重減輕後，最終還是敗下陣來；奪走蘋果共同創辦人史帝夫・賈伯斯（Steve Jobs）性命的神經內分泌腫瘤（neuroendocrine tumor）儘管在人類身上較為罕見，卻是家貂（domestic ferret）極為常見的腫瘤，而且在德國狼犬（German shepherd）、可卡犬（Cocker spaniel）、愛爾蘭蹲獵犬（Irish setter）及其他狗種身上也曾診斷出這種癌症。

世界各地的野生海龜因罹患可能由某種疱疹病毒（herpes virus）觸發、形成像癌的腫瘤而大量死亡。生殖器癌在海洋哺乳動物中極為猖獗，從北美洲的海獅到南美洲的海豚，甚至是遠洋的抹香鯨都無一倖免。這些癌症當中有許多是由乳突狀瘤病毒（papilloma virus）所引起，這種病毒在人類身上能演變為子宮頸癌（cervical cancer）與生殖器疣（genital wart）。

由於癌症對某些動物的攻擊極為猛烈，有三種野生動物甚至因為癌症而正面臨滅絕的危機。俗稱「塔斯馬尼亞惡魔」的袋獾（Tasmanian devil）僅見於澳洲大陸旁的塔斯馬尼亞島上，牠們正身處於一場名為「袋獾面部腫瘤疾病」（devil facial tumor disease）的傳染病風暴中。這種癌症會在袋獾打鬥時傳播開來。此外，罹癌致死也阻礙了瀕臨絕種的阿特瓦特草原松雞（Attwater's prairie chicken，過去曾活躍於整個美國德州）與西條紋袋狸（Western barred bandicoot，一種澳洲有袋類動物）的保育。

昆蟲也可能會染上癌症，已知果蠅與蟑螂都有罹癌的紀錄。由於植物的贅瘤（有時被稱為「瘿」〔gall〕）不會轉移，所以對植物來說，癌症是一種慢性疾病，而非頭號殺手，但是這種疾病就連在植物世界中也極具破壞力。雖然癌症鮮少真正殺死染病的植物，卻會減弱它的活力。

有件事再清楚不過：癌症不是人類特有的疾病。同時，癌症也不是現代的產物。三千五百年前，早在湯罐頭內部塗上一層含有雙酚A（bisphenol A, BPA）的塑膠內膜、為肉品施打荷爾蒙、在洗髮精添加對羥基苯甲酸甲酯（methylparaben）前，埃及醫師就曾描述人類乳房出現「鼓起的腫塊」。包括「醫學之父」希波克拉底（Hippocrates）在內的古希臘醫者，都曾在他們的醫學著作中詳細說明癌症（並創造了「*karcinos*」這個詞來形容惡性腫瘤，意思是「螃蟹」）。這種疾病出現在印度傳統醫學阿育吠陀（Ayurvedic）及波斯的醫典中，也能在中國民間傳說中找到。著名的希臘醫師蓋倫（Galen）在西元二世紀於羅馬行醫，據他表示，在他看過的許多癌症病例中，乳癌是最常見的一種。事實上，如同詹姆士·歐森（James S. Olson）在他的大作《拔示巴的乳房》（*Bathsheba's Breast*）一書中寫道：「對古代人而言，乳癌是貨真價實的癌症。」因為那是他們能輕易用肉眼看見的癌症。

近幾十年來，古生物病理學家運用X光等方法檢查古埃及木乃伊。他們詳細診察了來自英國的青銅器時代骸骨，以及來自巴布亞新幾內亞與安地斯山脈、經防腐處理的屍首。雖然資料極其有限——缺乏軟組織、只剩裂解的DNA——這些研究人員普遍認同癌症確實存在古人身上。不過癌症的歷史遠比那還古老。

一九九七年，業餘的化石獵人碰巧發現了一具恐龍化石遺骨，牠是隻肉食母恐龍，名為蛇髮女怪龍，是霸王龍（*T. rex*）身材瘦長的親戚。來自黑山地質研究所（Black Hills Institute of Geological Research）的古生物學家在仔細檢查牠之後，對其中一個發現極感興趣。撇開牠十三公分長的可怕鋸牙和七・六公尺高的身高不談，這隻蛇髮女怪龍身上充滿謎樣的傷痕：一側的小腿骨折、尾巴的脊椎骨融合、塌垮的肩膀、破碎的肋骨、整個下頜感染化膿。運用電子顯微鏡和平面X光（radiograph）診察這些化石後，終於為這些多重傷害找到合理的解釋。根據多次掃描顯示，這隻恐龍的頭顱裡有一團物質。雖然古生物學家對這團物質是什麼還沒有定論，但某些專家相信，它是腦部腫瘤的化石遺跡。

位在這隻遠古動物頭骨裡的腫塊，想必會壓迫牠的小腦和腦幹。這些區域是活動能力、平衡、記憶、自律神經功能（如心搏率）的重要調節者。看看這隻恐龍傷痕累累的骸骨，就知道那團腫塊帶給牠什麼樣的影響。研究人員指出，這團迅速增長的腫塊很可能侵擾牠的日常生活。

其中一位研究人員表示，「隨著腫塊逐漸長大，這隻年約三歲的母恐龍有可能會忘記自己把最近一次獵殺的獵物留在哪兒，接著牠會忘了該要上廁所。」長在那個位置的腫瘤代表牠可能無法迅速移動或做出敏捷的捕食決策。如同許多患有腦瘤的人類一樣，這隻遠古生物可能飽受疼痛侵襲——無論是從睡夢中醒來時，排便身體用力下壓時，或是每當牠低下頭，管它是喝水、進食或交配，只要頭低於心臟時，就會發生難以忍受的劇烈頭痛。

其他古生物腫瘤學家已經在鴨嘴龍（hadrosaur）身上發現腫瘤，這種草食性恐龍是霸王龍偏愛的獵物。在匹茲堡大學（University of Pittsburgh），醫學系學生透過仔細觀察一根生病的恐龍骨頭認識癌症。這骨頭是從卡內基自然史博物館（Carnegie Museum of Natural History）借來的，已有一億五千萬年的歷史。至於可信的癌症轉移證據，則是在約莫兩億年前的一隻侏羅紀恐龍的骨頭裡發現的。

由於恐龍和人類的DNA都同樣會發生轉錄的錯誤，因此，史前生物會長腫瘤這件事並不讓人意外。另一方面，環境因素或許也產生了相當的作用。對我們大多數人來說，「致癌物質」等同於「人造毒物」。但事實上，許多引發突變的刺激物是花朵、植物或陽光等自然的東西。

有時，就連地球上最原始、最「自然」的角落，都有可能像超級基金污染場址（譯注：超級基金〔Superfund〕是〈全面性環境反應、補償及責任法案〉〔Comprehensive Environmental Response, Compensation, and Liability Act〕的俗名。這項於一九八〇年頒布施行的美國聯邦法案，旨在清理整治受到有害物質污染的場所，以免危害環境或公眾健康。這項法律授權環保署認定責任歸屬。倘若無法認定該由誰負責，環保署可動用一筆特別的信託基金來執行整治工作）那樣受到污染。舉例來說，在數百萬年前，你恐怕不會想要住在今日黃石國家公園那未喪失自然美的海登谷（Hayden Valley）。當時正值該地區的超級火山爆發，噴出的火山灰可覆蓋相當今日的十六州之廣。大約六千五百萬年前，印度中西部一處名為德干高原洪流玄武岩（Deccan Traps）的地方，有座巨大的火山噴出超過二十五萬立方英里的熔岩，覆蓋了整片地景，同時空氣中也充滿了二氧化硫等有毒氣體。離子化的輻射、有毒的火山噴發物，甚至是中生代的食物來源，全都有可能對當時生物的DNA造成傷害。其實，蘇鐵和針葉樹這些最古老的種子植物，以及恐龍的主食，全都帶有濃烈的致癌物質。這代表人類並非地球上第一種（或唯一一種）飲食或環境受到致癌物質滲透的生物。

「侏羅紀癌症」說明了儘管人類新創出「癌症」這個詞，但這種疾病並不是我們創造的。實際上，癌症的無所不在使它成為生命固有的一個部分。沒錯，暴露、接觸那些人類創造的有毒物質會增強罹癌的風險，在某些情況下尤其嚴重。稍早我曾點名的那些動物罹癌的例子都跟環境污染有關（我馬上會舉更多實例），但是罹癌的可能性只不過是活在地球上的生物、細胞中帶有複製DNA的生物無可迴避的命運。

DNA會突變的這種弱點，意味著癌症「變成大自然中一種統計的必然性——取決於機率且無可避免的事」，麥爾・葛里夫斯（Mel Greaves）在《癌症：進化的遺產》（*Cancer: The Evolutionary Legacy*）一書中這樣寫道。

雖然任何事物都無法減輕病患聽見醫師宣告「你得了癌症」時那種毀天滅地的感受，但是知道「癌症這種病和恐龍一樣古老，而且在動物界非常普遍」這項事實，或許能為癌症患者帶來一點點的安慰。況且，透過人獸同源學的方法研究癌症，有機會帶來比心理安慰更多的成效。它有可能為治療方法帶來突破性的進展，讓我們對罹癌風險的認識更深入。事實上，它已經開始展現力量。

皮透悖論

請想像兩隻動物：一隻迷你的大黃蜂蝠（bumblebee bat，體重約為半個一元硬幣重）和一頭龐大的藍鯨（體重約為二十五頭大象重）。比起那隻迷你蝙蝠，這頭巨鯨的身體由更大量的細胞所構成，而在牠的漫長生命中，細胞分裂的次數比蝙蝠多出數兆次。猜猜看，牠們兩個誰比較可能會得癌症？由於已知癌症是由單一細胞有缺陷的複製所造成，你也許會認為擁有較多細胞、經過較多次複製的生物發生突變的次數較多，因而較容易罹患癌症。

賓州大學（University of Pennsylvania）的基因組學研究人員透過計算人類大腸的細胞數目，並且拿它與一頭巨大藍鯨的大腸細胞數目相比較，來檢定這個假設。他們得出的結論是，假如細胞分裂與「校對改正」的機制在不同生物間是完全相同的，所有的藍鯨應該會在牠們八十歲生日前罹患大腸直腸癌（colorectal cancer）。

可是就我們所知，實際狀況並非如此。事實上，總的來看，大型生物似乎不像小型生物那樣容易罹患癌症。這項有趣的觀察稱為「皮透悖論」（Peto's paradox），是以英國癌症流行病學家理查・皮透爵士（Sir Richard Peto）的姓氏來命名。他是找出這項驚人事實並第一個詳加描述的人。

講得更明白點，皮透所謂的體型大小差異指的並不是同一物種中的體型差別。他指的並不是身長兩百二十六公分的籃球好手姚明和身高一百四十五公分的體操選手凱莉・史崔格（Kerri Strug）的不同；而是描述不同物種間（比如蝙蝠與鯨）的罹癌率。事實上，在同一種生物當中，體型大的個體反而比較容易罹患某些癌症。以骨肉癌這種好發於青少年間的惡性骨癌為例，它比較容易出現在個子高的青少年身上。同樣地，犬的骨肉癌病例多半發生在大型、長腿的品種身上，像是大丹狗、杜賓狗和聖伯納犬。

皮透悖論的意涵是，大型動物的ＤＮＡ複製有其特殊之處，能讓牠們免受癌症所苦。大型動物的ＤＮＡ或許能更有效地自我修復；也許大型動物群（megafauna，編按：指體重超過四十五公斤的物種）的細胞分裂能維持和原始細胞較高的忠實度，因此較少產生能導致癌症的突變；或者可能是牠們細胞的ＤＮＡ校對改正功能較強，突變率較低。大型動物可能具有功能較強的抑癌基因（tumor-suppression gene）、效率更高的免疫系統，也有可能單純是牠們的細胞善於按照預定步驟自殺——

細胞凋亡。

別的不說，皮透悖論說明了採用比較研究的方法有可能會得到出人意料的假設。可是人類癌症專家不會閱讀《鯨豚研究與管理期刊》（*Journal of Cetacean Research and Management*），而海洋生物學家不會定期參加美國臨床腫瘤醫學會（American Society of Clinical Oncology）的年會。有關大自然和跨物種癌症性質的重要資訊還是分離的，並未互通有無。

更棘手的是，就算再順利，想要取得真正準確的野生動物罹癌統計數據也難如登天。在野外，要對每隻死亡的動物逐一進行屍體剖檢是不可能的事，況且也不大可能將人類那一套癌症篩檢的方法用在野生動物身上。如果能在野生鯨魚身上進行定期的結腸鏡檢查，也許就能找出牠們的抗癌機制。

結合野生動物學、人類腫瘤學與獸醫學等領域的知識，可以拓展我們對癌症的理解。學界已逐漸體認到科際整合所帶來的好處。美國國家癌症研究院的比較腫瘤學計畫（National Cancer Institute's Comparative Oncology Program）和像是加州大學舊金山分校（University of California, San Francisco）的演化與癌症中心（Center for Evolution and Cancer）這樣任務艱鉅的組織都致力於擴充癌症研究。癌症研究的下一個重大突破性進展，很可能不是來自某個無菌實驗室的某個接受過基本訓練，用基因改造老鼠來做實驗的科學家，而是來自將大黃蜂蝠、藍鯨與聖伯納犬放在一塊思考的某個獸醫腫瘤學家。

或許，想從人類身上尋找癌症治療線索，最有希望的地方是研究人類女性的頭號殺手——乳癌。乳癌廣見於各種哺乳動物中，從美洲獅、袋鼠、駱馬，到海獅、白鯨（beluga whale）、黑腳貂（black-footed ferret），都難逃其魔爪。發生在女性（偶爾也會有男性病患）身上的某些乳癌與$BRCA_1$這種突變的基因有關。所有人類全都擁有$BRCA_1$基因，它位在我們的第十七條染色體上。不過，我們當中的有些人（大約是每八百人有一人）生來便具有突變的$BRCA_1$基因。對德系猶太裔婦女而言，這個比率甚至高達五十分之一。

$BRCA_1$基因似乎是個特別老練的微型編輯。當它正常運作時，只要細胞一分裂，它就能糾出DNA中的任何錯誤。它會更正誤植之處，並且復原被刪除的地方。$BRCA_1$基因讓DNA不僅優美、靈活、簡潔，還忠於原意。可是，一旦$BRCA_1$基因突變，DNA密碼可能會被斷章取義，變得雜亂無章。經過多次分裂後，這種情形可能會導致癌細胞複製。

許多生物都具有這種脆弱的$BRCA_1$基因。在某些動物身上，$BRCA_1$基因的功能失常會導致乳癌的發生，正如它作用在人類身上那樣。一項瑞典的研究指出，$BRCA_1$突變的出現會使英國獵鷸犬（English springer spaniel）得乳癌的機率提高四倍。在美國動物園中，為節育目的而施打黃體素美洲豹罹患乳癌的模式，跟那些$BRCA_1$基因突變的婦女狀況非常類似。[1]動物園獸醫師指出，包括老虎、獅子與花豹在內的其他大型貓科動物，也有很高的發病率。

然而，擁有突變的$BRCA_1$基因並不會自動發展成乳癌，唯有當遺傳體質遇上能激發$BRCA_1$產

[1] 主持這項研究的琳達・孟森（Linda Munson）在她的早期研究中已指出兩者間的關聯性，可惜身為加州大學戴維斯分校（University of California, Davis）獸醫病理學家的她沒等到美洲豹基因組完成定序，仔細審視其中與$BRCA_1$基因相關的線索，就先過世了。

生作用的因素，像是荷爾蒙暴露（hormonal exposure）與環境暴露（environmental exposure），才會導致乳癌的發生。研究人員稱這些誘發物為「第二擊」（second hit）。研究各式各樣的動物，有助於準確找出哪些基因與誘發物的組合會產生癌症。

這麼做會導致以下違反直覺的可能性——談到乳癌，來自南美洲的美洲豹和生活在瑞典的英國獵鷸犬，與某個德系猶太裔婦女的醫學相關性，可能遠比她與她隔壁鄰居的相關性密切得多。在醫學術語中，我們稱呼這些自然發生的癌症為「自發性動物模式」（natural animal model），科學家非常重視此類動物模式揭露疾病真實作用機制的力量。

有趣的是，有些動物不像美洲豹與英國獵鷸犬帶有較高的乳癌罹癌風險，反而能免於乳癌的傷害。[2]今天早晨你啜飲的拿鐵咖啡裡頭攙入的乳品，來自某個很少罹患乳癌的雌性動物俱樂部。專門生產乳汁的乳牛和山羊罹患乳腺癌（mammary cancer）的機率非常低，低到並不具有統計學上的意義。這些動物從年紀很輕就開始長時間泌乳，卻似乎因此產生了對抗乳癌的某些能力。這個現象不僅讓人著迷，而且和人類流行病學數據顯示餵母乳可以降低罹患乳腺癌風險的發現很相似。

餵母乳（或說是與餵母乳相關的荷爾蒙狀態）的跨物種保護力，也許意味者一種新的抗癌形式。舉例來說，假如每年誘導泌乳一兩次就能大幅降低婦女終生罹患乳癌的風險，就可能為預防醫學帶來重大變革。這也許聽來荒唐，但其實它只比許多被我們視為理所當然的其他醫療照護作為怪了點而已。婦女得進行子宮頸抹片檢查，還有乳房X光攝影。對許多婦女來說，每天服用避孕藥丸調整荷爾蒙濃度已成為常態，還能減輕子宮內膜異位帶來的疼痛、抑制面皰青春痘，或者確保度蜜月時不會剛好月經來潮。我們會運用內視鏡檢查大腸內腫瘤，請皮膚專科醫師診察身上的痣。如果你知道自己罹患乳癌的風險可以大幅降低到跟專業的動物泌乳者相當的程度時，你可能就不會對將預防性誘導泌乳排入行程表的想法嗤之以鼻。

分泌乳汁之所以能有抗癌的功能，可能是因為它能降低雌性素（estrogen）在每回月經週期中對乳房的影響。達拉斯世界水族館（Dallas World Aquarium）的獸醫室主任克里斯・波納（Chris Bonar）告訴我，有個法子能釐清究竟哺乳的哪一點能有助於抗癌。他注意到不同的雌性哺乳動物每年的生殖週期數目也不同。比方某些野生蝙蝠每三十三天便會出現陰道出血現象，這種每月一次的循環跟某些靈長類動物（包括人類）很像。形成對比的是，綿羊與豬一年只有幾回的發情期與排卵。母環尾狐猴（ring-tailed lemur）、母熊、母狐狸與母狼通常每年只有一次生殖週期。可是，哺乳會打斷母親的生殖週期。因此，只要比較不同生殖週期頻率（代表不同程度的荷爾蒙影響）的雌性動物罹患乳癌的比率，比較腫瘤學家就能準確導向一個重要的特性：哺乳的抗癌力量有多少是來自分泌乳汁本身，又有多少是來自干擾伴隨生殖週期而來的荷爾蒙？

我們能從動物癌症上頭學習的另一件事是，由外來侵入者（病毒）引發的癌症範圍能有多廣？獸醫腫瘤學家不斷的看見這種狀況。發生在牛與貓身上的淋巴瘤和白血病經常都是由病毒引起的。從海龜到海豚，許多能在海洋生物間迅速蔓延的癌症，都是源自乳突狀瘤病毒和疱疹病毒。

❷ 在此我得先釐清一項經常有人提起的迷思——鯊魚「不會得癌症」。許多種類的腫瘤（有些是轉移性的）都曾出現在不同種類的鯊魚身上。這些與事實相反的謠言，很可能是由那些兜售另類療法的人所為，目的是銷售鯊魚製品。

我們已知癌症始於一個帶有突變DNA的細胞。在大自然中，只有極少數的事物能與病毒修補DNA的技能相抗衡。但是人類醫師努力抵擋並治療所謂的生活型態癌病（比如由抽菸、飲酒或暴飲暴食所引起的那些癌症）時，往往只有在涉及少數惡性腫瘤之際才會思考「傳染性觸發」的可能。舉例來說，每個腫瘤學家與許多病患都知道，卡波西氏肉瘤（Kaposi's sarcoma）、某些白血病與淋巴瘤，以及某些肝癌是由病毒引起的。配偶癌（Cancer à deux，指性伴侶間共享的子宮頸癌與陰莖癌）的散播則是透過人類乳突狀瘤病毒。

事實上，全球約有百分之二十的人類癌症是由病毒引起的。盛行於亞洲的B型與C型肝炎的致病原因都是病毒。已證實EB病毒（Epstein-Barr virus）與盛行於非洲「淋巴瘤地帶」❸的伯奇氏淋巴瘤（Burkitt's lymphoma）的發生關係密切。人類乳突狀瘤病毒與B肝、C肝病毒同樣名列美國國家衛生研究院的已知致癌物質清單上。某些癌症是透過病毒散布的見解，使得醫界要求流行病學家參與治療癌症的研究行列，而這是獸醫界早就在做的事。

皮透悖論、猶太人與美洲豹、產乳動物、病毒引發癌症——在這些案例中，人獸同源學的方法可以幫助我們建立全新的癌症成因假設。此外，動物或許還能透過更緊急、更及時的方法協助人類。牠們也許能在這些疾病還沒有對人類下手之前，警示我們注意即將發生的疾病。

動物的癌症

一九八二年，死亡的白鯨陸續被沖上加拿大聖勞倫斯河入海口（St. Lawrence Estuary）的兩岸陸地上。主要的死因是一長串可怕的癌症：腸癌、皮膚癌、胃癌、乳癌、子宮癌、卵巢癌、神經內分泌腫瘤、膀胱癌。

後來發現，聖勞倫斯的白鯨體內充滿了重金屬，以及包括DDT（dichlorodiphenyltrichloroethane，二氯二苯三氯乙烷）、多氯聯苯（polychlorinated biphenyls, PCBs）、多環芳香烴（polycyclic aromatic hydrocarbons, PAHs）在內的其他工業與農業污染物。來自蒙特婁大學（University of Montreal）的研究人員毋需遠赴他方就找到了元凶——沿岸的一整排鋁精煉廠。幾十年來，這些工廠每年都將大量的多環芳香烴排入鄰近水域，並將其他污染物排放到空氣中。日復一日，這些化合物在海中漂流，堆積在海底，並累積在蚌類和其他海中生物體內。當白鯨挖起這些沉積物吃下肚，等於吞進兩份毒素——一份來自沙和淤泥，另一份來自食物。

這些污染物和白鯨的罹癌與死亡相關。值得注意的是，同一時間，在聖勞倫斯河入海口附近生活的另一種動物也出現了跟鯨群一樣不尋常的罹癌模式；這種動物就是人類。

當動物成群死亡時，多加關心才是明智之舉。新興的傳染病（如嚴重急性呼吸道症候群〔SARS〕和禽流感）通常都會先出現在動物身上。環境荷爾蒙（endocrine-disrupting chemical）往往會在影響人類生育力前，先在動物身上起作用。動物甚至能事先向我們預警生物恐怖攻擊或化學物質洩露；例如，當炭疽病（anthrax）在一九七九年從蘇聯的某座軍事設施逸出時，最先遭殃橫死的便是附近的家畜。

---

❸ 根據世界衛生組織的定義，「淋巴瘤地帶」（lymphoma belt）指的是「在南北緯十度間的非洲大陸，並往南延伸至非洲的東部海岸」。

有時候，動物的警告會指向癌症。儘管早在三十多年前，美國便已禁止生產多氯聯苯製品並禁用DDT，如今研究人員懷疑，這些毒素或許是加州外海爆發海獅罹癌數目劇增的原因。從一九四〇年代開始，許多工業公司將數百萬磅重的該類化學物質傾倒在這一段的太平洋中，時間長達三十年。雖然環保署曾在二〇〇〇年徹底整治了一次，卻仍有一處貯藏庫很難觸及——那就是受到污染的動物本身。透過懷孕和泌乳，母體中多達九成的污染物質會被「傾倒」在她的頭胎幼崽身上。獸醫腫瘤學家相信，若非毒素施予的「第二擊」引發動物細胞產生突變，就是毒素大幅抑制了動物的免疫系統，使得致癌的疱疹病毒有充分的機會進行複製。假如那是真的，對於生活在受到類似化學物質污染地區的人類而言，這些動物癌症無疑是不容忽視的警報，提醒眾人這些毒素的危險性可能不只發生在直接接觸的狀況下。它們還可以被傳承給後代子孫（這是指某處有毒場所經過清理整治，多年後還能感受到這些毒素的存在），也可以對免疫系統產生間接影響。

工業污染物使動物受苦，甚至喪命。這些動物生病的原因正是人類。說實話，要是動物能提起訴訟，我們人類可能會發現自己成了許多集體訴訟案的被告。要不是因為我們允許企業污染白鯨覓食與繁衍的那片水域，牠們根本不會死於悽慘的癌症。

因此，以「在理想世界中，我們不會為了特定產業（無論是石油、塑膠或殺蟲劑，我們所有人都無法置身事外）的方便與貪婪，就讓動物罹癌」為附帶條件，假如我們把動物視為斥候，那麼動物罹癌這個悲傷的事實對人類是有益的。而不讓牠們平白犧牲的其中一個方法是正視這件事。別假裝這件事不會波及你我。無論是政府、社會，或身為一種生物，當我們看見疾病在成群的動物身上浮現，我們必須採取行動——拯救牠們，也拯救我們自己。

身為人類的我們，既不住在聖勞倫斯河入海口的水域中，也不住在加州外海的太平洋巨藻床（Pacific kelp bed）上；我們住在集合式大樓、獨棟透天、公寓、農舍和露營車中。無論我們住在哪裡，誰都會與我們同在呢？狗兒。

全世界有上億隻狗兒以寵物的身分與我們同住。就最簡單、最有利的層次來說，這代表了牠們可以做為家戶內部的哨兵，警告或證實致癌風險的存在。例如一項犬隻鼻竇癌的研究發現，室內燃煤或使用煤油暖爐，與家犬罹患鼻竇癌有強烈相關。狗兒的鼻子愈長，罹癌的機率愈高，這可能是因為長鼻狗的鼻表面積比較大，接觸致癌因子的機率較高。在家犬身上也能看見膀胱癌與惡性淋巴瘤，這兩者都和殺蟲劑有關；過度肥胖的母狗罹患膀胱癌的風險較高。曾在越南服役的軍犬罹患睪丸癌的比率出奇地高，也許是因為牠們在例行巡邏時會接觸到各式各樣的化學製品、傳染病和藥物。❹

那些人犬病症沒有重疊的地方也透露出訊息。狗兒鮮少罹患大腸癌。雖然與吸菸者同住的短鼻與中等長度鼻子的狗兒容易罹患肺癌，但肺癌並非常見的犬隻癌症。在推行摘除卵巢的國家，犬隻乳癌非常罕見；但是在大多數母狗並未結紮的地方，犬隻乳癌卻是相當普遍的現象。對應到人類身上也是如此，卵巢切除術（oophorectomy）與卵巢早衰（premature ovarian failure）能大幅降低罹患

❹貓也能扮演哨兵的角色。有一項研究發現貓的口腔癌和環境中的菸草煙塵有關。

乳癌的風險。

但是除了把牠們當成我們居家煤礦坑的犬科動物外，狗兒也許是我們研究癌症如何在人體內運作的理想代表。目前絕大多數的癌症研究都是以小鼠為實驗對象。所謂「擬人化小鼠」（humanized mice）是仿造人類基因型式，特別培育的小鼠。牠們的免疫系統往往會被改造成容許癌症在牠們身上發生、成長。大多數實驗小鼠的癌症是「被賦加的」，因為那些癌症通常不會自發性地在牠們身上產生。幾十年來，這種「人造的」癌症讓我們對腫瘤生物學（tumor biology）增添許多有用的見解；所謂「腫瘤生物學」指的是細胞如何分裂、腫瘤如何形成、轉移並擴散到人體的其他部位。可是癌症的起源、癌症的複雜性、各種治療如何變得對癌症無效，以及癌症如何復發，都不是實驗小鼠模式能夠解答的。只要一起放在顯微鏡下觀察，就能看出小鼠腫瘤跟人類腫瘤仍有很大的差別。

人類腫瘤竟然跟那些與我們同住的家犬極為類似，兩者的癌症細胞幾乎難以區辨。狗兒的壽命比小鼠長，所以研究人員可以觀察癌症和治療法在一段漫長時間裡的變化。此外，家犬跟大多數實驗小鼠不一樣，牠們的免疫系統完整無損，能讓腫瘤學家研究某種癌症遭遇天然防禦機制時會如何反應，而且狗兒的體型也遠比小鼠大得多。這有實務面（表示能輕易看見腫瘤）與哲學的（想想皮透悖論）兩層意涵。

在此，我必須嚴正聲明我談的不是在實驗室用狗做實驗，恰恰相反，我說的是在照顧自然發生癌症的伴侶動物（寵物），並且讓牠接受獸醫師治療的過程中，從旁觀察癌症的變化。

這種嶄新的方法稱為「比較腫瘤學」（comparative oncology）。體認到研究自然發生在家犬身上的癌症或許能解開某些癌症之謎，美國國家癌症研究院在二〇〇四年啟動了「比較腫瘤學計畫」

（Comparative Oncology Program, COP）。比較腫瘤學計畫的早期改革之一是集合美國與加拿大最頂尖的二十所獸醫教學醫院的人才，組織智囊庫。這個名為「比較腫瘤學試驗聯盟」（Comparative Oncology Trials Consortium）的組織為家犬做臨床試驗，為人類病患尋找新的抗癌藥物與治療方法（這些試驗由希望能將新療法上市的大藥廠資助）。雖然寵物的健康並不是這項計畫的預期目標，但有益於人類的某些發展，肯定會回饋到增進動物健康這件事上頭。

比較腫瘤學已經改善許多動物（包括人類）的健康。說新的治療方法來自跨物種的癌症比較研究，並非言過其實（儘管醫師與獸醫師一樣，喜歡用像是「新穎的治療策略」和「樂觀的存活率」等客觀詞彙來管理期望值）。舉例來說，今日醫師用來拯救罹患骨肉瘤的青少年免於截肢的肢體保留手術（limb-sparing technique），最早是由獸醫腫瘤學家史帝芬・威斯洛（Stephen Withrow）和他在科羅拉多州立大學（Colorado State University）的團隊與醫師共同合作研發而成，率先運用在家犬身上。至於運用移植幹細胞做為惡性淋巴瘤的潛在療法，首例成功病患是在西雅圖哈欽森癌症研究中心（Fred Hutchinson Cancer Research Center）接受治療的十二隻家犬，牠們為這項技術運用在人體上鋪路。

獸醫師的基因獵人（gene chaser）目前正在檢視ＤＮＡ，希望找到治療犬隻淋巴瘤、膀胱癌與腦癌的線索。以下是基因為什麼關係重大的說明：請想像一隻大丹狗逐漸逼近一隻吉娃娃，或是一隻聖伯納犬嗅聞一隻哈巴狗。雖然各式各樣的家犬（學名 *Canis lupus familiaris*）成員屬於同一物種，但是牠們的外觀和行為卻有天壤之別。可惜，那些令人滿意的差別——歷經幾世紀育種培養出來，載明於美國育犬協會（American Kennel Club）藍皮書中的那些性狀——夾帶了某種令人啼笑皆非，甚至稱得上悲慘的特洛伊木馬病毒。正如主導犬隻基因組定序計畫（canine genome-mapping project）的麻省理工學院（ＭＩＴ）分子生物學家柯思汀・林布雷托（Kerstin Lindblad-Toh）向我解釋的，為了獲得滿意性狀而進行的育種會同時造成其他突變的散播，其中的某些突變可能致癌。

就像來自黑森林地區的德國家庭容易罹患腎臟癌與視網膜癌，或是德系猶太人容易罹患乳癌、卵巢癌與大腸癌，特定犬種也容易罹患特定癌症。比方，德國狼犬可能罹患一種會遺傳的腎臟腫瘤。如同獸醫腫瘤學家梅麗莎・波隆尼（Melissa Paoloni）和錢德・康納（Chand Khanna）發表於《自然評論：癌症》（*Nature Reviews Cancer*）的一篇評論文章中闡明，引發這種犬隻癌症的基因突變，與導致人類罹患ＢＨＤ症候群（Birt-Hogg-Dubé syndrome）這種遺傳性腎臟癌的基因突變很類似——這個基因突變使德國狼犬也很容易罹患腎臟癌。薩路奇斯犬（Salukis）是古埃及王室犬的後裔，是最古老的狗種之一，牠們的染色體遺傳造就了牠們修長的體態、王室般的優雅，卻也讓牠們有三分之一的機率罹患血管肉瘤（hemangiosarcoma）這種具高度侵襲性，好發於心臟、肝臟與脾臟的惡性腫瘤。人類心臟科醫師、肝臟科醫師與腫瘤學家偶爾會看見這種病例。[5]

波隆尼和康納提到，鬆獅犬（chow chow）罹患胃癌（gastric carcinoma）與黑色素瘤的比率高於平均值；拳獅狗在發生肥大細胞瘤（mast-cell tumor）與腦瘤的名單上名列前茅；蘇格蘭梗犬罹患膀胱癌的比率則是特別高；組織細胞肉瘤（histiocytic sarcoma，一種極度複雜的癌症，往往藏匿在像是脾臟等部位）則是偏好直毛拾獵犬（flat-coated retriever）和伯恩山犬（Bernese mountain dog）。

不過，**不會出現**癌症之處，就跟癌症**出現**的地方一樣具有啟發性。如同波隆尼和康納所指出的，雖然原因至今未明，但值得注意的是，與其他犬種相比，小獵犬和臘腸狗似乎較少罹患癌症。就像產乳動物鮮少罹患乳癌，這些格外健康的狗種也許指出了能抗癌的行為或生理學。

儘管在比較腫瘤學中存在著各式各樣的可能性，卻只有極少數的人類醫師曾想過找小鼠以外的動物當實驗對象。如同某位加大洛杉磯分校的同事向我坦言，就連最聰明的人類癌症研究者也**從未**談論過自然發生的動物癌症。

雖然諸如比較腫瘤學計畫的具體方案正慢慢改變這個情況，但目前醫師與獸醫師間的聯手合作還是屈指可數。假如我們能改變這個現況，癌症照護與癌症研究的世界也許就會變得完全不同。這份領悟來自一個故事。故事的主角是兩個腫瘤學家，一位是人類腫瘤學家，另一位是動物腫瘤學家。他們兩人偶然的一場聚會，竟然催生了黑色素瘤的全新治療法。

狗兒也會得黑色素瘤嗎？

從很多方面來看，一九九九年那個秋日晚上，在紐約普林斯頓俱樂部（Princeton Club）出席晚

5 當某地居民全都展現相同的突變，那通常是創始者效應（founder effect，或譯「奠基者效應」）作用的結果。當一長串的後裔源自非常少數的幾個祖先，再加上地理或文化因素使整個族群保持隔離狀態，便容易產生創始者效應。無論在微生物、動植物，乃至於人類群體中，都能看見這個效應。例如，引發囊狀纖維化（cystic fibrosis）的突變可以追溯到某一個人身上。又如在德系猶太家庭中，第一個帶有 BRCA, 突變的始祖可能出現在兩千多年前。遺傳學家經常在出現族群瓶頸的物種身上看見創始者效應。這類群體多半源自極少數的祖先。獵豹就是自然發生的實例。牠們的個體數目漸漸減少，維持其族群存活的基因庫也日漸寡少。對許多瀕臨絕種的生物來說，這是件重要大事。相對的，人類卻為馴化的犬隻蓄意創造族群瓶頸。我們透過選定一群種犬來繁育所有的後代子孫，將某個犬種的基因（包括突變的那些）限定於該基因庫中。

宴的群眾並沒有什麼特別之處：藍色西裝外套和英式斜紋領帶；鍍銀的眼鏡腳；時髦的裙裝，配上珍珠與無帶淺口便鞋。聊天話題大概都是繞著千禧蟲（Y2K bug）、HBO精采的新電視影集《黑道家族》（*The Sopranos*），還有整個夏季價格一直低迷不振的汽油，竟然一路攀升到不合理的每加侖一．四美元等打轉。默默俯視這一切的，一如既往，是牆上那頭青銅虎淡定的眼神。

不過，其中一桌的說笑內容並不尋常。大約有十來個科學家環坐在桌邊，熱切討論著治療淋巴瘤的對策。除了其中一人外，他們全都是人類癌症專家。

這唯一的局外人，菲利普・柏格曼（Philip Bergman），起先只是靜靜聆聽眾人高談闊論。柏格曼身型高大，一頭濃密的波浪狀黑髮，留著范戴克（Van Dyke）風格的八字鬍與山羊鬍，是個獸醫師。他的聲音沉著而慎重，少了我遇過的幾乎每個獸醫師都會有的那種特徵——不對題的搖擺動作。那一晚，他覺得自己格格不入。正如他在幾年後向我敘述那一晚的經驗，當時他不斷想著：「這是普林斯頓俱樂部。我是個獸醫師。我並不屬於這個地方。」（別管他花了幾年時間在德州大學安德森癌症中心〔M.D. Anderson Cancer Center〕進修訓練，擁有多項學位，其中包括人類癌症生物學的博士學位。）

坐在柏格曼附近的是傑德・渥袞克（Jedd Wolchok），他是一個醫學博士、人類內科與腫瘤科的專科醫師，也是史隆凱特靈癌症中心（Memorial Sloan-Kettering Cancer Center）的明日之星，該中心是全球最頂尖的癌症研究醫院。突然間，渥袞克轉向柏格曼，脫口說出一個最具人獸同源學精神的問題。

他問道：「狗兒也會得黑色素瘤嗎？」

他在恰當的時機，提出正確的問題，問對了人。柏格曼恰好是全世界極少數懂得這個極富侵略性的棘手癌症是如何攻擊犬隻的人，而他正在尋找下一個大計畫案。

柏格曼和渥裘克開始比較人類與犬隻的黑色素瘤。柏格曼說，他們很快就認識到「這兩種疾病根本就是完全相同的一種病」。無論在人類或犬隻身上，惡性黑色素瘤經常出現在口腔內部、腳底、手指甲與腳趾甲下；它會轉移到相同的「怪異地點」，尤其偏愛腎上腺、心、肝、腦膜和肺。化學療法對人類黑色素瘤效果有限，手術和放射療法往往無法阻止黑色素瘤擴散；就算接受治療後，還是很容易復發。罹病的犬隻也得面對同樣的窘境。最叫人遺憾的是，罹患黑色素瘤的人與犬，存活率都非常低。一旦診斷出晚期的犬隻惡性黑色素瘤，罹癌的狗大約只剩四個半月可活；診斷出轉移性黑色素瘤的人類病患，通常無法活過一年的時間。渥裘克與柏格曼兩人都明白，為了人犬病患的健康，開發出治療惡性黑色素瘤的新方法是「當務之急」。

渥裘克向柏格曼透露自己正在研究一種新奇的療法，這方法是哄騙病患的免疫系統，讓它攻擊自身的癌症。[6]他在史隆凱特靈的團隊已經於小鼠身上取得初期的成功。可是，他們需要知道這種療法在罹患自發性腫瘤、免疫系統健全、壽命較長的動物身上會如何進展。柏格曼立刻意識到，狗

---

[6] 這種療法稱為「異種質體DNA疫苗」（xenogeneic plasmid DNA vaccination）。簡單的講，它將外來生物的蛋白質藏在罹癌病患的細胞中。當這些外來蛋白質透過血液與淋巴液四處巡行時，免疫系統會偵測到這些外來蛋白質，並認定入侵者正在活動，於是對自己的細胞發動攻擊。讓免疫系統攻擊自身細胞的作為稱做「打破免疫耐受性」（breaking tolerance）。柏格曼說，那是很難的挑戰，可說是「癌症免疫療法的聖杯」。

會是最適合的動物。

在短短三個月內，柏格曼已經開始試驗。他招募了九隻家犬：一隻哈士奇、一隻拉薩犬（Lhasa apso）、一隻比熊犬（bichon frise）、一隻德國狼犬，還有兩隻可卡犬和三隻混種狗。牠們全都被診斷出罹患了不同期別的黑色素瘤。對牠們當中的大多數而言，這項實驗性療法是最後的一線生機，因此牠們的飼主無不滿心感謝地熱切擁抱它。

這項療法牽涉到將人類DNA注入那些狗兒的大腿肌肉中[7]，沒想到運作的結果遠比柏格曼和渥裘克預期的更好。總的來說，這些狗兒的腫瘤全都萎縮了，存活率大幅提升。當試驗成功的新聞傳播出去之後，柏格曼開始接到來自世界各地心急如焚的飼主的電話與電子郵件，其中一名當事人每兩週從加州納帕山谷（Napa Valley）飛到紐約，好讓他的愛犬能接受注射；另一位則與她的寵物從香港遷居到柏格曼的紐約辦公室附近。沒多久，自願參與新療法試驗的人數已遠超過他能消化的數目。有了大型藥廠梅里亞集團（Merial）的財務資助，以及史隆凱特靈協助製造藥劑，柏格曼發動了另一波試驗。就算缺額已滿，罹癌家犬的飼主還是不斷打電話給柏格曼。

最後，這個療法一共在超過三百五十隻家犬身上試驗過，結果讓受試犬隻的壽命大為延長——在接受注射的狗兒當中，有半數以上活得比獸醫師推測的剩餘生命還久。梅里亞集團在二〇〇九年向獸醫腫瘤學家發表了這支名為「Oncept」的疫苗，讓數千隻罹患黑色素瘤的家犬能得到這種療法帶來的好處。

「狗兒也會得黑色素瘤嗎？」渥裘克的這句人獸同源學的問話啟動了一場用心的合作，它的成果也許能永遠扭轉獸醫界治療這種疾病的方法。而且這個成果的變形應用潛力無窮。柏格曼與渥裘

克的成功鼓舞了其他人研發類似疫苗，治療人類身上的黑色素瘤。❽

然而柏格曼知道，就算有了Oncept的成功先例，人類醫學也許還需要多一點時間，才能意識到跨物種合作的潛在價值。

「每回我說這個故事給一群醫師聽的時候，幾乎屢試不爽。」他告訴我……接著態度客氣卻措詞犀利地補上一句：「我沒有要冒犯你同事的意思。」——「總會有人在事後走過來問我：『你是怎麼說服那些飼主讓你為他們的寵物注入癌症的？』」柏格曼輕聲笑著說：「我總得解釋老半天。牠們不是實驗用犬，我們也沒有在牠們身上『注入』癌症。」

他為牠們注入的，是一個活命的機會。

---

❼ 將無名氏病患所捐贈的人類黑色素瘤細胞的基因在史隆凱特靈癌症中心複製後，萃取出人類酪胺酸酶互補DNA（tyrosinase cDNA）。他們將每一股弄成一個環狀，並將它複製數百萬次。接著柏格曼用一種高壓、無針頭的遞送系統（類似某種高科技空氣槍）將這些極微小的DNA甜甜圈（稱為「質體」）注射到那些狗兒的大腿肌肉中。在這些狗兒的肌肉與白血球深處，這些質體開始製造人類酪胺酸酶。接著細胞會釋放這些人類蛋白質到受試狗兒的血液與淋巴液中。在那裡，它們會遇見名叫「T細胞」（T cell）的免疫系統戰士細胞。由於這些狗的T細胞不認識人類酪胺酸酶，於是會攻擊對方。這種免疫反應會鼓勵T細胞去追捕腫瘤細胞中的犬酪胺酸酶。

❽ 目前是由小鼠（並不是由狗）提供外來的酪胺酸酶。

第4章

性高潮：人類性行為的動物指南

蘭斯洛❶度過了一個很難熬的早晨。牠又是噴鼻息，又是跺腳，灰塵不時從馬房地板上揚起。幾個學生小心翼翼地圍著牠打轉，打量牠的一舉一動。有那麼片刻，牠動也不動，四條深棕色的長腿站得直挺挺的，接著交替移動著那對肌肉發達的後腿。

「拿尿來！」馬房管理員裘・韋洛利亞（Joel Viloria）高聲喝令道。話聲剛落，有個學生立刻帶著一小袋「液態金」（liquid gold）出現，那是在母馬小便時趁熱收集、立即冷凍保存的尿液。裘拿著那袋尿液冰塊在蘭斯洛天鵝絨般光滑的鼻子下來回移動。那氣味顯然很刺激，使得這匹種馬的鼻孔不停歙張，頭還不斷向後仰。

「讓牠看一眼母馬。」韋洛利亞語氣嚴厲地指揮著。這匹上千磅重的種馬被人領著走過馬房那頭的圍欄前。圍欄內站著一頭淡色的年輕牝馬，沐浴在二月的春陽下。牠的尾巴高高揚起，散發迷人風采，展現出馬兒表達「到這兒來」的典型姿態。蘭斯洛筆直地朝牠走去。

「好，開始吧！」韋洛利亞催促道，他的聲音堅定而沉著。很快地，這匹種馬被帶離那頭母馬。但蘭斯洛的目光還在牠身上流連，不忍離去。當蘭斯洛騎上育馬者稱為「幻影牝馬」

（phantom mare，譯注：國內多稱這類裝置為「假母臺」或「擬牝臺」）的外覆軟墊金屬採精裝置時，韋洛利亞出聲鼓勵牠，「沒錯，就是這樣。」

這匹種馬使勁掙扎，毛色油亮的前腳分別從左右包夾住那頭金屬製母馬，彷彿正與一匹真正的牝馬交合。可惜牠滑下來了。一個學生上前溫柔地引導牠再次騎乘，牠心煩意亂地嘗試，結果又滑了下來。這一回，當那個學生想要讓牠的注意力集中在幻影身上，蘭斯洛拚命抗拒，不肯再試。

「好了，已經三次了——牠今天心情不對，帶牠回去休息吧！」韋洛利亞說。這匹種馬被帶回牠的畜欄，牠深棕色的尾巴拂掃過自己的側腹。

隨後韋洛利亞向我解釋，他負責管理的加州大學戴維斯分校馬房恪遵「三次騎乘守則」。也就是說，在製造育種用的精液時，每匹種馬會有三次機會，完成在自然狀態下看似非常簡單的任務。偏偏人工採精並不自然。首先，這匹馬必須產生性興奮並勃起。接著，牠得騎乘那匹由金屬與塑膠製成的幻影。然後，牠必須將陰莖插入幻影下方一截塗抹了潤滑液的溫暖金屬管，衝刺幾回，射精。射出的精液會由金屬管內襯的塑膠保險套收集起來，保險套容量足足有一加侖之多。假如種馬在第三回嘗試還不能製造出樣本，就會被宣告當天工作已完成，然後被帶回自己的畜欄，度過一個充分休息（儘管可能很沮喪又洩氣）的午後與夜晚。

像韋洛利亞這樣經驗老到的專業馬匹繁殖者知道，即便是經驗老道的種馬，有時也會無法進行

---

❶ 這不是牠的真名。

性行為。如同某個網站指出，「大多數人認為種馬又壯又強，但其實牠們相當敏感。牠們需要有符合自己喜好的環境，才能覺得繁殖是舒服自在的事。」

就算是和活生生的母馬交配，而不是為了製造人工授精所需的精液樣本，種馬也可能因為怯場、脅迫、分心或經驗不足而吃盡苦頭。如果公馬年輕時曾因性行為而挨過粗暴的訓練師或惡劣的牝馬虐待，便有可能在成年後對駕乘（mounting，或譯「騎乘」）與交媾發展出抑制作用；[2]某些種馬會對母馬產生性趣，卻無法駕乘；某些種馬會駕乘，但無法插入；有些種馬能通過頭兩個階段，卻無法射精；還有些種馬只有在有第三匹馬在場或在旁觀看時才會駕乘母馬。在某些社會性動物群體中，包括馬，位階最高的雄性會主宰群體內的交配行為；其餘的雄性會被剝奪大多數的性交機會。較低的地位與非自願性的獨身狀態，使牠們處於獸醫師稱為「心理去勢」（psychological castration）的危機中，最終完全喪失性交的能力。

作家潔西卡・賈希爾（Jessica Jahiel）是馬與馬術這個領域的專家。她寫道：「痛苦、恐懼和困惑全都能大幅降低性慾，有時還能導致性無能。」

跟獸醫師一樣，人類醫師也會遇見病患由於恐懼、痛苦和困惑（及許多其他因素）而妨礙其勃起的能力。當年在醫學院念書的時候，老師教我們要詢問每個病患的性功能狀況與性生活滿意度。我們知道我們該這麼做，因為性功能表現是判斷心血管健康很有用的參考基準。但實情是許多醫師發現，詢問格林先生他能否毫無異狀地走上兩段階梯，比問他性交時會不會胸痛來得容易多了。除非病患在就診時自行提出特定的性問題，否則醫師不太可能主動詢問病患勃起、射精與高潮的品質與次數。

文化障礙、時間限制、過分拘謹都會妨礙醫師與病人對性的深入討論。因此，儘管病人的性生活包含有關其整體健康的重要關鍵資訊，大多數醫師卻只會提那些病患自認需要解決的性問題。

另一方面，獸醫師看待與處理性的方式多是將它視為病患正常生活的一部分。我還記得第一次參加洛杉磯動物園的晨間巡視時，我很驚訝獸醫師和動物管理員會那麼仔細注意他們負責照料的動物的性活動狀況。有多少？多頻繁？跟誰？這些全都是很有價值的資訊，有助於他們掌握病患的生理與心理健康。而且進行相關討論時，也不會出現那些在人類診間經常上演的尷尬沉默與難為情的面紅耳赤。

只要花點時間觀察動物，就會發現性的形式有很多種。有些動物奉行一夫一妻制，終生只有一個伴侶；有些動物則是毫無節制地雜交，四處散播性傳染病；有些動物會在生命中的某個階段改變性傾向；有動物會強姦同伴，有動物會哄騙伴侶與自己發生性關係，有動物會強迫年幼者與自己發生性關係；也有動物會進行看似冗長的前戲；有動物會為伴侶口交；也有動物會在性交前先取得對方的同意。

針對動物性交共有的生物本性與行為進行徹底的科學檢視，能架構出人類性慾的演化背景。對於動物的勃起、交合、射精及高潮進行人獸同源學的調查，不僅能促進人類性功能障礙的治療，甚至還能揭露提升人類性快感的方法。

---

❷ 然而種馬專家知道「太早擁有太多性經驗」對正常性慾是有害的。年輕時「縱慾過度」，往往會讓種馬在成年後性趣缺缺，或甚至陽萎。

在本章中，我們將會造訪由昆蟲的前戲、比較陰蒂學（comparative clitorology），以及高潮帶來的愉悅所構築的世界。還有什麼能比雄性陰莖勃起（penile erection）這一生物機械工程的傑作更適合做為這趟（包括人類與非人類的）動物性生活之旅的起點嗎！

巧妙的繁衍策略

當醫師研究陰莖時，往往會將焦點放在人類身上，這一點也不奇怪。可是我們的世界充斥著陽具的時間至少有五億年之久。起碼從古生代早期開始，每一天，無論在草地、海洋、溪流與空氣中，在無數次射精之前有無數次交配，而無數次交配之前則有無數次勃起。有些勃起很容易達成，並且輕易地成功插入；有些則是瞬間閃現，接著又忽地終止。有些長達數公尺，有些只能從顯微鏡裡才看得見。有些因充血而變硬，有些是由名為「血淋巴液」（hemolymph）的液體來支撐，有些則是由軟骨或硬骨構成的骨骼來支撐。有些勃起只能持續幾秒鐘，有的卻長達數小時。

但繁殖這回事並非一直都是如此。地球上最早的單細胞生物藉由複製自己來繁衍，它們的部分後裔仍舊這麼做。可是等到複雜的多細胞生物逐漸演化，最終「找到」結合其配子（gamete）的能力時，它們便取得了一項重大的遺傳優勢（第十章會有更多討論）。由於這些遠古生物住在大海中，最早的性事是直截了當的過程——把精子和卵都噴灑在水中。少數的幸運兒會結合在一起。

在那場可自由參加的大競賽中，最適宜的精子能游到卵旁，並且得到獎勵——讓自己的DNA晉級到天擇的下一回合。有時候，最適宜的精子是最厲害的泳者；有時候，它們是被排出到距離卵最近的精子。某些精子能設法循著費洛蒙指引的路徑找到卵。或者，它們會綁在一塊，形成小組，以提高它們瞄準卵的準確性以及對時機的掌握。當精子不斷精進它巧妙的方向舵、尾巴、化學標記和游泳策略時，噴射出精子的生殖器官也持續地進化。

其中一項創舉是體內授精，它讓雄性不只是將精子排放在接近雌性的地方，而是直接將精子送進雌性體內，貯存在卵旁。這讓雄性與雌性得以控制自己後代的DNA。雌性能在與雄性交尾前，先篩選與自己配對的雄性；精子也比較不會散落在不毛之地上。這種結合了選擇與精準兩大效益的繁殖策略之所以能順利推動，得歸功於陰莖的出現。[3]

史上最古老的陰莖可以回溯到四億兩千五百萬年前。它屬於某個甲殼類動物，埋藏在海底的遠古火山灰下，後來在英國赫里福德郡（Herefordshire）重見天日。古生物學家將這種像蝦的生物命名為 *Colymbosathon ecplecticos*，在希臘文中的意思是「擁有大陽具的游泳高手」。在它被發現之前，最古老的已知陽具存在於四億年前，來自蘇格蘭的一隻盲蛛化石。

大約兩億年後，當恐龍在盤古大陸上遊歷漫步時，牠們的陽具也隨之四處漫遊。古生物學家運用他們對鳥類與鱷目動物（牠們是那些史前生物的當代親戚）的理解，推測恐龍的交配器官與行為。例如，泰坦巨龍（titanosaur）雄性勃起的陰莖可能有三・七公尺長。專家推測，蜥腳類恐龍的

---

❸ 並不是所有的體內授精都非得有陽具不可。如同行為生態學家提姆・柏克黑德（Tim Birkhead）曾寫道，公蟑螂、公蠍與公蠑螈會製造名為「精莢、精子包囊」（spermatophore）的精子小包，並將它黏在靠近雌性生殖器開口的地方。大多數的魷魚、章魚和烏賊會運用特化的鰭將精子包囊送進雌性體內。許多鳥類在交尾時，只是讓雌雄的泄殖腔短暫接觸而已。

雄性（sauropod）的身體長度相當於一台公車，牠們會從背後接近身型魁梧、適合受孕的母恐龍。就像牠的鳥類與鱷目動物後代，牠有可能會從母恐龍背後插入陰莖，等到高潮時，從陰莖外的某個容器射出精子。

如今，地球上存在著各式各樣壯觀的陽具。針鼴（spiny anteater）發展出有四個頭的陰莖，每次交尾旋轉。雖然大多數的鳥類沒有陰莖[4]，但阿根廷湖鴨（Argentine lake duck）的陽具卻逼近二十公分長（幾乎跟鴕鳥的陰莖一樣長），螺旋般的形狀，陰莖基部飾有濃密、毛絨絨的刺。儘管擁有八十四公分長的傢伙，且陰莖長度與體長的比率為七比一，但學名為 *Limax redii* 的這種瑞士蛞蝓並不是大自然中最不成比例的一員。這項殊榮由學名為 *Balanus glandula* 的藤壺摘下，牠巨大的藤壺陰莖使整個潮池為之驚嘆。[5]永久固著在某塊潮礁上的藤壺，其陰莖尺寸是自己體長的四十倍。雖然長度驚人，但藤壺陰莖的周長會隨生存環境而變化。生活在波濤洶湧水域的藤壺擁有比較粗、比較大、比較強壯的傢伙；而那些生活在平靜水域的藤壺則會伸展牠們較長的絲狀陰莖，尋找遠處的藤壺「陰道」。

跳蚤與某些蟲的陰莖長度也很不成比例。某些動物的陰莖不只一根，好幾種海洋扁蟲有成打的陰莖。有些種類的蛇與蜥蜴雄性具有一對交配器，稱為半陰莖（hemipenis）；在多次交配時，輪流使用其中一側的半陰莖，能使精子總數增加五分之一。至於昆蟲的雄性生殖器更是變化多端，昆蟲學家會仔細檢查，並據此將昆蟲分門別類。

假如你很少想到其他動物的生殖插入，尤其是那些你看不見的動物，其實你並不孤單。許多夜行性動物，還有體型很小、個性很害羞，或者單純是交配時特別謹慎的動物，都不容易被其他動物

（包括好奇的生物學家）看見。這些隱祕的性行為難以一窺堂奧，向來是性事比較研究的一大障礙。❻可是，要得到這些動物在性交當下的第一手翔實分析無比困難，也就代表了事實與錯誤認知間有很大的差距。

例如，磷蝦（krill）的性冒險（sexcapade）就被嚴重低估了。這種蝦米般的生物是重要水生巨型動物（包括鯨魚）的主食。長久以來，磷蝦的繁殖被認定是在接近海面的地方混合其卵與精子。然而，《浮游生物研究》（*Plankton Research*）期刊在二〇一一年報導了有關大西洋磷蝦的驚人發現——共計五億噸重的大西洋磷蝦全都在海洋深處交配。在這些幽深黑暗的水下狂歡中，磷蝦用的是體內授精技巧，也就是包括插入式性交。

自從兩億年前出現在地球上，所有的雄性哺乳動物便具有陰莖，並透過以下三種方式達到勃起。許多雄性的蝙蝠、齧齒動物、食肉動物，以及大部分非人的靈長類動物，都是靠著一根名為陰

---

❹ 柏克黑德寫道：「大多數鳥類在演化長河中失去牠們的陰莖，一向被認為是為了飛行而做的減輕重量調適，因為牠們的爬蟲動物祖先擁有一根（在某些案例中甚至有兩根）陰莖。

❺ 儘管藤壺通常是雌雄同體（牠們同時擁有雄性與雌性生殖器），但牠們偏好與其他藤壺發生性關係，勝過於自體授精。

❻ 話雖如此，人類對於比較雄性生殖器的興趣由來已久，最早始於舊石器時代的洞穴壁畫，一路延續到今日的冰島陽具博物館（Icelandic Phallological Museum）。這間博物館專心致力於陽具學（phallology），研究並收藏各式各樣的陽具。它蒐羅冰島大多數哺乳動物經防腐處理或乾燥的陰莖。博物館中展示了獨角鯨（narwhal）、北極熊、北極狐、馴鹿及許多種類鯨魚經防腐處理的陽具。大部分的樣本都是貯存在裝有甲醛的罐子裡，但是有一具令人大開眼界（儘管不太挺直）的大象陰莖就懸掛在博物館的一面牆上。

莖骨（baculum）的真實桿狀骨提供硬挺的支撐。一串粗厚的組織沿著棒狀陰莖中央貫穿而下，讓豬、牛和鯨魚由彈性纖維組織構成的陰莖即使未勃起也相當堅硬（寵物店裡販售的牛皮骨是極受歡迎的耐咬玩具，它就是牛隻陰莖結構風乾製成的）。

而人類則是和犰狳（armadillo）、馬（更別提像是烏龜、蛇、蜥蜴和某些鳥類等非哺乳動物）一樣，擁有所謂「會膨脹的陰莖」。只消運用流體力學，將血液或其他體液灌注到陰莖海綿組織的小隔間內，這些生殖器就能變粗又變硬。

從生物機械的觀點來看，這些會膨脹的陰莖實在非常出色。如同麻州大學安姆斯特分校（University of Massachusetts, Amherst）的生物學家暨陰莖專家戴安・凱立（Diane A. Kelly）向我說明的，要創造足夠硬挺、適於插入陰道，同時強度足夠、禁得起在陰道內戳刺的結構，是一項微妙的力學挑戰。打造一根堅實陰莖的步驟是優雅而流暢的，肯定能博得任何工程學教授的歡心。

一切要從那毫無生氣、軟趴趴的騙人陰莖說起。歇息中的陰莖雖然看似鬆軟下垂，其實是處在一種持續適度收縮的狀態。貫穿陰莖中央的管狀平滑肌微微緊繃著。交錯遍布整個陰莖上的數千條毛細血管的內壁也維持著適度緊繃。這條肌肉與陰部動脈若進一步收縮，就會產生在冷天裡或泡冷水時，陰莖皺縮的現象。因此，儘管陰莖勃起的過程看似突然開始運轉，但其實它屈從於一個決定性的歷程——首先，它必須放鬆。

放鬆的指令來自陰部神經。當那條平滑肌鬆弛後，陰莖深處的動脈會擴張，整個管道突然完全開放。於是血液大量湧入，使陰莖變得直挺，造成兩條管狀海綿組織（稱為「海綿體」〔corpus cavernosum〕）中百萬個微小區塊充血。

接下來是一項關鍵的化學反應。當你身體中的任何動脈擴張，無論是臉紅時頰動脈擴張、進食後腸動脈擴張，或是性興奮時生殖器動脈擴張，全都會釋放出一氧化氮。❼在陰莖中，這個非常特殊的化學分子（注意別與一氧化二氮，也就是牙醫使用的笑氣，或與空氣污染物二氧化氮混為一談）會通知平滑肌更進一步放鬆，使更多血液湧入。到了這時候，陰莖裡擠滿了液體，漲大的體積會壓迫鄰近的靜脈，阻止血液倒流出海綿體。整個腔竇被受困的液體弄得愈來愈鼓脹，有壓縮束緊作用的其他結構也從旁推波助瀾，肉管中的壓力急劇升高。大多數勃起的內壓可達到一〇〇毫米水銀柱——相當於大蟒蛇用來絞殺其獵物的壓力。

為了保護陰莖在這樣強大的力道下不致破裂，一張由膠原纖維構成的複雜網狀膜在皮膚下包裹著陰莖海綿體。如同凱立描述的，這些膠原纖維巧妙交疊，沿著整個陰莖一層又一層地垂直交錯。這使得它們在陰莖逐漸勃起時能有效率地展開打褶之處。這副膠原「骨骼」不只能強化勃起，還提供整個結構彎曲的阻力，也就是工程師所謂的「抗撓剛度」（flexural stiffness。凱立說，這跟河豚的戲法一樣。牠可展開的皮膚也包含了高度皺褶、交錯排列的膠原纖維束）。交配或求偶展示之外的時間，陰莖可以摺疊，便於收納保管——這個特點的好處不只是方便而已。根據一項研究，某些

❼在一九九〇年代，科學家想到也許能將一氧化氮裝在藥丸裡，於是誕生了威而鋼（Viagra）和其他壯陽藥。這項發明使數百萬名男性恢復性功能，並且使我在加大洛杉磯分校的同事路易斯・伊格那羅（Louis Ignarro）和羅柏・傅齊高（Robert Furchgott）與斐里德・穆拉德（Ferid Murad）一同榮獲一九九八年的諾貝爾生醫獎。

魚無法縮回自己的生殖器官，因為它們是由永遠硬挺的臀鰭改良而成。相較於生殖器官看起來沒那麼雄偉的同伴，那些生殖器官雄偉的魚更容易被獵殺。

等到勃起完成後，性刺激也來到醫師口中那「從此回不去的臨界點」。一個脊髓反射引發了一陣快速爆發的肌肉收縮，從膀胱頸開始，範圍遍及整個外陰部。在漣漪般的連鎖收縮中，來自交感神經系統的大量流出物不斷推波助瀾，使睪丸和陰囊周圍的肌肉緊繃。接著，副睪丸、輸精管、精囊、前列腺、尿道、陰莖與肛門括約肌周圍的肌肉也變得緊繃。這些肌肉迅速地夾緊又放鬆、夾緊又放鬆，其間間隔不到一秒鐘，最後從尿道噴出精液。在肌肉活動的最初爆發後，可能還會有零星的緩慢抽搐。這一串過程能在各式各樣的哺乳動物身上看見。

射精的比較研究大多集中在靈長動物和齧齒動物身上，但是所有的雄性哺乳動物源於共同的古代射精者。從獨角鯨到絨猿（marmoset），乃至於袋鼠，哺乳動物的陰莖幾乎都是以相同的方式噴出精液。而且今日人類男性的射精行為甚至與爬蟲動物、兩棲動物、鯊魚及魟的生理原理相同。射精不是新鮮事，事實上，人類的精液推進系統由來已久，這使得「人類男性的射精經驗也許和其他動物沒兩樣」的想法不只令人好奇，而且還貌似有理。既然射精的機制如此類似，問題只在於，其他動物能否感受到驅使許多男人追求性行為的那股強烈快感呢？

高潮的體驗不只能成為傳奇，同時也能被測量。腦電波圖（electroencephalogram, EEG）能顯示腦波的變化，包括低頻 θ 波的增多；θ 波與深度放鬆有關。許多男人描述自己在性交中感受到一股欣快感，竟離奇地近似海洛因吸食者描述自己將針頭戳入血管並推入海洛因時體驗到的感覺。射精中的公鼠大腦會釋放強有力的化學物質，包括與海洛因有關的類鴉片（opioid）、催產素

（oxytocin）與血管升壓素（vasopressin）。肌肉收縮、腦波變化、化學獎勵，還有陶陶然的感覺，聯手創造出男性高潮。

在射精與高潮過後，接著是稱為消腫或疲軟的過程。從神經激素的角度來看，這一系列的過程只不過是勃起的倒轉。陰莖的平滑肌收縮，陰莖動脈也收縮。流入陰莖的血液減少。由於迫使它們關閉的壓力減少了，陰莖靜脈完全開放，恢復正常的引流。與交感神經系統有關的化學物質開始接管。在你察覺之前，陰莖已經回到它微微收縮的靜止狀態。

顯然，由於這套驚人的結構建立在信號上，這中間必定發生了很多事。但許多步驟是一環扣一環，有很多地方都可能出錯。更複雜的是，人類的勃起基本上有兩種途徑：透過想像或透過接觸。

大多數男人都能證實，純然的直接刺激絕對能使陰莖勃起；這叫做「反射性勃起」（reflexogenic erection），是由下脊椎的神經管控。反射性勃起常見於青春期前的男孩、處於快速動眼期（REM）睡眠中的男人，以及脊髓損傷的男人（這種病患身上連接大腦與陰莖的神經被切斷了）。反射性勃起和消化及呼吸一樣，是無意識控制下的產物；它們可能會在某個男人完全沒料想到或根本不想性交的時候突然出現。❽

---

❽ 如果你是巴西聖保羅（São Paulo）的急診室醫師，你很可能知道勃起還有另一種驚人的來由：巴西櫛狀蛛（學名 *Phoneutria nigriventer*）的毒吻。儘管巴西櫛狀蛛的毒液毒性劇烈，可能使人致命，但它也能讓男性勃起持續數小時之久。因此，這種毒液被銷售給嘗試過傳統壯陽藥卻不見成效的男性，也就不足為奇了。

發生在諸如藤壺與軟體動物身上的反射性勃起是原始勃起的早期模式，它早在爬蟲動物或哺乳動物具有硬挺陰莖前就已演化形成。雖然能插入與散播精子，但是這些一•〇版的勃起缺少了高階版勃起提供的兩大功能：投機取巧的充血，以及策略性疲軟。

在勃起的演化中，一項重大進展是大腦的加入，這使大腦能透過脊髓將訊號傳送給陰莖。從演化的角度來看，這些「大腦誘發的」心理性勃起（psychogenic erection）是以反射性勃起為本而進行的一項很高明的改良。讓大腦參與像勃起這樣複雜精細又重要的歷程，既能擴大動物的繁衍機會，也能提高交配中動物的生命安全。它讓雄性動物在發動或停止勃起前，能根據所處環境狀況做出判斷與回應。它讓感官輸入訊息，比如觀看、嗅聞、觸碰，或甚至想著（幻想）某個很性感的人或某件撩人的事，觸發勃起的一連串反應。同時它有助於雄性動物在掠食者（或者更有可能的是，競爭者）出現的瞬間，幾乎即時地停止勃起。

不管這個雄性動物是麋鹿、鼴鼠或男人，全都適用。

大自然的春宮畫

我造訪加大戴維斯分校的馬房時，還順帶參觀了一間白色的小房間，裡頭的空間相當於紐約市公寓那種一字形小廚房的大小。房間裡沒有多爐爐灶，而是一台高科技的精液旋轉分離器。旁邊是一台冰箱，負責貯存精液和冷凍尿液。這尿液，如同我在育種棚見識過的，在誘發心理性勃起的感官刺激上扮演著不可或缺的角色。

當好色的種馬走過一頭正在發情的牝馬時，後者通常會立刻反射性地排出一道熱氣蒸騰的尿液。這個舉動是有策略目的的作為。尿液包含了信號分子，表明雌性的排卵狀態。人類婦女需要花錢購買科技產品——排卵檢驗試劑來檢測排卵狀態，種馬只要用牠的鼻子就可以了。

公馬（及許多其他動物，包括駱駝、鹿、齧齒動物、貓，甚至是大象）能透過嗅聞與口嚐尿液來偵測這些化合物。如果這時牠們做出一種名為「裂脣嗅行為」（flehmen）的獨特鬼臉，更能夠增強牠們的嗅覺。這種抬高一側上脣的表情活像動物版的「貓王」著名的性感冷笑。這頭動物會翻起上脣，吸氣，讓氣味分子在鼻腔飄蕩，與犁鼻器（vomeronasal organ，一種靈敏的氣味偵測器，位於接近上顎的部位）接觸。人類也會展現類似的化學感受，比如品嚐葡萄酒時會吸啜少量酒液，讓它在口腔上顎附近打轉，使芳香分子近距離接觸位於牙齦和鼻孔內的敏銳受體。人類是否曾經擁有犁鼻器，答案尚有爭議。某些生物學家相信，人類的犁鼻器只是退化了；其他生物學家則懷疑人類可能從未有過犁鼻器。

我們與那些擁有犁鼻器且會做出裂脣嗅行為的動物確實持續共享的，是第七對腦神經，即顏面神經。這條大腦與身體溝通的線路串連起臉部與大腦情感中樞。顏面神經源自許多動物與所有人類的腦幹中大致相同的地方。它將憤怒轉化為狗兒的咆哮，將驚訝化為獼猴睜大的雙眼，並將喜悅化為孩童的笑容。[9]

---

[9] 與其他動物相較，人類的臉部肌肉數量眾多且功能錯綜複雜。貓狗的臉部表情沒有像人類那樣豐富，原因並不是牠們的內心缺乏感受，也不是牠們的顏面神經少了情感輸入，而是牠們臉部的肌肉數量較少，且控制臉部肌肉的顏面神經分支也較少。

如果你想像一個人做出裂脣嗅行為，你肯定會注意到某件再明顯不過的事。你瞬間就能認出那翻起的一側上脣是憎惡討厭的表情。如果你願意親自試試看，說不定還會感覺到一點點嫌惡的漣漪。不過，從昂首闊步的米克・傑格（Mick Jagger）到輕蔑訕笑的比利・艾鐸（Billy Idol），這些性感的搖滾巨星全都懂得利用這個古老的多工神經迴路，向女性觀眾迅速亮出裂脣嗅行為，製造令人神魂顛倒的效果。貓王翻捲上脣的表情也許比他搖動骨盆的動作更能讓少女興奮狂喜。自從見識過種馬的裂脣嗅行為對適合受孕母馬的影響力，我可以理解為什麼貓王露骨的性暗示動作在一九五〇年代會讓一整個世代的父親飽受威脅。

裂脣嗅行為能同時表示性慾和憎惡，得感謝它與腦幹糾纏的解剖學連結。此外，它也有助於解釋為什麼有這麼多的生殖與泌尿功能既深深吸引我們，又讓我們覺得反感。雄性的尿液可以透過化學方式與雌性溝通，反之亦然。公豪豬會在交尾前的求偶儀式中用尿液來炫耀自己；公山羊會在自己臉上和招牌山羊鬍上噴灑尿液，做為標示自己已準備好性交的嗅覺指標；公麋鹿也會在發情季節於尿液中打滾。

非哺乳動物也會運用尿液與彼此溝通。求愛的雌螯蝦會撒一泡尿，吸引情投意合的公螯蝦。公劍尾魚的尿液充滿各種費洛蒙，牠們會逆流上游，接著撒尿，如此一來，帶有性溝通訊息的液體會向下流，讓適合受孕的母魚都能「閱讀」。[10]

蘭斯洛被人領著走過能受孕的牝馬前，牠只能看不能摸。因此我們很確定，這匹母馬的魅力有部分是透過嗅覺展現。此外，看見牠揚起尾巴則是一種視覺邀請。視覺信號是另一種由心理引發勃起的超強大刺激。視覺信號（可想像成大自然的春宮畫）能使許多動物產生性興奮。

例如，許多母猴與母猿會露出又紅又腫的陰部（稱做會陰的「精心力作」），表示自己已經準備好進行交配。這些動物的雄性成員會隨腫脹的尺寸大小產生不同的反應。當然，腫脹得最厲害的，能帶給這些雄性最強烈的視覺刺激。

在測試情境中，比起未蒙眼的公牛，被蒙住眼睛的公牛更不可能和不熟悉的母牛交配。受限的視力會削弱公牛的表現。

視覺刺激也會對雌性動物產生有趣的效果。從孔武有力的公羊牴角互鬥，到溫和的園丁鳥（bowerbird）將飾滿花朵、貝殼、石頭與漿果的愛巢獻給情人，雄性的求偶展示是大自然紀錄片的經典影像。這一切的視覺刺激都是為了慫恿雌性與自己交合——其中傳達的訊息不只是揭露自己的性成熟度，還有優越的遺傳適存度（genetic fitness）。然而，這些展示或許還有一個看不見的效應是跟交配本身無關，卻能增進子代的存活機會。

摩洛哥的研究人員急著想要提高一種名為「波斑鴇」（houbara bustard）的瀕臨絕種鳥類的繁殖率。據說這種鳥的肉有催情作用，所以這種北非原生鳥類被獵捕殆盡。人工繁殖計畫的孵化率不佳，經檢討後，研究人員領悟到，透過人工授精而受孕的母鳥當中，有部分從未真正見過一隻成熟

---

⑩ 精神科醫師向來將人對尿液產生性致視為病態。他們將戀尿癖者（urophiliac）喜愛享受的「尿尿競賽」（water sport）、「淋尿」（golden shower）、泡尿澡或喝尿等行為，視為心理失常病患的變態作為。有趣的是，對許多種生物而言，尿在吸引與喚起性行為上扮演著相當重要的角色。

的公鳥。於是他們決定著手進行一項實驗。他們不再只是把精子注入母鳥體內，而是先讓母鳥觀看性感的公鳥「表演」。這隻迷人的公鳥會按照波斑鴇特有的交配前儀式，趾高氣揚地來回踱步，牠的白色頭羽和頸羽怒張，活像搖滾巨星身披一條羽毛圍巾。凡是有幸事先觀賞到這一幕的母鳥，不管牠們最後懷的是誰的種，產下能孵化的蛋的機率大為提高。有趣的是，不僅孵化率增加了，連幼雛也變得更健康、更強壯。原因是，事先提供性感景象，讓觀看的母鳥為自己所產的蛋添加了額外的睪固酮，使得這些蛋長得更快、更強壯。它刺激幼雛自己產生更多睪固酮，讓牠們在荷爾蒙上擁有領先優勢。當然，這並非母鳥有意識的選擇，而是對視覺信號產生的生理回應。同樣地，專業豬隻繁殖者發現，如果母豬在人工授精前遇上公豬「大獻殷勤」，或甚至只是接觸到公豬的體味，就能大幅提高受孕率。

在動物世界裡，雌性並非只是接授精子的「被動容器」，而是能透過精子篩選與卵增強，左右繁殖成果的主動參與者。這是一個新的研究領域，或許能為改善世界各地的動物育種計畫帶來重要的意涵。同時，它或許也能幫助不孕的婦女。輔助生殖（assisted reproduction）在過去十年來已有長足的進步，可是，儘管不孕診所的男性採精室堆滿了火辣辣的成人雜誌，卻沒有人定期建議女性應該在每月一次的卵發育過程中讓自己獲得「視覺鼓勵」。無論婦女是正要經歷體外人工授精（in vitro fertilization, IVF）或打算嘗試自然懷孕，也許上 YouTube 搜尋渾身濕透、陷入沉思、手握馬鞭的柯林・佛斯（Colin Firth）影片，對卵泡成熟與排卵都能有所助益。

另外，還有一種以大腦為基礎的勃起增強因素會透過耳朵傳入雄性大腦內。調情中的馬兒會發出嘶鳴，春心蕩漾的公豬會引吭高歌。生物學家布魯斯・貝哲米歐（Bruce Bagemihl）寫道，「母赤羚（Kob antelope）嗚嘯，公猩猩大聲噴氣，母赤褐袋鼠（Roufous Rat Kangaroo）嘷叫，公印度黑羚（Blackbuck antelope）咆哮，母無尾熊吼叫，公眼斑蟻雀（Ocellated Antbird）歡唱，母松鼠猴（Squirrel Monkey）發出呼嚕聲，還有公獅呻吟、發出哼哈聲。」這些聲音全都是為了求偶而發，能觸動一連串的神經反應，產生勃起或促進勃起。一項迷人的研究揭露，母北非獼猴（Barbary macaque）會選在牠們的伴侶快要射精時，發出「又響又獨特」的交配叫聲，藉以幫助公猴達到高潮。公牛聽見預錄的母牛發情聲音，也會勃起。

不過，大腦這種將感官輸入訊號轉化為勃起的能力也有令人洩氣的一面。有時候，大腦不僅不助長勃起，還讓陰莖變得軟弱無力。

交配中的動物十分脆弱，牠必然無法專心留意環境中的動靜。牠會短暫脫離其他重要的生存活動，比如採集食物和捍衛地盤。勃起的心理要素指的是，假如雄性動物的大腦偵測到危險、威脅、競爭或報酬遞減，它可能會終止勃起。

可是這種生理機能成了男人求診時最苦惱的病——勃起功能障礙（erectile dysfunction, ED）。[11]那是指勃起始終無法達到順利進出女性陰道的必要硬度，或是無法像過去那樣持久。儘管

11 約莫五百年前，達文西曾經評論道，「陰莖的主人想要隨心所欲地勃起或萎軟，無奈陰莖根本不聽號令……於是眾人說陰莖自有其意志。」數百年後，托爾斯泰毫不留情地寫道，「人類熬過地震的驚駭，經歷過疾病的摧殘，挺過折騰靈魂的各種酷刑。沒想到最慘絕人寰的，是發生在臥房裡的悲劇。」

不是攸關性命的疾病，但勃起功能障礙會嚴重影響患者與其伴侶的生活品質及社交狀況。全球每十個男人就有一人為勃起功能障礙所苦，光是在美國，就有三千萬名患者。陰莖是否硬挺這件事就支撐起產值數十億美元的產業，這個產業兜售藥物、設備、補品……，還有為數不少的蛇油。

根據約翰霍普金斯大學（Johns Hopkins University）的神經泌尿學專家亞瑟・柏涅特（Arthur L. Burnett）表示，過去四十年來，我們對勃起功能障礙的理解有了一百八十度的轉變。過去，醫師認為勃起功能障礙的成因是，老化與荷爾蒙失調等不可避免但無法確定的因素，或是完全心理上的因素。在心理分析的全盛時期，男人無法達到堅挺地勃起，被認定是他內心有未解決的衝突所致。

今日，柏涅特告訴我，勃起功能障礙被視為是一種「百分之百的生理問題」。因為人類勃起完全仰賴血流，因此，不管是糖尿病、高血壓、動脈阻塞、靜脈疾患或微弱脈搏，凡是妨礙血液在全身奔騰運行的任何因素，都會導致勃起功能障礙或使勃起功能障礙更加惡化。因此，動前列腺手術時不小心傷害到神經，自然也會造成勃起功能障礙。

男人的勃起功能障礙不再被認定為是大腦搞的鬼或情緒問題；另一方面，儘管大多數勃起功能障礙的原因是生理上的，確實也有部分是心因性的——當男人感覺有意願，但他生理功能健全的陰莖卻不配合時。可能會造成病患與其伴侶深感狼狽與苦惱。

前面已經介紹過，動物的陰莖也會隨著環境與其他誘因而變硬或變軟。或許我們所謂的心因性勃起功能障礙，乃是源自性致勃發的許多雄性生物共享的一種保護性生理機能。

環尾狐猴通常一年只會交配一次。這種大眼靈長動物受惠於喜劇演員沙恰・巴朗・寇恩（Sacha Baron Cohen）在《馬達加斯加》（*Madagascar*）中的聲音表演，使人永難忘懷。每年秋天，雌猴會有單一一段、轉瞬即逝的連續八到二十四小時的時間適合生育，此時公猴的睪固酮濃度增高。杜克狐猴中心（Duke Lemur Center）的管理人安卓亞・卡茲（Andrea Katz）說，這場「瘋狂的萬聖節派對」在公猴間創造出狂熱的高額賭注競爭，以及來自母猴氣人的戲弄。加拿大維多利亞大學（University of Victoria）的人類學家莉莎・古爾德（Lisa Gould）是研究環尾狐猴行為的專家。她告訴我，在繁殖季節，雄性與雄性間的競爭非常激烈。她曾看過公猴跳到其他交配中的公猴身上，把對方從母猴身上推開。有時候，為了爭取駕乘母猴的機會，公猴在互毆中可能會嚴重受傷。她曾親眼見證一場格外有趣的衝突，一隻位階較低的公猴，不顧一切，拚命想在一群交配中的狐猴裡完成交合。

「牠非常緊張不安，頻頻四處張望。牠不斷跳上躍下，一再回頭檢查身體後方。我不認為牠最後真的完成了交配。」古爾德解釋道，至少在狐猴的世界裡，這些所謂交配失敗，多半是社交壓力和競爭下的產物。警戒或恐懼的神經輸入訊息，會影響交配的成功率。古爾德也指出，每隻公猴的狀況都不太一樣。以她觀察的那隻公狐猴為例，在嘗試交配時仍不斷四下張望，代表牠非常在意周遭狀況及其他挑戰者，別隻公猴或許能在那樣的競爭中勝出。沒有兩隻動物的行為是完全一樣的，每隻動物對不同類型的壓力源會有不同的容忍度。

生物學家口中的交配失敗，醫師可能會稱為無法勃起或勃起功能障礙。從生理學的角度來看，兩者很類似。恐懼和焦慮會干擾勃起的關鍵第一步：放鬆。記住，陰莖要勃起，首先必須要放鬆。假如大腦感覺到危險，激增的腎上腺素與其他荷爾蒙會終止這串放鬆的程序，粉碎剛開始發生的勃起。[12]凡是有能力勃起的動物，偶爾也可能會失去勃起能力。

但那是好事，因為性交中斷（coitus interruptus）可以是救命的手段。想像一頭動物任憑危險逐漸迫近，照樣繼續交配，牠會有什麼下場？有時候，最大的威脅並非來自外面的掠食者，而是來自同一群、同伴，還有手足。在雄性動物身上，我們看見社交恫嚇能抑制勃起。例如，只要占支配地位的公羊一出現，就能讓受支配的公羊停止性活動。在鹿群和其他階級地位森嚴的有蹄類群體中，通常只有地位最高的雄性可以交配。在鳥類、爬蟲類及哺乳動物中，都能看見高居主宰地位的雄性控制所有交配活動的現象。獨身的受支配雄性被剝奪了交配機會，可能會因此喪失勃起的能力。這種動物的勃起功能障礙（或「心理去勢」）可以是暫時且可逆的，但也有可能會持續終身。

可是，現代人類的性經驗多半不再被樹叢中躍出的掠食者打斷，或是因競爭者搶走性交對象而中止。於是我請教加大洛杉磯分校泌尿科醫師暨陽痿權威傑考布・芮吉佛（Jacob Rajfer），心理壓力是否真能干擾男性勃起。「沒錯，」他簡潔明快地回答道，「某些男人在壓力下會有勃起困難。」當我請他具體說明是哪些壓力時，他不禁笑了。年紀大了、工作上的問題或人際關係摩擦，都能給現代男性帶來沉重壓力。緊張擔憂可能源自各種形式的壓力，比方步步進逼的截止期限、煩人的訴訟，或是壓得人喘不過氣來的信用卡卡債。無論是人或動物，壓力能透過活化交感神經系統使勃起消失。不同生物身上的交配失敗，都跟保護交配中的雄性動物這種古老神經反饋迴路有關。這清楚描繪出大腦對陰莖的非凡影響力。儘管因此無法勃起可能會讓病患覺得洩氣或丟臉，但這個連結本身並不異常，況且這並非人類男性獨有的狀況。為了防止動物在性交中被吃掉或痛毆，威脅必須啟動性活動的斷路器。

歷經數百萬年在危險世界中交配後，某些雄性動物演化出快速射精的能力。凡是能在嫉妒的競爭者或飢餓的掠食者發動突襲前迅速移交精液的雄性動物，就有更好的機會繁衍後代。此外，迅速射精還能提供想要在短時間內讓許多雌性授精的雄性動物另一項繁殖優勢。

不過，就像勃起功能障礙中的性交中斷，性交加速（coitus accelerando）也被認為是一種病。我們人類醫師稱它是「早洩」（premature ejaculation, PE）。根據約翰霍普金斯大學的泌尿科醫師亞瑟・柏涅特指出，射精問題其實比勃起問題更常見，只不過較少有病患會為此求醫。然而對其他動物來說，這未必是問題。事實上，它甚至可能是個優勢。

在一篇發表於一九八四年的論文中，加大洛杉磯分校（California State University, Los Angeles）的社會學家勞倫斯・洪（Lawrence Hong）指出，「一個能快速騎乘，立刻射精，旋即下馬的動作迅速性伴侶，對雌性動物來說可能是最棒的。」

的確，許多動物轉移精子的動作迅速切實。[13] 人類男性平均要花三到六分鐘才能從陰道插入達到射精。人類的近親黑猩猩與巴諾布猿（bonobo）只需大約三十秒。種馬通常會在六到八次抽插後就射精。有些缺乏陰莖的雄鳥，透過讓自己的生殖孔與雌鳥的生殖孔互相接觸，在不過幾分

---

[12] 在某些狀況下，恐懼能喚起更多性慾。「雲霄高潮俱樂部」（Mile-High Club，在飛機上進行性行為）的成員和其他喜歡在不安全的公共場合性交以求刺激的人，都可以證明這一點。性慾與恐懼的神經迴路會在大腦的杏仁體會合。

[13] 沒錯，某些動物花的時間較長。老鼠可以很快射精，但前提是得先經歷一長串的追逐與騎乘模式，其中，首先包含了八到十次的陰莖插入母鼠的陰道。包括貓和某些昆蟲在內的若干動物，會運用陰部倒鉤和刺針、膨脹的身體部位，以及身體的力量，讓交媾的雙方「牢牢地固定」在一起。有時候，延遲的時間是用來塞入以黏液或凝膠製成的交配栓（copulatory plug）。但是對許多交尾來說，迅速完事好處多多。

之一秒的時間就完成了精子傳送，這個過程被稱為「泄殖腔之吻」（cloacal kiss）。加拉巴戈群島（Galápagos Islands）原生的小個頭海鬣蜥（marine iguana）發展出極致的早洩——牠們能在交配前就先射精。通常海鬣蜥需要接近三分鐘的時間才能在母鬣蜥體內射精。這有利於體型較大、位階較高的公鬣蜥，因為牠們不僅有權力，也有足夠的體力將體型較小的公鬣蜥從母鬣蜥身上推落。於是身型較小的公鬣蜥會自慰，並將精液聰明地貯存在一個特殊囊袋裡。在插入陰道後的頭幾秒鐘內，小公鬣蜥會偷偷摸摸地將預先藏好的精液送進伴侶的生殖孔，也就是泄殖腔。等到體型較大的公鬣蜥把牠推落，牠的游泳好手早就踏上讓卵授精的道路了。

迅速交配還有其他好處。有時間限制的接觸（尤其是潮濕的黏膜與黏膜接觸）能降低傳播致病微生物的風險。對許多動物來說，寄生蟲感染會帶來致命威脅。在這類族群中，快速交配可能十分有利（有關動物性傳染病的進一步討論，請參閱第十章）。

加大洛杉磯分校泌尿科醫師傑考布・芮吉佛指出，不管哪個年紀（從二十歲出頭到八十多歲），約有百分之三十到三十三的男人有早洩的情形。另一方面，勃起功能障礙的發生率會隨年齡漸長而升高。對芮吉佛而言，這代表了早洩是醫師口中的「正常變異」，而且可能具有高度遺傳性。對於早洩，他的結論是：「我不認為它是一種病。」

無論射精之前的抽插持續了三小時或三秒鐘，只要將精液確實遞送到雌性動物體內，就算是完成繁殖功能。將早洩當成一種病，是早洩這則漫長的成功演化故事的一個新插曲。而且這件事實應該能撫慰過早達到性高潮的人。因為儘管從今天的眼光看來，早洩不但有點糗，也無法令人滿足，但立即射精及其背後的神經迴路，卻使上億個古代射精者在生物學家口中的「精子競賽」中站上領先的起跑點。

多采多姿的動物性生活

我念醫學院的第一年，下學期最重要的活動就是電影之夜。我們帶著好幾桶爆米花、飲料，還有好幾大袋糖果，我擠進學校大禮堂坐定。燈光轉暗，我們就定位後，接下來四個小時，我們會一片接著一片，觀賞教授努力為我們準備的真槍實彈硬派色情片。

這麼安排的想法是，身為未來的醫師，我們需要熟悉人類身體、心靈與性慾各式各樣的反應與變化。我們必須能在病患坦誠某些怪異癖好時，隱藏自己的震驚（也許是興奮？）。我們需要具備足夠的背景知識，才能在病患一切正常時讓擔憂的患者放心。我們需要知道什麼是正常，什麼是連性產業都覺得另類。而且坦白說，對我們當中的許多科學書呆子而言，我們只是需要開開眼界。

獸醫師不需要這類的研討會。在作家瑪莉・羅曲（Mary Roach）、瑪琳・查克（Marlene Zuk）、提姆・柏克黑德、奧莉薇亞・賈德森（Olivia Judson）和莎拉・布萊弗・赫迪（Sarah Blaffer Hrdy）的筆下，動物性生活幾乎是充滿詼諧的色情文學。

這些作家詳細記錄了其他動物性生活的種種，這些現象是生物學家知道，也可能會樂意承認自己曾觀察過的現象。如果你曾經尷尬地留神觀察你家的狗騎乘客人的腿，你也許會認為那是動物的自慰。可是，即使許多證據指向相反的方向，直到最近，有教養的生物學家仍舊堅持動物不會自慰。他們的不充分論述是，自慰與生殖無關，因此，從演化的觀點來看，動物不會有動力這麼做。但事實上在野外，不論雌雄，許多動物在取悅自我這件事情上極富創造力。紅毛猩猩會用樹木與樹皮做成假陰莖讓自己產生性興奮；鹿發現摩擦鹿角可以帶來快感；鳥類會騎乘並摩擦土塊與草地來自慰；盲蛛會吐出兩條絲線，然後用自己的陰部去摩擦絲線，以得到刺激；公象與公馬會用勃起的陰莖摩擦自己的肚皮；獅子、吸血蝙蝠、海象與狒狒會用掌、腳、鰭和尾巴去刺激自己的生殖器。飼養家畜的農夫和醫治大型動物的獸醫師長久以來注意到公牛、公羊、公豬與公山羊會自慰，甚至還統計出一天當中哪個時刻最有可能發生（許多公牛似乎特別偏好凌晨五點這個時間）。

許多動物也有互相手淫的紀錄。在蝙蝠與豪豬的性經驗中，口交是很常見的。海洋生物學家曾觀察到海豚的噴氣孔性交（blowhole sex）。大角羊和野牛經常會進行（同性間的）肛交。飛旋海豚（spinner dolphin）、鷺鷥和燕子會從事群交（group sex）。至於巴布諾黑猩猩……唉，那些惡名昭彰的好色之徒似乎玩盡了一切招數。

長久以來，雄性對雄性、雌性對雌性的駕乘，在家畜間屢見不鮮（事實上，等待雌性彼此騎乘是老經驗的牧場經營者用來判斷牛隻何時進入發情期，準備好懷孕的指標）。可是直到十年前，學術界，甚至是孚眾望的博物學家還設法為動物的同性性行為開脫，視之為病態，或完全忽視這個現象的存在。大約在一九九〇年代末期才有了改變。當時有好幾本書陸續出版，包括布魯斯・貝哲米歐的《多采多姿的生物界》（*Biological Exuberance*）、瑪琳・查克的《物競性擇》（*Sexual Selections*），還有瓊恩・洛夫加登（Joan Roughgarden）的《演化的彩虹》（*Evolution's Rainbow*）。這些書中充滿上百種生物的例子，展現出同性戀、雙性戀與跨性別的傾向和行為。貝哲米歐的書中包含了幾百頁「不可思議的動物寓言集」，記載了野生的靈長動物、海洋哺乳動物、有蹄哺乳動物、食肉動物、有袋動物、齧齒動物和蝙蝠，以及各式各樣的鳥類與蝴蝶、甲蟲和青蛙的目擊紀錄與描述。在各式各樣的性別組合、各種動物、各種性活動中，洛夫加登詳述了大角羊舔舐自己的生殖器與肛交；巴諾布黑猩猩的陰莖鬥劍（penis fencing）；日本母獼猴的同性騎乘；長頸鹿、虎鯨、海牛與灰鯨的全雄性雜交狂歡。瑪琳・查克和內森・貝里（Nathan W. Bailey）研究過黑背信天翁（Laysan albatross）的母鳥同性養育雛鳥的行為，並且發表了果蠅同性性行為的遺傳學。

顯然，現在該是揚棄「同性戀並不自然」這個想法的時候了，尤其如果你對「不自然」的定義是自然界裡找不到的現象。確實，正如貝哲米歐寫道，「行為可塑性（behavior plasticity）這種能力（包括同性戀）能強化物種在面對變化無常且『不可預料的』世界時，能『富創意地』回應的能力。」

需要留心的是，同性性行為未必能與同性性偏好（sex preference）或同性性取向（sex orientation）畫上等號，因為在野外，相較於個體的同性性活動，同性性偏好與同性性取向較難證明，也罕有詳盡的紀錄。不過，許多人類與非人類動物同樣經常從事同性性行為，包括口交、肛交、群交與互相手淫。

就連對異性戀動物交配模式的認知，在短短幾年內也徹底更新。長久以來，被認定是一夫一妻制中的雌性說謊、破壞家庭的真相已被揭露。直到最近，傳統的說法都一直認定大多數動物的雄性是浪子，會四處散布精子，而雌性則會忠於單一雄性；就算不是一輩子如此，至少是一整個交配季如此。不過，有研究運用DNA確認子代的父親是誰，結果發現雌性的濫交不只普遍，根本就是常態。行為生態學家提姆・柏克黑德在他這本迷人的《濫交》（*Promiscuity*）一書中提到，研究動物的親子關係使得「一夫一妻單配制的想法幾乎完全被推翻」。在「蝸牛、蜜蜂、蟎、蜘蛛、魚、蛙、蜥蜴、蛇、鳥與哺乳動物等不同的生物當中，子代同母多父（multiple paternity）是極為普遍的。」柏克黑德是怎麼解釋其中原由的呢？雌性的「不貞」可以改善子代的基因品質，同時偶爾還能使雌性為自己及孩子爭取到提升適應度的資源。

我們從動物祖先那兒繼承了一套複雜的性遺產。人類性趣與性實踐的多元百態證實了這一點。可是我們人類也有能力預先設想自己的行動會帶來什麼後果。無論是好是壞，人類活在有規則和禁忌的文化裡。我們的性行為無法與之脫離，而且朝「大自然」尋找道德準則是錯的。瑪琳．查克寫道，「運用動物行為的知識來合理化社會或政治意識型態，是錯的……人必須為自己的生命做出決定，而不必擔憂自己趕不上巴諾布黑猩猩。」

人類對某些性交型式非常反感，如強姦、戀童癖、亂倫、戀屍癖與人獸交，因為我們認定那些是不道德的，也立法讓那些屬於違法行為。可是，任何一天都有百萬頭動物進行百萬次「違法」性行為。對於昆蟲、蠍子、鴨子和猿類而言，正常的生殖需要採取強姦的作為，生物學家稱之為「強制交合」（coercive copulation）；紐約市的臭蟲大流行，使得臭蟲（及其親戚）會透過一種名為「創傷式授精」（traumatic insemination），又名「皮下授精」（hypodermic insemination）的方法交配——雄蟲會爬上雌蟲背部，用短彎刀般銳利的陰莖刺傷雌蟲，並將精子直接射入雌蟲的血液中。動物版的戀屍癖能在蛙類和綠頭鴨身上看見，這些動物會與自己死掉的同類交合。與近親及未成熟的同類性交，在靈長動物、許多其他脊椎動物與無脊椎動物身上都會發生。某些演化生物學家認為，青春期容易出現的親子衝突，也許是為了保護剛剛發展出性徵的動物免於其親戚的染指。

至於跨物種的性（如果人類參與其中，稱為「人獸交」）存在的時間非常非常久，也許打從性開始存在，跨物種的性便已存在。可敬的科學研究提出的理論是，不同物種間的性，其實是為創造新變異的演化目的而服務。柏克黑德寫道：「交配中的雄性多半非常積極，而且來者不拒。射精的成本並不高，因此就算雄性與錯誤的物種進行交配，也不會遭遇太多天擇的阻撓。說實話，天擇可能比較偏好讓雄性缺乏鑑別力，因為只要遲疑，牠就輸了。」

雖然人類有能力做的與道德允許能做的性事間有條界線，但人類從海牛的口交、大角羊的肛交或蝙蝠的舔陰（cunnilingus）研究中，確實得到一個重要的想法。從種馬自慰到猴子吮陽（fellatio）、蛙類的戀屍癖，再再提醒我們性未必永遠與生殖有關。實際上，可以說動物絕大部分的性活動都不是以生殖為目的。

瑪琳・查克同意這種看法，她寫道：「即便對人類之外的動物而言，性不只是生殖而已……至少從眼前來看，甚至性也未必只是性。」行為神經學家盎得思・歐格墨（Anders Ågmo）更進一步主張，製造下一代是「性行為意外的生理副作用」。

對動物來說，除了繁衍下一代，性還提供其他好處。同樣的道理也適用於我們。對群居的哺乳動物而言，性能增進個體之間的親密關係，還能強化彼此關係。而重複碰觸、撫摸或擁抱這些伴隨性交而來的行為，則能像理毛行為一樣提供慰藉。

除了加強社交關係、建立群內關係以及相互慰藉，還有什麼是性行為的用處？也許是愉悅？追求愉悅是許多動物對性交感興趣的原因。可是，假如愉悅是性活動的一種重要驅力，那麼請同情四分之一的女性，因為她們宣稱自己從性愛當中得不到任何享受。尋找方法幫助她們，讓我們來到醫師與獸醫師的另一個重大抉擇關頭。

性感凹背姿

當加大戴維斯分校的種馬蘭斯洛在馬房使勁想駕乘幻影時，大約有一打的母馬待在馬房外一處名為牝馬旅館的特別畜欄裡。這間馬旅館不像四季飯店那樣高檔，反而比較接近內華達州聲名狼藉的野馬牧場（譯注：Mustang Ranch，是內華達州第一家合法妓院）。母馬在這兒受人挑逗。如果你跟我一樣，是個只養過金魚的城市女孩，觀看母馬被挑逗，肯定會讓你瞠目結舌。

訓練師領著一匹種馬走向牝馬的畜欄。他讓這匹公馬在每一匹母馬的畜欄前暫停。那些母馬的尾巴迅速揚起，展現自己閃閃發光、腫脹的陰唇。牠們排出一股熱烘烘的尿液，把自己的下半身用力推向種馬。有些母馬會扭動背部，擺出微微蹲伏的姿勢，彷彿邀請這匹公馬騎乘自己。其他母馬則是露出康乃爾獸醫暨動物行為專家凱薩琳・郝普特（Katherine Houpt）口中的「那種渴望交配的表情」，「這時，母馬的雙耳會朝後旋轉，嘴巴開開的。」

還有些母馬則是瞥了這匹種馬一眼，就立刻低頭繼續津津有味地嚼著眼前的乾草。有些則是看了一眼，接著就耷拉著耳朵，露出成排牙齒，邊發出威脅性的嘶聲，邊衝向這匹公馬。

這些不同的行為取決於母馬是不是就快要排卵。那些對種馬展現出交尾前行為的母馬不是正在排卵，就是即將要排卵。訓練師告訴我，這些母馬是「適合受孕的」（receptive）。至於那些忽略種馬或將牠推開的母馬，則是「不適合受孕的」（nonreceptive）。

感謝老天，人類女性不會在男人出現時或在月經週期的第十四天左右，就揚起尾巴，還撒泡尿。人家說我們這叫做「隱藏無徵的」排卵（"concealed" ovulation），意思是說我們的排卵狀態缺乏明顯的「宣傳」。不過演化學者，如加大洛杉磯分校的瑪蒂•哈賽騰（Martie Haselton），開始仔細觀察我們散發的線索——其中有些並沒有我們想像的那麼難以捉摸。女性排卵時，往往會穿得比較大膽撩人，活動範圍也會比平日離家較遠。男性認為排卵中的女性較具吸引力；脫衣舞孃在月經週期中最容易受孕的階段會得到較多的小費。大學學齡的女孩在排卵期會比平日大幅減少打電話給父親的次數——這項行為被假定為某種對抗家庭內性吸引力（intrafamily attraction）的遠古防衛機制。但是，就算排卵期之外，人類女性也會尋求性愉悅與性高潮。

就肉體而言，女性和男性的性高潮非常類似。副交感神經逐漸增強，突然轉移到交感神經的爆發肌肉收縮，最後以大量的報償性神經化學物質及腦波變化做結尾。兩性間性高潮的感官與生理反應的相似性，由幾乎完全相同的神經與荷爾蒙網絡引起。在胚胎發展過程中，男性與女性的生殖器源自相同的生殖母細胞（primordial cells）。確實，無論是人類、犬隻或鱷魚，許多生物的胚胎剛開始時都沒有特定的性別。其後，在諸如荷爾蒙、溫度與環境效應的影響下，男性身上會長出陰莖，在女性身上卻會壓抑陰莖的成長。換句話說，妻子的陰唇與丈夫的陰囊在胚胎期曾經是相同的組織，就像她的陰蒂與他的龜頭及上半部的陰莖體源自同一組織。

快速檢視動物性徵後會發現，陰蒂並非人類獨有的器官。這個「柔嫩敏感的按鈕」存在於許許多多的雌性動物身上，包括馬、小型齧齒動物、各種靈長動物、浣熊、海象、海豹、熊與豬。巴諾布黑猩猩的陰蒂與陰唇能腫脹到足球大小。多虧了高含量的睪固酮，使得非洲斑點鬣狗（spotted hyena）引人注目的陰蒂大到有「擬陰莖」（pseudopenis）的稱號。在這些凶殘的母權社會中，舔舐陰蒂是一種臣服的信號。歐洲鼴鼠、某些狐猴、猴子以及熊狸（binturong，一種東南亞的食肉動物）都具有特大號尺寸的陰蒂。

值得注意的是，這些動物的陰蒂就像一般動物的陰莖一樣，上頭神經密布。這表示性高潮的那一整套感覺可能是不分性別、不分物種的。

然而，就算具備了感受性高潮的生理能力，許多女性卻感覺不到它的存在。據估計，全球所有女性當中，約有四成有性功能障礙，其他包括性交疼痛（dyspareunia，在性交時產生持續性或重複性疼痛）及陰道痙攣（vaginismus，一種罕見的苦惱，指性交時陰道肌肉會產生不可控制的強烈收縮，不但疼痛難當，還會緊閉陰道入口，使陰莖無法進入）。

不過，顯然最常見的女性性功能障礙是性慾低落、性喚起不足、性嫌惡（sexual aversion）、壓抑性慾，以及高潮障礙（inorgasmia）。這些病症有時被統稱為性慾減退障礙（hypoactive sexual desire disorder, HSDD）；這些病症有可能持續發生且令人無比苦惱。全世界約有四分之一的女性為此所苦。在美國，儘管各方的估計數字高低不一，但約有兩成的女性被認為患有性慾減退障礙。這是指每年飽受性慾低落及無法達到性高潮所苦的女性，遠多於被診斷出罹患乳癌、心臟病、骨質疏鬆與腎結石等疾病的女性人數總和。就像男性勃起與射精障礙，獨立來看，女性性慾減退並不會致命；可是它會造成嚴峻的生活品質難題，進而帶來嚴重的健康危機，比方憂鬱症。

性慾低落和性慾減退障礙可能是有針對性的（針對某個伴侶），也可能是一般性的（對所有的性事均興趣缺缺）。病患訴說的可能會是其他症狀，包括憂鬱症、焦慮、衝突、疲勞及壓力。讓她神遊太虛的原因可以從乏味、不情願卻接受性事的順從，到主動察覺性這檔事令人不快或教人厭惡。恐懼或恐慌的反應有可能在極端案例中出現。有些女性會感受到一股強烈的生理衝動，想要推開自己的伴侶；有些女性則會想要踢、咬、打或回以猛烈的言辭攻擊。

醫師會運用心理治療及開立睪固酮補充藥物來治療性慾減退障礙。睪固酮能提振性慾，對男性和女性同樣有效。儘管如此，這些干預通常只能帶來適度改善。運用睪固酮治療性慾減退障礙，目前並未得到美國食品及藥物管理局（FDA）的核准（它肯定是採取「適應症外使用」〔off-label〕的用藥方式），而且相關研究指出，女性病患躺在心理治療長椅上的時間，對於改善她和伴侶床上活動的品質，效果極為有限。病患會被要求停止服用某些藥物，尤其是選擇性血清素再吸收抑制劑（selective serotonin reuptake inhibitor, SSRI）的抗憂鬱藥物，比方百憂解（Prozac）、百可舒（Paxil）與樂復得（Zoloft），因為它們可能會使性慾變得遲鈍。除了這些基本的處置外，性慾減退障礙的治療前景其實有點黯淡無光。有一部線上醫學百科全書警告道，「伴侶對彼此不滿的案例，經這類治療後通常難有成效，往往會以分居、另覓新的性伴侶及離婚收場。」

我問珍娜・羅瑟博士（Dr. Janet Roser），如果她注意到某隻雌性動物躲避雄性獻殷情，不理會勾引誘惑，甚至對不想要的侵犯回擊，她會開立什麼樣的處方呢？她回答道，「除非該名病患處於盛怒之下，否則就什麼也不做。」羅瑟是神經內分泌學家，負責治療加大戴維斯分校馬房的馬群。對她而言，聽見性趣減弱會讓她立刻想到：這隻雌性動物不在發情期內，牠目前不願性交。對於一頭雌性動物來說，當牠並不處於接近排卵期時，不願性交是非常正常，而且完全可以預期的。

先前我在馬房觀察訓練師挑逗母馬時，就看見不適合受孕的母馬會對著走近自己的種馬嘶叫、啃咬、衝撞或踢對方。許多其他雌性動物會用同樣清楚明白的方式向頻頻進逼的雄性表明，牠們現在不想性交；母鼠會抓、咬、發出聲音；母貓會發出嘶嘶聲或用爪子攻擊對方；母獼猴會聯合起來對付走近的公猴；母駱馬會朝追求者吐口水，接著跑得離對方遠遠的；母吸血蝙蝠會露出牠們駭人的犬齒刺向對方；不願性交的雌蝶會將自己的腹部扭轉朝上，遠離正抵達的雄蝶；雌果蠅也會展現相同的行為，有些甚至還會踢那些糾纏不休的雄果蠅；某些甲蟲具有由幾丁質構成的滑動薄板以擋住生殖孔，使不想要的插入轉向。

非人類的雌性動物在無法生育或不適合受孕時，面對性事有幾套劇本。昆蟲學家蘭迪・桑希爾（Randy Thornhill）和約翰・艾考克（John Alcock）曾描述一種他們稱為「權宜的一妻多夫」（convenience polyandry）現象。在那情境下，雌性會接受（或忍受）某個特別不畏障礙或格外固執的雄性與自己性交，只求對方完事後別再打擾自己。此外，觀察性接納行為在自然環境和圈養狀態下的差異很是有趣。加拿大康寇迪亞大學（Concordia University）心理學家詹姆士・符傲思（James Pfaus）專攻性行為的神經生理學。他告訴我，若將母獼猴與一頭公猴圈養在一起，牠們會每天交合；當母獼猴發情時，甚至會達到一天兩到三回。不過，等牠回到比較自然的獼猴社群後——能生育的母猴會聯合起來，只有在能受孕的日子才向公猴央求性交——牠只會在接近排卵期時交配。強制交合或強暴則是另一套劇本，在此狀況下，雌性會在自己不適合受孕的時期配合性交；然而老實講，許多生物的雄性確實會尊重雌性不願接納的信號，假如雌性叫牠退後，有些雄性會去其他地方碰碰運氣——通常是找另一隻有意願的雌性交合。可是，某些物種在每年的特定時候會找另一頭雄性交配。

對性事興趣缺缺、盡可能地逃避性事或偶爾會對性致勃勃的雄性伴侶產生敵意或暴力相向。如果我們把這些動物的不願接受性交和女性的性慾減退障礙兩相對照，就會發現其中有若干有趣的交集。我很懷疑，性慾低落這種病之所以如此普遍，是因為無論女性目前處在月經週期的哪個位置，都期待自己可以隨時隨地接納性事。雖然人類女性在排卵期外也會產生性反應，但事實上，女性每個月只有三到五天是適合懷孕的。這也許會讓女性在其他時間沒有那麼樂於接受性事。

雌性動物對性事的接納程度會受到體內性荷爾蒙激增的操控。這些荷爾蒙透過脊髓與大腦的複雜神經線路運作，能引發可預期的特定交配行為，甚至是身體姿態。有個姿勢尤其徹底洩露雌性動物是願意接納性事的。牧場主人、生物學家、專業繁殖者與獸醫師都能認出這個叫做「凹背姿」（lordosis）的姿勢。凹背姿是一種非常特定，由荷爾蒙驅動的姿勢。雌性動物會彎曲牠的脊柱下半部，形成背部凹陷的姿勢，此時牠的臀部是朝後翹起。牠的骨盆變得柔軟且能伸展。假如牠有尾巴，擺出凹背姿時，牠的尾巴會揚起或倒向一側，暴露出牠的生殖器官。馬、貓、鼠都會擺出誇張的凹背姿反應，在母豬、天竺鼠和某些靈長動物身上也能見到。根據洛克斐勒大學（Rockefeller University）研究凹背姿的專家唐納德・法夫（Donald Pfaff）表示，這其實是所有雌性四足動物身上極為普遍常見的神經化學反應。他寫道，基本上，一頭乘騎的雄性的觸碰會引發一個神經訊號，「竄上雌性動物的脊髓，首先抵達牠的後腦，再傳至中腦。在那兒，神經細胞會接收從腹內側下視丘（ventromedial hypothalamus）傳來的受到性荷爾蒙影響的一個訊號。假如這隻雌性動物接收到足夠劑量的動情素（estrogen）與孕酮（progesterone），來自下視丘的訊號就會說：『開始交配吧！做出凹背姿！』如果劑量不足，訊號就會說：『反抗，踢，逃離那隻雄性動物！』」

跟某些勃起現象一樣，凹背姿被認為是反射性的——是一種受到接觸刺激而引發的不由自主、由荷爾蒙驅使的反應。例如，當「後宮主人」在交配前將一側前鰭肢放在接納交配的母象鼻海豹背上，後者會伸展牠們的鰭狀肢，並舉起牠們的尾端。然而有趣的是，恐懼與焦慮會干擾凹背姿，也許就像心理性勃起那樣，大腦能扮演增強或關閉這項反應的角色。

雖然有些性學研究者堅持人類女性並不會展現凹背姿的反射行為，但法夫指出，「在我們從動物大腦轉向人類大腦組織的過程中，已知在中樞神經系統中有大量的荷爾蒙作用機制被保留了下來。」他認為將「基本、化約的原則……應用在所有的哺乳動物，包括人類病患在內」是合理的。確實，正如他在《男人與女人：內幕大追擊》（*Man and Woman: An Inside Story*）一書中生動地寫道，「下視丘最基本的功能，諸如女性的排卵或男性的勃起與射精，運作方式相當類似……從『魚到哲學家』，從『老鼠到瑪丹娜』，全都適用。」

一頭做出凹背姿的動物在晃動背脊、展現陰道時，牠的體內有一連串的荷爾蒙、神經傳導物質與肌肉收縮正接續產生作用。人類女性也同樣擁有這一連串作用的成分。我們也許不會像老鼠或貓那樣露骨且反射性地展現凹背姿，可是凹背姿肯定是人類男性覺得很撩人，同時女性覺得這麼做很性感的姿勢。[14] 一旦你開始搜尋它們，就會發現人類凹背姿的媒體意象無所不在。貝蒂・葛萊寶（Betty Grable）在二戰時期拍攝的經典泳裝照是最有名的美女畫報之一，這張照片展現了她的背部線條。當她回眸巧笑，對觀賞者頻送秋波時，她的背彎曲成些許凹背姿。在電影《七年之癢》（*Seven Year Itch*）中，瑪麗蓮・夢露（Marilyn Monroe）站在地鐵通風口上擺出令人難忘的宣傳姿態，也是用類似的凹背姿來展現她凹凸有致的身形。當她用雙臂壓住翻騰飛揚的裙襬時，她的臀部朝後翹起。俄羅斯名模伊琳娜・霄克（Irina Shayk）為二〇一一年美國《運動畫刊》（*Sports

Illustrated）泳裝特別號拍攝的封面照，則是沒那麼一本正經的凹背姿。照片中的她跪在沙灘上弓起下背，使她的屁股微撅，背部朝雙腳彎曲（即使她的雙峰搶盡風頭，但她的背顯然是凹背姿，這點肯定錯不了）。美國流行樂天后凱蒂・佩芮（Katy Perry）將貓科動物的凹背姿推到了極致。她為了宣傳自己的香水品牌「喵！」（Purrs），穿上一套紫色緊身連衣褲，戴上面具，四肢著地，擺出經典的凹背姿。

凹背姿的「性感魅力」一點也不神祕。數億年來，從大型貓科動物到母馬、老鼠，為了表示自己接受性事，動物會展現出凹背姿。在年紀很小時，雄性就認識到接近不接納性事的雌性可能意味著被咬、被抓傷、扭打或挨拳頭。對人類男性而言，這可能也很棘手。最好是跳過那些不接納性事的雌性，改找用種種行為（包括凹背姿）誘惑與暗示自己願意交配的雌性。

掌握凹背姿的知識，並不能讓患有性慾減退障礙的女人突然開始擁有性高潮。可是，理解動物的動情與非動情的週期，能為我們提供有用的訊息。至少它能讓某些女人放心，知道自己沒有隨時想要性交是說得過去的，並且提出一個簡明的理由，解釋為什麼沒性致及何時性趣缺缺是正常的。

飽受性慾減退障礙之苦者的伴侶也許可以考慮各式的前戲。撫摸、輕咬脖頸、舔食陰戶與舔耳

⓮ 倘若不借助荷爾蒙的反射作用而想要創造速成的凹背姿，你可以換上一雙高跟鞋。不管是細跟或楔形高跟鞋，都能放大下背部的正常凹背姿。如果我們不翹起臀部、弓起下背部以維持重心平衡，肯定會跌倒。也許這種矯揉造作、強迫的凹背姿正是高跟鞋恆久迷人的原因，也是穿上它們看起來性感且自覺性感的理由。

是許多種類動物的前戲。康乃爾教授凱薩琳・郝普特寫道，對馬而言，「足夠時間的性前戲是不可或缺的。」一種馬會輕輕啃咬、用鼻摩擦牝馬的身體，從對方的頭與耳開始，接著向後移動，然後向下來到牠的會陰部；犬隻也會在性交前用嘴梳理毛髮做為前戲；寄生蜂與果蠅會撫摸彼此的觸角；有些鳥類會輕啄對方的泄殖腔。當然，人類之間的前戲對我們具有獨特的吸引力，但是研究甲殼動物、海鷗、蝙蝠與壁虎的前戲，能產生終極的性愛行動對策。由於它們促進交配與懷孕的優異能力，方能在百萬回合的天擇篩選下仍被保留至今。

也許透過能在某些母牛與牝馬身上看見的真正「慕雄狂」（nymphomania），可以找到對性慾減退障礙有所幫助的線索。性慾極強的行為是卵巢功能發生障礙，導致睪固酮與其他雄性激素增多的結果。在馬和牛的病例中，卵巢囊腫（ovarian cyst）是病因。罹患慕雄狂的母牛（大多是乳牛，而非肉牛）會衝滿幹勁地不斷抓扒，並嘗試騎乘其他母牛。而且牠們會「像頭公牛般」大聲吼叫，牠們的聲音帶著特殊的雄性化。至於受到此病侵襲的母馬則會展現出種馬般的行為。牠們會做出裂唇嗅行為、強迫性撒尿，還會騎乘其他母馬。在這種非常混亂的情境下，專家建議摘除受到侵襲的卵巢。

在我得知牧場上的慕雄狂之前，我以為這個觀念比較像是某些色情小說劇本的動機，而不是個真正的醫學病症。可是，獸醫師不只是做出這樣的病症判斷，還擔心它帶來的影響，因為馬房或牛舍中只要出現慕雄狂，就可能造成大破壞且帶來傷害。了解到慕雄狂的病因往往來自卵巢的囊腫增長後，我不禁納悶，患有多囊性卵巢症候群（polycystic ovary syndrome, PCOS）的數百萬名美國女性，是否也感受到性驅力與性活動的增加呢？最有意思的是，患有這種男性化疾病的某些女人確實描述自己的性慾增強了。然而，體毛與頭髮的過度增長也是這種病症的特徵，這些變化可能會對患者的自我形象帶來不利影響，從而使她打消發生性關係的念頭。

在蘭斯洛因為三次騎乘守則而被判出局的隔天，我觀察另隻種馬畢吉（Biggie）經歷完全相同的交配前流程。畢吉被領入馬房，嗅聞了一點點冷凍母馬尿的氣味並對一隻動情的牝馬瞧了一眼後，就被帶到幻影身旁。接下來，靠著學來的才能，畢吉跨騎在幻影背上，抽送了四到五次後，達到高潮。我努力尋覓著性高潮的行為證據。我所看見的，是明顯的夾緊、劇烈顫動、牢牢抓住，接著是短暫的靜止，然後畢吉就從幻影身上滑落。就跟許多剛射完精的種馬一樣，畢吉看起來睡眼惺忪、「鬱鬱寡歡」。⓯ 訓練師取下巨大的採精管，將它送去處理。畢吉被帶回牠的畜欄。馬房被整理好，準備供蘭斯洛使用。蘭斯洛在這個嶄新的一天毫無困難地重新回歸競賽行列當中。

顯然我們無從得知馬兒從射精當中得到什麼樣的快感。不過，一個日本研究團隊的報告指出，其他動物也能體會感官刺激。他們寫道，猴子「交尾以雄性射精的那一刻告終，在那一瞬，公猴的身體既緊繃又僵硬，也許還伴隨著性高潮」。公鼠「在緊抱住母鼠身體，重複抽插後，達到射精，此時會表現出抽搐似地伸直」。研究人員指出，就連鮭魚「也會在射出精子與卵時露出嘴巴開開、

⓯ 凱薩琳·郝普特描述配種的種馬在射精後會出現一種沮喪的表情。

痙攣般的伸展」。至於昆蟲則會在性交中展現出一套標準化的連續動作。以蟋蟀為例，公蟋蟀會壓住母蟋蟀，「做出伸長的姿勢」，將自己的精莢送進母蟋蟀的交尾器內，接著突然「落入一種完全靜止的狀態」。他們的結論是：「也許在不同物種間，交配的最後行為都是依循類似的機制。」

在仔細審視許多動物勃起、射精與高潮的類似功能與生理機能後，要假設性交的感受沒有共通之處實在不容易。性高潮帶給海扁蟲（marine flatworm）多頭陰莖的快感，肯定和它為人類男性單一陽具創造的舒暢感受一樣深刻；一位靈長類學者觀察到，母合趾猿（siamang）的外陰部被公猿舔食後，「一股震顫會傳遍整個身體」，那種感覺也許和詩人茉莉・皮考克（Molly Peacock）對性高潮的描述，「如紫色法蘭絨般柔滑，接著陡然清晰」是一樣的；獅子在性高潮時嘴巴開開的扭曲面容，可能表示牠達到高潮時忍不住要大聲吼叫；交配中的烏龜會發出長而尖的叫聲，藉以宣洩快感。

這有助於解釋動物性交的時間長短。伴隨人類性高潮時肌肉不規則顫動而來的，是腦下腺分泌的催產素激增；動物版的這個反應是一種重要的誘因，能促使動物一而再、再而三地追求性行為。軟體動物、果蠅、鱒魚、蠕蟲、大猩猩、老虎與人類的性慾會受到驅使，渴望再次體驗伴隨射精與高潮而來的一連串化學作用的衝擊。

以人類為中心的觀點來看性事，性高潮似乎是人類獨有的特殊現象。可是，一個更有力的論述指出，以「愉悅」作為性交獎賞的這種機制，是動物界共有的現象。倘若真是如此，則性高潮絕不是性交的副產物，而是允諾，是色慾的源頭，是誘餌。

第5章

欣快感：追求興奮與戒除癮頭

我做心臟造影術的實驗室裡，有一個靠牆而立、約莫辦公室影印機大小的米黃色金屬箱子。它的前端有螢幕，螢幕下方有鍵盤。右側有一道小活門，可以像自動提款機那樣吐出單據。在靠近鍵盤的地方有個一角美元硬幣大小、閃爍著紅光的橢圓形指紋辨識器。當你按下大拇指，確認了身分之後，還得輸入一連串的數字密碼，才能打開箱子。即便如此，也只能打開箱子的一小部分；你絕不可能一次就取得箱子裡的所有東西。

這台寂靜無聲的機器戍守著進入欣快感國度的大門。層層疊疊的抽屜被鎖在機器裡，每一個抽屜都裝有大量的高度成癮性藥物。其中有形形色色的嗎啡注射劑、一袋又一袋的維柯丁（Vicodin）藥丸、小罐裝的普考賽特（Percoset）與奧斯康定（Oxycontin），以及透明小玻璃罐裝的吩坦尼（Fentanyl）注射劑。所有的藥物都被鎖在這座平常人拿不到的神祕櫥櫃中，就像是鑽石被放在黑絲絨盒裡，深藏在卡地亞的保險箱中。

這些存放在「藥箱三五〇〇型」（Pyxis MedStation 3500）自動調劑系統中的麻醉藥物，對於舒緩療程中與療程結束後的疼痛非常重要。然而，這個箱子存在的目的卻是要嚇阻一群極端聰明狡詐的毒蟲——有毒癮的醫師與護士。關於醫護人員因職務之便容易取得麻藥而導致成癮這件事，醫院早已得到血淋淋的教訓。如果這些絕頂聰明、發明許多救命醫療工具的天之驕子膽敢破壞這機器，非法取得維柯丁，就會讓自己名譽掃地，一貧如洗，然後被送進挽救其職業生命的「轉職計畫」（diversion program）去。我服務的這間醫院裡有幾十個這種上鎖的藥箱，為的是防止監守自盜。

在白色巨塔裡，那樣的防範已經足夠，畢竟那些維柯丁藥丸並非長在樹上，而吩坦尼針劑也不會從藤蔓垂下，任人採摘。但那台機器裡的止痛藥與鎮靜劑卻是由長在野地的天然麻醉劑罌粟提煉製成。很難想像要用什麼樣的保全系統才能保護數千平方公里大的罌粟田。

對於種植鴉片的地區而言，這可真是頭痛的問題。在澳洲塔斯馬尼亞這個藥用鴉片的主要產區中，常有癮君子偷闖擅入的問題。這些傢伙完全不管什麼保全攝影機，大剌剌地直接跳進圍牆內張口大嚼罌粟梗並吸食汁液。等到藥效發作後，就搖頭晃腦地繞圈亂跑，把作物踩得稀巴爛。有時還會暈倒在罌粟田裡，直到早晨才被人送走。偏偏根本無從起訴這些目無法紀的擅闖者，也沒有戒毒中心能收容他們，因為這些揩油的鴉片吸食者是——小袋鼠（wallaby）。

我承認，每次想到精神恍惚的小袋鼠就讓我覺得好笑。就連我讀過的某篇文章搭配的特寫照片也很「不恰當」——長相可愛的灰棕色小袋鼠在一大片鮮綠色罌粟桿前瞇眼微笑。如果先別管那放空的眼神，也不追究這些連續犯有嚴重的嗑藥問題，這個充滿戲劇性的場景倒滿像是彼得兔闖入麥奎格先生的花園時那樣可愛又大膽。

在動物身上看起來可愛的事，一旦發生在人身上，可不見得會令人喜歡。塔斯馬尼亞小袋鼠嗑藥後的反應也許會惹得我們啞然失笑，但如果對象換成有海洛因癮頭的塔斯馬尼亞小孩，肯定會讓我們覺得無比震驚。更別提要是對象換成無法自制地日夜吸食鴉片，將自身健康與家人幸福全都拋在腦後的成年人，我們的恐懼感甚至會轉變成厭惡。

沒錯，這種反應正指出藥物成癮最令人挫折、痛苦與困惑的那一面。遺傳學、脆弱的大腦化學變化，以及環境觸發因子在這種疾病中扮演著舉足輕重的角色，但要不要接受施打針劑、抽大麻菸，或者大口吞下馬丁尼酒，終究還是人自行決定的，至少在成癮初期是如此沒錯。

沒有藥癮的人真的很難理解這種選擇。用藥者會散盡家產、自毀前程、失去家庭、破壞人際關係；他們付出這一切代價，為的是追求一時的快感。令人不可思議的是，許多成癮的父母有時候會做出讓自己的孩子變成孤兒的決定。我曾見過病患因持續吸毒而被醫院從心臟移植等候名單上除名，基本上那就是判了他們死刑。

即使日新月異的造影技術與遺傳學的進步，已明確地將成癮問題歸類為一種大腦疾病，但它卻依然令人困惑不已。為什麼這些成癮者無法對毒品「說不」？難道所謂的「斷不了」只不過是「不想斷」的一種藉口嗎？不管我們喜不喜歡，不知該如何面對及區分各種藥癮問題的困惑，充斥在我們的司法系統、學校與政府中；而且坦白講，甚至在醫界也是如此。❶成癮者是一群受到社會，乃至於醫師嚴厲批判的病患。成癮者深知這種偏見的存在，所以當他們前往診間或急診室就診時，會

❶ 美國醫界對於藥癮者的負面態度可以追溯至一九一四年的〈哈里森麻醉藥品法案〉（Harrison Narcotics Act）。這項法案宣告吸食鴉片和醫師開立鴉片給病患都是犯法的。這項早期的立法將藥癮視為犯罪行為，而非一種疾病，從此啟動了將近一世紀以來對成癮者的嘲笑與懲罰。

隱藏自己的成癮藥物濫用史，惟恐醫護人員照護與關懷自己的程度會因而減損，甚至完全消失。有位接受我訪問的醫師便曾透露，「沒有人會喜歡有藥癮的人。」

可是幾乎所有人都喜歡可愛的動物。所以當我們得知動物為了掠奪大自然的備用藥品，甚至不惜冒著失去子女與性命的風險時，總會感到無比驚訝。由於藥癮是身體與心靈的激烈戰爭，感覺似乎是人類獨有的現象。然而，事實證明人類的軀體對麻醉物質的反應並沒有什麼獨特之處。

了解到底是什麼驅使動物吸食藥物，可以幫助我們區分這種令人困惑的疾病中，哪些是有選擇餘地的，哪些則是無可避免的。這些造成全球數百萬人吸食、施打、狂嗑的化學物質與結構，不僅威力強勁，且無所不在。接下來我們會看見，這種渴望的需求留存在我們的基因庫中已有數百萬年之久，而其存在的理由卻非常弔詭。雖然成癮具有毀滅性，但它的存在卻能增進**存活**的可能性。

癮君子

某年二月的某一天，南加州有八十隻雪松連雀（cedar waxwing）撞上了大樓的玻璃帷幕，卻沒有人對牠們發出酒後飛行的傳票，因為牠們全都死於脊椎骨折與內出血。牠們都吃了發酵的巴西胡椒木（Brazilian pepper tree）果仁，其中有幾隻的嘴喙裡還叼著這種足以影響心智的果實。斯堪地那維亞半島的黃連雀（Bohemian waxwing）有時也會大吃大嚼具有天然酒精成分的花楸漿果（rowan berry），然後跌進雪堆中凍死。但牠們倒是沒有因此得到不敬的綽號，不像俄國人用「雪花蓮」（*podsnezhniki*）諢稱每年春天從雪堆中找到早已凍死的那些醉漢。英國某個小村莊裡有匹名叫「胖男孩」的馬，在吃了些發酵蘋果為生活增添風味後，差點在鄰居的游泳池裡淹死。結果牠上了晚間新聞，但倒是不用向把牠從游泳池中救出來的地方消防隊表達歉意。

然而不管這些故事多麼驚奇或令人捧腹，前述動物沾染上麻醉劑，應該只能算是意外事件。但其他動物可不是如此。有些動物會展現出像是故意且已成習慣的追求成癮藥物行為。據稱，加拿大洛磯山脈的大角羊會攀上懸崖，尋找一種能讓牠們心醉神馳的地衣，甚至為了把地衣從岩石表面刮下來，而將牙齒磨短到近牙齦處。亞洲鴉片產區裡的水牛跟塔斯馬尼亞的小袋鼠一樣，每天都會品嘗少量罌粟子，等到罌粟花季終了，就會顯現出戒毒過程中會有的不適反應。生活在西馬來西亞昔加里・美林當（Segari Melintang）雨林中的筆尾樹鼩（pen-tailed tree shrew）喜愛發酵的巴登棕櫚（Bertram palm）花蜜遠勝過其他食物。這種發酵飲品的酒精濃度與啤酒不相上下（百分之三・八）。

在美國西部，若放牧的牛馬啃食某些矮槲叢後喪失方向感、腿軟、遠離其他動物，甚或突然變得暴躁，牧人會立刻懷疑那是瘋草（locoweed）造成的。瘋草並不是一種草，而是指多種不同品系的豆科植物，它們遍布整個美國西部；透過它們與豌豆相似的藍色、黃色、紫色或白色花朵，可進一步區分出不同種類的瘋草。就算這些醉醺醺的牲畜沒有因為掉下懸崖或撞上掠食者而喪命，這些「精神錯亂」的動物還是會餓死，或造成嚴重且不可逆的腦部損傷。雖然後果如此悲慘，但相較於牠們平常吃的草料，有些動物還是對這類植物情有獨鍾——據說只要吃過一口，就足夠讓牠們難以忘懷。除了這些不幸與死亡，瘋草還會為牧人帶來另一項頭痛的問題。如同學校裡的風雲人物帶頭嗑藥一樣，只要有一隻動物吃了瘋草，就會影響其他動物起而效尤。牧人必須努力從成群的牲畜中揪出那些吃過瘋草的傢伙，這樣才能避免吃瘋草的行為擴散開來。此外，瘋草也會影響野生動物。

麋鹿、馴鹿與羚羊都曾被發現在嚼了幾口瘋草後，失神地瞪眼凝視，並且不安地來回走動。

德州有隻友善的可卡犬曾經因為將注意力全都放在舔蟾蜍這件事情上，鬧得飼主一家人的生活人仰馬翻。這隻名叫「小姐」的母狗原本是一隻完美的寵物，直到有一天牠嘗到了蔗蟾（cane toad）皮膚上能引起幻覺的毒素滋味，從此一切都變了調。很快地，牠總是待在後門旁，乞求著要出去。一踏出後門，牠會飛快地衝到後院池塘邊，靠嗅覺找出蟾蜍在哪兒。一旦找到蟾蜍，牠會拚了命地舔，甚至把蟾蜍皮上的色素都給吸了出來。據小姐的主人表示，等牠盡情享用這些兩棲類後，會「暈頭轉向、退縮、感覺遲鈍、眼神空洞無神」。鄰居很快就不再准許他們的狗兒一起玩，因為怕牠們會沾染到小姐的壞習慣。當小姐的飼主舉辦派對或家長會時，總是害怕別人對這隻狗兒的新癖好投以異樣的眼光，也因此逐漸減少參與各種社交活動。全國公共廣播電台（National Public Radio）曾描述其中一段逗趣的故事，話說某天清晨四點鐘，女主人發現自己拚命在後院翻找要給小姐的蟾蜍，因為得先滿足這隻小狗的癖好，才能讓牠回到屋內，全家人也才能好好睡一覺。❷

幾世紀以來，餵動物喝酒或看牠們自行飲酒，總能讓人類覺得很開心。在殖民地時期的新英格蘭，豬吃了果泥後會變得醉醺醺的，而牠發出的聲音可能就是當時的流行用語「像豬哼哼唧唧地酣醉」（hog-whimpering drunk）的源頭。

亞里斯多德曾描述希臘的豬「吃了榨過汁的葡萄皮後」會出現醉態。酒精飲料史學家暨作家伊恩・蓋特利（Iain Gately）指出，亞里斯多德曾記錄一種用酒引誘野猴並加以捕捉的方法。這牽涉到如何有策略地擺放酒壺，才能吸引猴子前來品嘗壺中的棕櫚酒，接著只要等牠們喝醉昏迷，再把牠們抓起來就行了。顯然這項技巧在十九世紀時仍舊非常好用，因為達爾文在《人類原始與性擇》

（*The Descent of Man*）一書中也曾描述相同的手法。[3]

你也可以透過英國國家廣播公司（BBC）在加勒比海聖啟斯島（St. Kitts）所拍攝的影片，觀察現代的酒醉猴子。這些長得很像好奇猴喬治（Curious George）的猴子擁有開朗的圓臉，在穿著比基尼的旅館客人間來回穿梭。牠們就像婚宴中的青少年那樣，等沒人注意時就半醉半清醒地抓著代基里酒或邁泰雞尾酒跑掉。接下來的影像雖然經由快轉編輯處理，卻反映出跟其他動物酒醉（比如松鼠吃了發酵南瓜或山羊吃了腐爛的梅子）時類似的醉態。這些猴子時而搖頭晃腦、步伐不穩、歪歪斜斜，時而翻滾跌倒。牠們會試著站起身，有時卻暈了過去。[4]

拿動物的成癮性藥物使用狀況與人類的經驗相對照，無疑是有極限的。而今兜售給人類吸毒者使用的那些特別強而有力、快速成癮、由博士開發設計的新型毒品，和源自天然植物成分的那些精神刺激劑已大不相同。人類消費者能買到的酒精飲料遠比大自然能自行提供的產品更為精緻濃烈。

此外，野生動物服用成癮性物質及其效果的大多數實例都是來自觀察與趣聞軼事，這讓科學家相當

---

❷ 澳洲北領地的獸醫師也曾治療過舔蔗蟾的狗。其中有位獸醫師表示，「當牠們臉上出現一抹微笑，看起來像是準備朝向落日信步而行」，許多狗兒會回頭，「再舔一次……牠們會一而再、再而三地重複這麼做。」

❸ 達爾文也曾仔細描繪猴子的宿醉，他寫道：「第二天早上，牠們顯得氣急敗壞又沮喪。牠們用雙手抱住疼痛欲裂的頭，臉上掛著可憐兮兮的表情。如果你在這時拿啤酒或葡萄酒給牠們，牠們會滿臉厭惡地別過頭去，但卻會津津有味地喝起檸檬汁。」

❹ 你當然可以說那些猴子是「自己選擇」偷取酒精飲料。然而網路上有大量例證顯示，有時人類為了找樂子，會故意讓動物喝酒。這種行為不僅不道德，而且就某些案例而言，顯然有虐待動物之實。

洩氣。認真探討野生動物中毒模式的極少數論文固然對此一事實表示惋惜，也呼籲應有更嚴謹的田野調查，但是可控制的情境往往多發生在實驗室中，在那情境下，才能針對動物使用與濫用成癮性藥物做廣泛的研究。

大鼠是成癮物質濫用研究中最常被選中的研究對象，牠揭露了中毒（intoxication）許多交錯轉折的面向。跟人類一樣，為了開始使用成癮物質，牠們得先克服起初的反感。某些特定藥物發生作用時，牠們會失去神經和肌肉的控制能力。牠們會執意找出不同的成癮藥物，從尼古丁與咖啡因到古柯鹼與海洛因，並且自我管理使用劑量——有時劑量多到瀕臨死亡。一旦上癮（addicted，研究人員有時稱之為「成癮」〔habituated〕），牠們會放棄性交、食物，甚至飲水，只為了換取自己鍾愛的藥物。跟人類一樣，當牠們因痛苦、過度擁擠或低落的社會地位而備感壓力時，會服用更多藥物。有些大鼠會對自己的孩子棄之不顧（相反地，渴求成癮藥物的狀況在泌乳的母大鼠身上會減少）。不過，儘管大鼠是哺乳動物成癮行為最熱門的研究對象，卻不是唯一受興奮劑誘惑的實驗動物。

蜜蜂服用了古柯鹼後，會「飛舞」得更活潑；未成年的斑馬魚會在牠們得到嗎啡的水槽那頭逗留徘徊。甲基安非他命（methamphetamine）提高蝸牛記憶與效率的方式，和利他能（Ritalin）提高某個高二學生的PSAT成績（譯注：學術評量測驗〔SAT〕的成績是美國各大學申請入學的重要參考條件。而PSAT〔Preliminary Scholastic Aptitude Test〕則是SAT的預備測驗，參試者多為美國十一年級學生〔也就是高中二年級學生〕）的道理如出一轍；蜘蛛吃了從大麻到苯甲胺（Benzedrine）等各式藥物後，織出來的網不是過度精細複雜，就是無法發揮作用，取決於蜘蛛吃的是哪種藥物而定。

含酒精飲料會使雄果蠅變得性慾極為強烈，從而和更多的同性交配；這也許是因為乙醇會干擾牠們的生殖信號機制。就連卑微的線蟲（*Caenorhabditis elegans*）也會因暴露在相當於能使哺乳動物酒醉的酒精濃度下而使移動速度減緩，雌蟲喝醉時產下的卵數量會較少。

渴求藥物，耐受性提高，企圖使用更多劑量且更頻繁地使用藥物、乞討藥物——假如人類是唯一展現這些經典成癮行為的生物，那麼我們可以說這種疾病是人類獨有的。但顯然我們並不孤單。這種疾病遍及整個動物王國，且不僅限於具有高度發達大腦的哺乳動物。不同動物對這些成癮藥物的反應儘管並非完全一致，卻是非常類似的。

無論毒物作用在齧齒動物、爬蟲動物、螢火蟲或消防隊員身上，我們都能看見類似的效果，這指明兩件事：第一，動物與人類的身體和大腦已演化出特定管道，以應對大自然中多數威力強大的藥物。這些管道叫做「受體」，是位在細胞表面的專門通道，能讓化學分子進入細胞內。舉例來說，鴉片受體不僅存在人類身上，也能在地球最古老的一些魚類身上找到，甚至兩棲動物和昆蟲也都有鴉片受體。科學家已在鳥類、兩棲動物、魚類、哺乳動物，還有蚌類、水蛭、海膽身上發現大麻素（cannabinoid，大麻中的麻醉物質）受體。這個事實可能有相同的生物學解釋——鴉片、大麻素及許多其他精神刺激物質，在維護動物的健康與安全上扮演了關鍵角色。更確切地說，這些藥物反應系統之所以逐漸形成且長久存在，或許是因為它們能增加動物存活的可能性，也就是「適存度」。我們馬上會針對這一點進行更多的討論。

這些動物的例子也向抹黑成癮者或藉這種疾病說教的人提出挑戰。你也許會認定沒出息的比爾叔叔本身有問題，才會因為酒後亂性而毀了每年的感恩節，但那種衝動並非人類所獨有。放眼動物王國，在追求化學報償（chemical reward）以及對化學報償產生反應的路上，比爾叔叔並非特例。也許了解這一點並不能使一年一度的家庭聚會變得更愉快些，也無法讓他的日子好過點。但事實是，驅動他成癮的化學報償系統（reward system）是人類與其他動物（從蠕蟲到靈長類動物）所共有的，已存在了數億年的時間。沒錯，比爾叔叔可以選擇上酒舖買酒，或是參與匿名戒酒會的聚會。只不過假如果蠅也有同樣的選擇自由，偶爾牠也會想先回味酒精帶來的溫暖與撫慰，改天再喝保麗龍杯裡的酸咖啡。

虛幻的幸福

亞克・潘克沙普（Jaak Panksepp）大概沒想過自己會因為給大鼠搔癢而出名。本來他計畫要當個建築師或電機工程師，甚至他曾受匹茲堡大學同班同學約翰・厄文（John Irving）的鼓動，考慮當個作家。可是大學時期一次到精神療養院實習的經驗，讓他從此走上一條不同的路。他說，看見那裡的病患接受各種不同的治療，從短期住院觀察到拘禁在軟壁病房（padded cell）中，讓他想要了解「人類的心智，尤其是情緒，怎麼會變得如此不平衡，彷彿以永無止盡的混亂毀了某人幸福度日的能力」。因此，他成了心理學家，隨後又多了神經科學家的身分。他目前的工作賦予他獨特的有利位置，去了解許多動物的大腦是如何運作。身為華盛頓州立大學（Washington State University）獸醫學院的貝利動物福祉科學講座教授（Baily Endowed Chair of Animal Well-Being Science），潘克沙普將他對人類情緒系統的專業帶到一個致力追求動物健康的大學系所裡。

潘克沙普專門研究哺乳動物在玩耍、交配、戰鬥、離散與重聚時，其大腦的化學與電學變化。

而他確信人類的成癮行為是由我們大腦中與其他動物共有的古老部分所造成。

潘克沙普在花了好幾十年研究齧齒動物的玩樂衝動後，才在一九九〇年代中期開始幫大鼠呵癢。潘克沙普靠著一種測量蝙蝠超音波發聲的音頻設備，發現大鼠在嬉戲時會發出兩種非常不同的聲音。玩得很開心的大鼠會發出大量的五十千赫高頻吱吱聲，這個頻率遠高於我們裸耳時能聽見的音頻範圍。在潘克沙普聽來，那是種開心的聲音，有點像幼兒咯咯傻笑的笑聲。他不禁懷疑，假如大鼠置身其他情境，還會不會發出這樣的聲音？有天早上，他拿出一隻習慣於被人用手握著的大鼠，輕輕地轉動，讓牠呈仰躺姿勢，然後輕搔牠的肚子和胳肢窩。他馬上就聽見了那個五十千赫的聲音。他試了第二隻大鼠，結果完全相同。多年來，許多不同實驗室重複過這項實驗，只要用這個方式給大鼠呵癢，不管你試了多少隻大鼠，都會發出五十千赫的叫聲。

潘克沙普等人發現，大鼠在其他幾個特定情境下會發出這種「開心的」聲音。當牠們交配、即將得到食物的時候，還有泌乳的母鼠與孩子骨肉重逢時。但這些都比不上兩隻友好的大鼠玩在一塊。

另一種聲音的音頻低多了，二十二千赫，不過仍舊在人耳能聽見的範圍外。大鼠會在驚慌不安、預期將有恐怖的場面發生、打鬥，尤其是自己在小規模衝突中落敗時，發出這種非常不同的叫聲。儘管它不是用來衡量肢體疼痛的方法，卻顯然能反映出大鼠的心理壓力或精神痛苦。大鼠幼兒被遺棄或被迫離開母親的溫暖懷抱時，就會發出這種叫聲。

潘克沙普表示，假如透過機器將這些聲音轉化成我們人類能聽見的頻率，高頻的叫聲大體上類似人類的笑聲，而低頻的叫聲則像是人類呻吟嗚咽。他發現，當大鼠預期自己會得到想要的藥物時，就會發出高頻的吱吱叫聲；假如牠們得不到那些藥物，並感受到戒斷的反撲威力時，則會發出低頻的悲鳴聲。

潘克沙普認為，大鼠在經歷精神痛苦時和得不到渴望的藥物時發出相同的叫聲絕非偶然。在我訪問有毒癮的人和治療他們的醫師時，「痛苦」這個詞一再地出現。有毒癮的人多會描述他們需要那些藥物來「減輕痛苦」、「趕走痛苦」或「讓痛苦消失」。

他們口中的痛苦很少是指實際的肢體疼痛（儘管許多有毒癮的人，尤其是類鴉片藥物成癮的人，往往是從服用能緩解身體疼痛的處方藥開始踏上這條不歸路），而多是不可言喻的內心持續疼痛——一種情緒抽痛或社交痛處。

潘克沙普不是第一個納悶究竟其他動物能否在生命中感受到所謂「情緒性」痛苦的人。這道根本的難題困擾著世世代代以來的思想家。

達爾文在一八七二年發表的《人和動物的感情表達》（*The Expression of the Emotions in Man and Animals*）一書中曾處理這個議題。他試圖將自己提出的演化原則擴展到解剖學之外，因此，他主張天擇也能適用於情緒和行為上，可惜這個想法並未廣為流行。達爾文得面對兩個世紀以來被廣泛接受的笛卡兒竭力主張的心物二元論。對笛卡兒信徒而言，唯有人類（說得更精確點，唯有男人）擁有心靈，也就是智慧的所在地。動物既沒有心靈，也沒有情緒，牠們活在一個純粹物質的領域裡。相對於「我思故我在」，笛卡兒信徒認為對動物來說，「我無法思考，故我無法感覺」才是比較貼切的。

由於二十世紀早期的行為學家缺乏能追蹤、定義非人類物種情緒的工具，因此像是華森（J. B.

Watson）和史金納（B. F. Skinner），不得不完全透過觀察動物的行為來推論牠的感受。在此，動物與人類的差異確實構成了障礙。大多數動物的臉部肌肉反應方式無法清楚地向人類觀察者傳遞痛苦的訊息。也許是為了避免吸引掠食者的注意，大多數動物受傷時不會發出聲音（至少牠們發出的音頻不在人類聽得見的範圍內）；許多動物受傷時不會尋求協助，反而會盡可能保持低調。這些反應與人類習慣的反應大不相同，因此被認定是證實了那些行為學家的主張——動物感受不到肢體痛苦。

由於行為學家無法看見頭蓋骨內的真實活動，他們斷定，動物的行為舉止是缺乏覺察的。既然不「知道」自己身在痛苦中，動物當然也不可能感受得到痛苦。他們深信，唯有人類大腦（也許還包括某些高度發達的類人猿大腦）能在某種足夠高度的認知層次運作，處理痛苦帶來的不愉快感受。雖然這些行為學家的本意是調和身體與心靈的二元對立，卻只成功地讓它們更進一步分裂。動物從沒有靈魂的有形實體，變成無聊乏味的生物機器。不尋常的是，「人類的意識是感受痛苦的必要條件」這個見解，一直到二十世紀的最後仍廣受贊同。[5]

悲慘的是，在某些案例中，這種信念被套用在另一群無法運用言語描述自身經驗的生物身上——人類幼兒。**直到一九八〇年代中期**，醫界普遍認為新生兒的神經系統網絡並不成熟，因此功

❺ 參見馬克・貝考夫（Marc Bekoff）、傑佛瑞・麥森（Jeffrey Masson）、天寶・葛蘭汀（Temple Grandin）等人有關動物福利研究的著作，其中兼具科學性與慈悲心的論點，推動這場爭論邁入二十一世紀。

能並不完備。當時盛行的學說是，嬰兒沒辦法像成人那樣感受到痛苦。[6]

雖然這種觀點持續了好長一段令人不快的時間，但如今疼痛管理（pain management）在動物治療與人類醫療中都是最優先考慮的事。感謝老天，小兒科自然也不例外。

先進的大腦造影和其他科技不斷推陳出新，讓我們得以直接研究大腦的情緒系統。這些科技提供了證據，證明達爾文的觀點是正確的——情緒就像身體的結構，會逐漸進化。它們受制於天擇，而天擇會以對個體是否有益為基準來發揮對情緒的影響力。這裡面的道理相當簡單。我們稱為「感覺」或「情緒」的東西，並非從我們大腦中散發出像氣氛般空洞、無形的思緒空想。情緒有生物學的基礎，它們是由腦中的神經與化學物質交互作用所產生的，因此，情緒就像其他生物特徵，是可能被天擇保留或剔除的。

當然，人類無法完全得知某隻動物是如何感受這世界的。包括約瑟夫・拉度（Joseph LeDoux）在內的某些科學家，反對運用「情緒」這個詞描述動物的內心世界。拉度是紐約大學的神經科學家，也是位作家。他創造了「生存迴路」（survival circuit）這個詞，敘述驅使動物保護自己並增進自身福祉的內建大腦系統。

密西根大學的精神病學家藍道夫・內斯，同時也是演化醫學這個日益茁壯的領域的意見領袖。他在《科學》（*Science*）發表的一篇論文中這樣寫道：「情緒……受到天擇捏塑成形……調整生理與行為的反應以便利用機會，並且克服演化路上一再出現的威脅……情緒會影響行為，最終也會影響適應力。」內斯的觀點呼應了愛德華・威爾森早年提出的看法，這些文字當年頗具爭議。威爾森寫道：「愛與恨，侵略與恐懼，擴展與退縮……彼此混雜交融，為的不是增進個體的快樂幸福，而是有助於那些控制基因盡可能地傳播。」

無論我們用不用「情緒」這個詞描述它，動物在重要的維生事務上似乎都能得到愉快、積極正向的感覺做為報酬。這些事務包括像是尋找食物、求偶、躲進隱蔽處、跑得比掠食者快，還有和自己的親屬與同儕互動。舉例來說，幼兒或幼獸與照顧自己的父母親團聚時所感受到的那種喜悅和滿足，會鼓勵親密關係（bonding）的發展。愉悅感獎賞那些有利我們生存的行為。

相反的，各種負面的感覺像沮喪、恐懼、悲痛、孤立，顯示動物面對的是生死攸關的狀況。焦慮讓我們謹慎行事。恐懼讓我們避開危險。假如你在荒野小徑上遇見一條響尾蛇，或者在自動提款機前遇見一個蒙面的持槍歹徒，卻不覺得焦慮害怕，想想你會陷入多大的麻煩中。

負責創造、控制與塑造這些極端重要的感覺的，是貯存在人類大腦囊泡中，由成癮化學物質引發的許多微小暢快感（hit）。

這就像是我們全都生而配有一台內建的「藥箱三五〇〇型」自動調劑機，它會在我們輸入獨特

---

6 在一九〇〇年代早期，為了探究嬰兒能否感受到痛苦，科學家在美國幾間極為知名的醫院中進行駭人的實驗。包括反覆用針刺入新生兒的皮膚內、將新生兒的肢體放入非常冰冷或非常滾燙的水中，以記錄他們的反應，這些不過是其中的幾個例子罷了。專家是如此確信未滿月的嬰兒感受不到任何痛苦，因此，在一九八〇年代中期的整個期間，醫師為新生兒進行重大手術時，偶爾會**不施予麻醉**就動手術。這類實例包括重大的心血管手術，術中必須撬開胸廓，刺穿肺葉，並鉗住主動脈。雖然沒有提供任何藥劑以減輕肋骨斷裂或切開胸骨所引發的痛苦，但醫護人員會給予這些嬰兒威力強大、能誘發麻痺的藥物，以確保病患在手術期間無法活動（但肯定被嚇得半死）。吉兒・駱森（Jill Lawson）描述其早產的兒子傑佛瑞在未經麻醉的狀況下進行心臟手術的驚人故事，報導了這類常規是多麼令人心碎。在傑佛瑞於一九八五年去世後，駱森發起運動，矢志教育醫護人員正視嬰幼兒的痛感，並且予以適當處置；結果真的改變了醫界對此事的看法。此外，可能也使得眾人逐漸體會到動物所經歷的痛苦。

的遺傳「指紋」和行為「密碼」時，打開特定抽屜。我們個人的化學物質調劑機存放了微小份量的天然麻藥，包括：讓時間靜止的類鴉片、讓現實轉速加快的多巴胺（dopamine）、讓人我界限變模糊的催產素、讓胃口大開的大麻素，還有更多——其中有些甚至還未被辨識出來。

找出方法，打開這只專屬於自己、位於頭顱內的上鎖箱子，可能是動物（其中也包括人類）身上效力最強大的激勵因子。不過，想要取得裡頭的東西，不是輸入一串數字就好，而是必須做出某個行為，行為才是開鎖密碼。只要做出讓演化贊同的行為，就能得到一次暢快感。如果不這麼做，就得不到解癮的藥。

搜尋食物、追蹤獵物、儲備糧食、尋覓並找出合適的交配對象、築巢，這些全都是能大幅提升動物生存機率（也就是生物學家所謂「適存度」）的活動。期望與興奮帶來的快樂感受（源自大腦的神經線路與化學作用），能鼓勵動物主動出擊、冒險、好奇與探索。

人類有一套類似的維生活動，只不過我們給它們取了不同的名字，像是：購物、累積財富、約會、找房子、裝潢房屋、烹飪。

確實，只要仔細觀察人類與其他動物進行的活動，就會發現它們全都與特定化學物質釋放量的增多有關；所謂特定化學物質，主要是多巴胺和其他類似的刺激性化合物。內斯提到，「從蛞蝓到靈長類動物」，覓食與進食都受到多巴胺的調控。在果蠅與蜜蜂身上找到的古老多巴胺系統顯示，類似的報償經驗可能也在牠們的行為中發揮作用。比如蜜蜂採蜜時，體內的章魚涎胺（octopamine，昆蟲版的多巴胺）濃度會增加。這表示牠們尋找食物的驅動力似乎並非來自飢餓，而是想要得到快感。

尋求安全也能啟動這些化學報償。當你聽見切片檢查結果是良性的，或是走在你背後、讓你不寒而慄的那個人終於轉進另一條路時，你會感覺到自己鬆了一大口氣。那種輕鬆感其實就是有種化學物質被扔進了你的大腦中。

科學家已經在存活於四億五千萬年前的有顎脊椎動物身上找到類鴉片受體和路徑（海洛因、嗎啡與其他麻醉劑都使用相同的這條化學路徑），當時哺乳動物都還沒登場呢。那代表了從金梭魚（barracuda）到小袋鼠，從導盲犬到有海洛因毒癮的遊民，動物對鴉片的反應既古老又親密。

和潘克沙普一同工作的研究人員發現，鴉片能控制犬、天竺鼠和小雞因分離或悲傷而發出的叫聲。另外，他的同事還發現，狗兒邊搖尾巴邊舔彼此（或其飼主）的臉，這個行為也會受到類鴉片的調控。類鴉片還參與了大鼠的早期吸吮行為，而且有證據顯示，和幼鼠接近，會觸發母鼠腦中的快感化學報償產生一次暢快感。

除了鴉片與多巴胺，還有許多其他化學物質經常在我們的身體與大腦中運作。在眾多化學物質當中，大麻素、催產素和麩胺酸（glutamate）創造出一套正面與負面感覺同時存在的複雜系統。這種不和諧的化學對話（潘克沙普稱之為「人腦的神經化學叢林」）正是情緒的基礎，而情緒會創造動機並驅動行為發生。

人類的感覺，威力強大到足以使千艘船舶啟航、打造出泰姬瑪哈陵（Taj Mahal），或是在歌劇《波希米亞人》（*La Bohème*）第四幕咪咪與魯道夫離別時點燃濃濃憂思，但它是從我們與其他動物共有的「生存迴路」（套句拉度的話）中逐漸形成的。換句話說，人類的情緒之所以能展現出今日的樣貌，是因為它們的基礎材料有助於我們的動物祖先存活下來並繁衍後代。

而這正是毒品能如此粗暴地使生命脫離常軌的原因。吞嚥、吸入或注射麻醉藥物，其劑量與濃度遠遠高過我們身體原本設定的上限，徹底摧毀了百萬年來仔細校準的一套系統。這些物質劫持或全然不顧我們內建的「藥箱三五〇〇型」自動調劑機制，移除了動物在拿到一份化學藥劑前得先輸入密碼（在這個情況下，密碼指的就是某項行為）的設定。內斯寫道，「濫用藥物會在大腦中創造出一個訊號，錯誤地顯示已達成某個龐大的健康利益。」換言之，正規藥品和街頭藥物提供一條偽造的通道以快速獲得報償——一條通往快感的捷徑，那快感原本是我們做某些有益的事情時才能感受到。

這是了解成癮的微妙關鍵。借用外來物質的力量後，這隻動物不再必須先「做工」（如覓食、逃離、社交或防衛保護），就能直接得到報償。這些化學物質提供這隻動物的大腦一個錯誤訊號，讓大腦誤以為牠的適應力已經得到改善，但其實什麼也沒有改變。

當你只要吸一口海洛因就能達到更強烈的報償狀態，你又何必為了找齊一百顆橡實（或招徠一百個新顧客）而花一整個下午進行既危險又耗時的搜尋任務呢？舉個不那麼極端的例子好了，當一兩杯馬丁尼就能哄你的大腦，讓它相信你已經完成某種社會連結，你又何必在辦公室派對上忍受半小時尷尬的閒話家常呢？

如果你從這個角度來看成癮者放棄日常生活中重要維生瑣事的那種看似莫名其妙的過分行為，就會比較容易理解。那些成癮藥物告訴使用者的大腦，說他們剛才已經完成了一項能提升適應力的重要任務——儘管事實並非如此。他們的大腦受體無法分辨那個類鴉片分子到底是來自一管大麻菸，還是與某個值得信賴的朋友對談後的結果；它們不知道那個多巴胺分子究竟來自一匙快克

（crack，效用最強的一種古柯鹼）或是在期限前完成一件困難的工作。這些得到報償的感受，示意他們已經取得資源、找到伴侶且提升了自己的社會地位。然而最諷刺的是，這些成癮物質是如此成功地模仿了這些感覺，讓使用者可能完全停止生活中的真正工作，因為他們的大腦說他們已經做了那些事。

我們絕對有理由可以指責成癮者和他們薄弱的自制力。然而，那股想要一用再用成癮藥物的強烈欲望，終究是演化成追求個人生存最大機會的大腦所賦予的。從這個角度來看，我們全都生來就是成癮者。那是大自然「激勵」生物去做重要大事的方法。

而那就是我服務的醫院裡到處都有「藥箱三五〇〇型」機器站崗的理由。它們限制使用權。「希望」（Promises）成癮治療中心的執行長大衛・沙克（David Sack）告訴我，「你沒辦法對拿不到的藥物成癮。」

將合成的與植物提煉的成癮藥物引進體內，等同規避了大腦中個人的有鎖箱子。不過，天然的自用成癮藥物仍舊放在原地。而且如同我們已知的，釋出那些天然藥物的密碼是基本的行為——這提供了一個有趣的可能性。就算某隻動物沒有從外部來源取得成癮藥物，其實另有方法可以駭入體內的倉庫：透過不必要但能產生報償的行為，一再重複輸入密碼。也許成癮可以透過我們所**做**的事被活化，其效果跟我們吞吸注射那些成癮物質幾乎同等有效。

成癮的報償

身為心臟科醫師，我遇到的物質成癮問題多半與病人的心臟健康狀況相關。不過在一九八〇年代晚期，當時我正在接受精神科醫師的訓練，並且開始治療一名患有憂鬱症和焦慮的病人。他長相英俊，非常講究穿著。在我們每週一次的治療時間裡，他總是表現得既有禮又迷人，我把這解釋成他對療程抱持開放的態度。

第一次會面時，我就知道他焦慮的主要原因：他背著妻子偷吃。很快地，我知道他也背著情婦，收編了情婦的摯友。除了和這三個女人持續保有性關係，他還頻繁地發生一夜情。他坦言，為了周旋在每週眾多的性約會中，不知承受了多少壓力和焦慮，可是他就是停不下來。想想那四處風流、設法遮掩不讓家人知道的風險，還有僥倖成功時的快感……。我能夠體會他的所做所為給他帶來何等的刺激興奮。身為他的精神科醫師，我認為這一切全都在放聲警告他：危險！他賭上自己的婚姻、與孩子的親子關係，還有他的工作（那位情婦是他的下屬）。幾個月後，他停止接受治療，卻繼續他的冒險行為，最終失去了他的工作和他的妻子。

當時，精神病學採用的主要治療方法是心理動力取向的心理治療（psychodynamic psychotherapy）。這套方法的基本假定是，成人的自我（self）主要是由其童年經驗所構成。因此在我治療這名病患的時候，我的專業假定是，他無法與妻子建立起穩定的性關係，主要（甚至可能完全）源自涉及童年早期創傷的依附問題。我的上司確認我的診斷無誤，並支持我的治療計畫，因此，我花了很多次的治療時間探索他的幼年生活，試圖找出能解釋他紊亂的性關係與冒險行為的理由。

二十五年後回想起這件事，我才體會到當年我對他不顧一切的性行為的認識並不完整。這個領域如今已進步到承認幼年經驗確實會主動引導基因與大腦，為往後人生容易成癮打下基礎。不過當年我沒有意會到，讓我的病患深為著迷的，是他的性行為模式為他帶來的神經化學物質：會產生興奮、危險、新奇感受的多巴胺分泌激增，也許還包括了性本身帶來的愉悅感。如今，他可能會被轉介至性成癮計畫，可惜當時還沒有這個選項。在那時，將酗酒視為一種大腦疾病的理論才剛剛萌芽。至於將性、購物、暴飲暴食等行為成癮與藥物成癮歸為同一類，也還不是當時醫界所能接受的想法。即便到了今天，我們對「某人對自己所做的事成癮」的理解仍不完整，醫界對它們究竟是不是「貨真價實的」成癮也還沒有達成共識。

我必須承認，連我自己對此也是抱持著極懷疑的態度，直到最近才稍為改觀。你對買鞋子「成癮」，真的嗎？吃糖果玉米吃到停不下來？不讓你讀色情書刊或玩電動遊戲，就會出現具體的戒斷疼痛？嗯哼。對我來說，將物質成癮視為一種大腦疾病的模式是說得通的，但是把「成癮」這個詞套用在行為上，總讓我覺得有些馬虎——一種「不究責」、感覺良好的藉口，一種懶惰、當今世代無力戒除的壞習慣。法官大人，這不是我的錯，是我的疾病害的。

然而，過去幾年來我嘗試透過獸醫師的角度了解我的人類病患，讓我有了不同的觀點，得到驚人的假設：物質成癮和行為成癮是有關聯的。它們的共同語言就藏在針對能提升適應力的行為給予報償的神經迴路中。

從演化的觀點仔細審視那些最常被治療的行為成癮，包括性、大吃大喝、運動、工作，你會發現它們都能大幅提升適存度。就算推到極致，也很難想像那些行為「在自然狀態下」或接受天擇的檢驗時，會造成什麼樣的負面效果。

儘管賭博與強迫性購物是人類獨有的行為，但是它們倚靠的神經線路和搜尋糧食與獵食這兩種極為有益的動物活動是相同的。這些活動全都牽涉到專心一致的努力，以及為了獲取資源（通常是食物，但有時是棲身之所或築巢的材料）的具體目標而花費力氣。神經化學的報償會強化動物的這個正向作為。如同潘克沙普指出，「每個哺乳動物的大腦都有一套搜尋資源的系統。」

依循這套神經生物學，我們可以將賭博視為推到極致的搜尋糧食，只不過將食物換成了金錢報酬。雖然食物與金錢本身就是種報酬，但真正的甜頭（也就是讓人成癮的部分）是尋找與冒險背後連動的神經化學物質。行為會帶來報償，而這種報償會創造出癮頭，一如外來的化學物質那樣。

將大腦的報償行為與提高生存力連結在一起，也讓我重新思考了科技「成癮」，像是打電動、收發電子郵件和建立社交網路。那個打趣說她對黑莓機成癮的經理人也許沒有想過，她需要一套十二步驟方案來減輕自己大拇指蠢蠢欲動的癮頭。不過，我們當中有許多人總忍不住想要一再檢查那個小螢幕，哪怕是正在進行重要會議，或者正在開車。我們的智慧型手機、臉書頁面和推特推文完全結合了動物競相求生時最重要的幾件事：社會連結、配對的機會，以及有關掠食者威脅的訊息。不過就像毒品一樣，這些科技玩意兒讓你我毋需做工就能得到快感。我們毋需找到實際的資源，就能得到一劑多巴胺的注射；我們毋需忍受真實人群帶來的不便，就能得到隸屬於群體的那種暈陶陶的美好感受。

接受我訪問的獸醫師都不願將「成癮」這個詞用在動物身上。他們指出，寵物對毒品或藥品成癮通常並非出於自願。

可是寵物似乎很渴望得到獎勵，它可以是很簡單的輕輕拍頭並低聲說句「好乖」，也可以是一小片冷凍牛肝或一小口燕麥，或只是揉揉牠的肚子。

做出一個行為，就能得到一個獎勵。以食物或口頭讚美做為獎勵，一直是動物訓練師想要製造某些可預期行為時的手法。加州穆爾帕克學院珍禽異獸訓練與管理系（Exotic Animal Training and Management Program at Moorpark College）的教授暨訓練師蓋瑞・威爾遜（Gary Wilson）告訴我，這些外來的甜頭（包括食物及讚許的聲音），實際上是通往動物大腦的橋梁。它們將動物因期待營養而產生感覺很棒的神經化學物質與期望的行為配成對。❼

從這個角度來看，某些動物訓練未被認可的目的也許是為了創造一種行為成癮，也就是讓動物學會將獎勵帶來的滿足與新行為連結在一起。約翰霍普金斯大學神經科學系教授大衛・林登（David J. Linden）同時也是《愉悅的祕密》（*The Compass of Pleasure*）一書的作者，他將人類在學習與訓練中體會到的快樂與其他成癮的神經生物學連結在一起。

他寫道，學習跟賭博、購物與性等行為「能引發神經訊號，匯聚在名為『前腦內側愉悅迴路』（medial forebrain pleasure circuit）的一小塊互相連接的大腦區域」。成功的犬隻訓練在愉悅迴路

---

❼ 響片訓練（clicker training）這套技巧將一記「喀喀」的**金屬聲響**與這隻動物每一次做出期望的行為時**會得到零食**這兩件事配成對。久而久之，這隻動物會將「喀喀」聲與食物帶來感覺很棒的神經化學物質報償連結在一起。此時就算不再給予零食，這隻動物也會繼續做出這個行為，因為牠的大腦已經被制約成預期會有報償，光是聽見聲音就會釋放多巴胺。人類版本的響片訓練愈來愈常被用在訓練體操運動員和其他精準競技的運動員，以及強化教室裡與特殊教育群體的正向行為上。這種名為「聽覺指引教學」（teaching with acoustical guidance, TAG teaching）的手法，去除了動物響片訓練的弦外之音，直接根據相同原則（連結行為與獎勵）來運作。威爾遜表示，「從神經學來看，響片訓練能活化杏仁體中的多巴胺。響片是一種標誌，是多巴胺系統的內在強化物。」

（pleasure circuit）的驅使下，會創造出我們可以稱為「學習成癮」的狀態。林登寫道，這些迴路「也可能被像是古柯鹼、尼古丁、海洛因或酒精等人工活化劑所徵用」。

直到最近，人類醫學才開始將化學藥物倚賴視為一種需要不間斷（也許是終身）照料的身體長期疾患，而不是一種我們能診斷、治癒，然後迅速拋到腦後的疾病（像是某種傳染病那樣）。了解成癮的演化源頭，能改善我們對這種疾病的照護。它也許能幫助我們對藥物使用者與成癮者多幾分憐憫，並且能幫助我們了解，各種動物使用這些成癮藥物，目的都是為了得到更多那些他們日夜追求的事物。

如果你讓一百個人接觸某種致癌物質，他們不會全都罹患癌症；毒品也是這樣。讓一百隻動物接觸某種化學分子，牠們不會從此全都對它上癮。不是每隻可卡犬都愛舔蟾蜍，也不是每隻猴子都會偷雞尾酒喝，或者想要每天來上一杯；也只有部分小袋鼠會躍過圍籬吸食罌粟汁液。

描述這種群體內差異性的生物學術語是「異質性」（heterogeneity）。異質性在成癮上代表著每個生物個體對每一種化學物質的反應都有些微的不同。有大量的研究支持「是否容易成癮具有強烈的遺傳基礎」這個觀點。近來，擁有藥物濫用史的家庭開始教育自己的子女認識他們與生俱來的特殊弱點。不過，環境因子（從我們待在母親子宮時的環境到我們吃什麼食物、我們遇見什麼病原體）也在誰會變成成癮者這件事情上扮演吃重的關鍵角色。對科學家而言，事情變得愈來愈清楚：你吃什麼、你住哪裡、你做什麼工作，甚至於你是如何被教養的，全都能改變你的基因表現。新興的表觀遺傳學領域考慮的是，當個人遺傳密碼遇上真實世界，會對遺傳密碼帶來什麼影響？它說明了為何先天與後天並非涇渭分明的兩個世界，而是個永無休止的回饋迴路。

基因讓某個高二學生天生較容易對酒精或藥物成癮，可是，他遇見那些化學分子的時間和情境，會創造出不同的表觀遺傳效果。比方說，也許對某個青少年來說，某個球賽結束後的週五夜晚第一次接觸到大麻，能活化神經反應的大麻菸可能成為他未來吸毒的入門藥；但對於那個青少年的摯友而言，那第一口大麻菸不過是在朋友家尋常聚會的某個片刻，是往後回憶時會自嘲的傻事一樁。相同的派對，相同的麻藥，卻發展出兩種不同的生命結局。假如這兩個青少年在成年後或更年幼時遇上那種麻醉物質，結果又不一樣了。

就像許多人一樣，某些非人類動物能享受麻醉物質帶來的愉悅感，卻沒有明顯的不良反應。馬來西亞的筆尾樹鼩啜飲大量的發酵棕櫚花蜜，卻不會產生顯著的反射降低或動作不協調。如今已退役的名駒信雅達（Zenyatta）習慣在每場賽後牛飲健力士啤酒（Guinness），接著繼續出賽，贏得下一場的勝利。

異質性讓每隻動物的上鎖藥箱中貯存不同品項的藥物。表觀遺傳性會校準密碼；那些密碼會在我們一生中不斷地調整與變化，不過，設定密碼的重要時期發生在童年——從嬰幼兒到青春期這段期間。無論人類或動物的研究數據都顯示，動物第一次接觸外界麻醉藥物的年紀愈輕，就愈可能在未來對那種藥物成癮且容易受其影響。

這點非常重要。我們的行為與潛在成癮的神經化學物質間的關係，始於我們走進這個世界的那一分鐘（說不定還更早）。我們已知吸吮能製造一種體內的類鴉片快感，為這個維生的基本任務提供一種化學報償。潘克沙普與其他人甚至相信，那一系列與「依附」有關的神經化學物質不但種類繁多且威力強大，而能釋放它們的某些密碼，早在幼年的最早期便已設定妥當。構成一個孩童幼年時光的各種要素，包括身體健康（也就是「線路配置」），還有重要的親子教養，都會影響他們個人的密碼箱如何應對挑戰日益嚴峻的環境。

跟幼童一樣，青春期孩子的大腦也具有高度可塑性。若恰巧在大腦試圖校準整個系統時注入大量外來的強力報償化學物質到腦內，可能會造成終身的影響。它可能會影響耐受程度及反應的敏感度。綜觀不同的物種會發現，延遲第一次使用藥物的年紀，能有效防止成癮。針對青春期的齧齒動物與非人類的靈長類動物接觸酒精的結果所進行的大規模研究顯示，這些年輕的哺乳動物酒客成年後，其大腦仍會受到酒精的長期作用影響。除了認知功能受損外，這些動物從年紀輕輕就飲酒，可能會增加牠們往後酒精成癮的風險。

美國推動「向菸（酒、毒品）說不」運動，訂立合法的飲酒年紀為年滿二十一歲，完全禁止使用毒品。可惜這些干預並沒有完全讓青少年停止追求他們想要的誘惑。

不過有證據指出，對父母而言，聰明的做法是努力延遲孩子第一次接觸那些化學物質的時間，同時教導他們透過自然的方法獲取那些化學報償，比方運動、從事身體與心智的競技，或「無害的」冒險行為（如表演）。

無論是雪松連雀或深夜狂歡者，醉醺醺可能會導致悲劇的發生。在人類身上，它和高比率的汽車事故、自殺、殺人及意外傷害有關。在野外，喝醉的動物得面對較大的風險。牠們較容易被掠食者獵殺，較容易錯失交配的機會，也較容易飛去撞牆。

不過，大自然備有一套戒酒方案。在野外，取用植物、莓果與其他食物來源，會受到季節、天氣、競爭及其他許多因素（包括捕食）的限制。這些變異會自動減少這些物質的取用量，從而不致成癮。這像是荒野版的要求古柯鹼毒販在每年的十一月到三月間必須離開紐約，前往邁阿密。由於成癮物質無法持續取得，加上中毒的動物在叢林、沙漠或莽原的死亡風險增加，使得在野外不容易出現像人類這樣的成癮行為。

從成癮中復元，牽涉到恢復我們生而俱有的上鎖箱子的完整性。藥物濫用者可以學習從事健康的行為，得到和他們過去從酒瓶、藥丸或針劑中尋找的同樣良好（儘管沒那麼濃烈）的感覺。事實上，那可能是某些戒毒方案對特定成癮者如此有效的原因。如果你仔細觀察這些方案所鼓勵的行為（包括參與社交、建立友誼、有所期盼、事先計畫及懷抱目標），就會發現它們全都是某套古老調節系統的一部分，而這系統會少量分發體內的神經化學報償。

諷刺的是，對抗成癮的其中一種方法，就是利用另一個癮，像是努力工作、讓生命活得有價值，取代倚賴極度精煉的藥物。肉體勞動與運動會釋放腦內啡（endorphin）；在競賽與商業活動中，健康的競爭與風險會讓腎上腺素湧現；規畫、準備，終於吃到一頓大餐的精心期待；加入一個真實的社交群體會讓類鴉片湧現；還有幫助他人會帶來溫暖的滿足感。「natural high」這個詞也許聽來跟約翰・丹佛（譯注：John Denver，美國鄉村歌手，其著名的單曲為〈鄉村路帶我回家〉〔*Take Me Home, Country Road*〕）的歌一樣過時，可是它並非一個隱喻，而是激勵與鼓舞所有動物（包括人類）的古老報償。

第6章

魂飛魄散：發生在荒野的心臟病

一九九四年一月十七日清晨四點三十一分，發生了規模六．七級的地震。我從睡夢中驚醒，和數百萬名洛杉磯居民一樣，在等待地面停止晃動的過程中，我的心臟不斷劇烈跳動。當地牛終於安靜下來後，我立刻開車前往醫院，腎上腺素和咖啡因驅散了我的疲累。不確定接下來我們要處理的是寥寥無幾的割傷與擦傷病患還是面對大規模浩劫的同時，我走進加大洛杉磯分校醫學中心急診室。在那一刻，我無從預知這個早晨的板塊活動將會如何徹底撼動我十年後的醫學觀。

那時我還是個「跳蚤」——這是那些自傲的老派外科醫師對凡事必得分析的內科怪胎的貶抑之詞。我欣然接受這個綽號。每當我的前輩走進聽力能及的範圍內時，我便滿懷熱情地跳來蹦去，滔滔不絕地大談醫學上的細枝末節和不可思議的疾病。只要一得到信號，我可以闡述白塞氏病（Behçet's disease）隱晦的病徵表現。為了追求古怪的公正，我和其他跳蚤爭相回憶復發性多重軟骨炎（relapsing polychondritis）的第五與第六項診斷標準。我們告訴自己，醫學史上從來沒有人對過敏性血管癌及肉芽腫（Churg-Strauss vasculitis）或羅氏腦炎（Rasmussen's encephalitis）懷有如此狂熱。

身為內科新上任的總醫師，我也會診治患有大家所熟知疾病的真實病人。可是在這一年，儘管後有內科住院醫師枯燥的實習工作追逐，前有嚴苛的第二專科訓練等著我，我還是一頭栽進刺激的醫學獵奇中。在加大洛杉磯分校醫學中心這樣的教學醫院裡，這不但是被允許的，還是被鼓勵的。

可是，當北美都會區有史以來最強的地震從地殼下二十四公里處迅速竄出，一切全都變了。公寓建築倒塌、高速公路攔腰折斷、安納罕球場的計分板倒在數百張看台座椅上（感謝老天，當時上頭沒坐人）。整個南加州有數千人受到輕重傷。

我馬上遠離那些神祕之事，轉而專心處理當下的狀況。我們鎮日治療重大創傷與輕微擦傷。在北嶺地震（Northridge quake）發生後的那些模糊又驚奇的日子裡，情勢變得離奇。儘管當時我並沒有注意到，但它對我這個後生之犢心臟科醫師來說具有特殊的重要性。

在地震發生的那一天和隨後的二十四小時內，洛杉磯地區的心臟病發率陡然拔高。洛杉磯驗屍官留意到，心因性死亡的人數是平日的四倍。根據《新英格蘭醫學期刊》（*New England Journal of Medicine*）隨後的報導指出，與那年前後幾年的一月份同一天相比，地震當天有將近五倍的洛杉磯人發生重大的心血管疾病。該篇報導的結論是：至少有部分南加州人在地震來襲時驚嚇過度，魂歸西天。

雖然這項研究非常有趣，卻對我的日常行醫沒什麼影響。大多數時候，我診治的病患並不會處於極度恐懼狀態。因此，這個研究被我收在腦中的離奇檔案櫃上數年，直到有天某位野生動物獸醫師讓我看了一段生動的影片。

鏡頭從一片靜謐的蜿蜒沙灘展開。晨光下，波光瀲灩。突然間，一聲爆裂巨響畫破寧靜。一群濱鳥衝離水面。牠們瘋狂地振翅飛向湖心，設法擺脫從大砲射出展開的一張長方形巨網的追捕。大多數鳥兒成功逃脫，重新歇息在和緩的水波上。不過，大約有二十多隻鳥兒被俘。在牠們來不及升空前，那張巨網已經抓住牠們，讓牠們插翅也難飛了。

影片在這裡結束，但是我的獸醫師同事告訴我後來發生了什麼事。一整隊生物學家衝向這些被捕的鳥兒。迅速將掙扎的鳥兒一隻接一隻地從網子上取下來，小心整理好牠們的翅膀、嘴喙和爪子。他們沉著但敏捷地將這些動物放進上蓋有孔的塑膠板條箱中。

這些捕獲的鳥兒會被打上標籤、做紀錄，接著被釋放，以便提供這個物種健康與遷徙路徑的重要資訊。可惜部分的鳥兒再也不會飛了。因大砲發射而受驚，被大網拘禁的恐慌、被人手抓握的驚懼，使牠們當場死亡。

當我觀賞這段影片時，雖然時、地、物種都有別，但我領悟到這些死亡的濱鳥和在北嶺地震中因心臟病而亡故的那些人是互有關聯的。不只如此，這些鳥的死因和心因性猝死（sudden cardiac death）這種每年取走成千上萬人性命的心臟停止跳動，在生理表現上是有關的。探討動物與人類由恐懼觸動的「心臟病」重疊之處，能拓展我們對心因性猝死的科學認識，同時也有助於保護病患免受其體內看不見的威脅所害。

心碎症候群

就像北嶺地震帶給洛杉磯人的影響，世界各地的地震、龍捲風和海嘯帶來的衝擊與戲劇效果直入人心。每當天災發生，病患因胸痛、心律不整，甚至死亡而入院的場景，就跟電力中斷、紅十字會帳篷與記者安德森・庫柏（Anderson Cooper）的緊身T恤一樣可以預料。

人禍也能攪亂正常的心律。一九九一年，當時正值波斯灣戰爭早期，伊拉克軍方開始對台拉維夫郊區及以色列其他地區發射飛毛腿飛彈。在持續轟炸的那一週，平民百姓無不提心弔膽，深恐隨時都有可能命喪黃泉。空襲警報日以繼夜地無預警放聲大作。後來，統計學者仔細檢視各種統計數字，發現了一項極具說服力的數據：在那個令人膽戰心驚的一週，各種心血管事故的比率都超過了預期數值。死於驚慌、畏懼等生理作用的以色列人，遠多於飛毛腿真正命中殲滅的人數。從軍事戰略來看，飛毛腿爆炸本身並沒有多大的用處，恐懼才是更加有效的戰爭武器。

在蓋達組織發動九一一恐怖攻擊後，全美各地如驚弓之鳥的大眾紛紛躲進自己家中，擔憂下一次攻擊不知何時會降臨。根據心臟病患植入心臟的記錄器❶數據顯示，那些驚懼日子裡瀰漫的焦慮，為心臟健康帶來重大的風險。測得危及生命的心律並加以電擊的次數，竟然激增為平時的兩倍。這股趨勢不只發生在有飛機墜毀的紐約市、華盛頓特區和賓州，而是遍及全美。恐懼的有形衝擊觸動了那些僅憑眼與耳和這場災難產生連結的美國人。他們凝視駭人的電視影像，聆聽一遍又一遍有關飛機撞毀、大樓塌垮、同胞從烈焰濃煙中一躍而下的描述。

你可能有過這樣的感覺，不管是氣球突然啪的一聲爆裂，或是腳下的地面突然轟隆隆地動了起

❶ 植入式心臟整流去顫器（implantable cardioverter defibrillator, ICD）能精準安置在心臟內容易發生心律不整之處，以免心律不整引發死亡。這些微小的電子裝置能全天候讀取心律。假如心律過度飆高或放緩而產生危險，植入式心臟整流去顫器會發出二十五至三十焦耳的電流「助推起動」或「調節」心律。對於這些猛擊，病患的感受因人而異，從「一直打嗝」到「像是有頭驢子踢了你胸膛一腳」都有。前人的研究指出，發生情緒高張的事件（比如爭論）後，植入式心臟整流去顫器的活動會增多。

來，只要受到驚嚇，我們的心臟就會有所反應。我們的身體有時候會在大腦還來不及區分那是致命威脅或虛驚一場時，便先行反應。因此，看體育轉播的觀眾們不必親自下場比賽，你的心室就會用行為表現出吃了敗仗的極度痛苦。

以一九九八年的世界盃足球賽為例。英格蘭和阿根廷在循環賽中一路攀升，到了十六強賽，兩隊捉對廝殺，希望贏得參與準決賽的資格，與荷蘭隊一較高下。儘管國際足球競爭向來十分激烈，但是這個配對在球迷間引起了特殊的反響。十六年前，英阿兩國曾為福克蘭群島（Falkland Islands）的主權問題開戰。雖然英國正式贏得這場小規模衝突的勝利，但有許多阿根廷人卻拒絕承認戰敗。隨後，每回兩隊在足球場上相遇，都充滿了火藥味。這場比賽（年輕的主將貝克漢〔David Beckham〕在主審裁判能清楚看見的地方踢對方球員，因而被判離場）最後在正規時間踢成平手，得進行PK大戰，決定勝方。

球員在守門員前一字排開，輪番罰十二碼球。當英格蘭球員巴蒂（David Batty）慢跑上場時，阿根廷以四比三領先。巴蒂朝球跑了幾步……腳接觸到球……球高飛出去。可惜從巴蒂的彪馬（Puma）運動鞋防滑釘到球門的進球區域的路上，那顆足球遇見了阿根廷門將羅阿（Carlos Roa）戴著手套的手指——使得阿根廷勝出。

看到這結果，阿根廷球迷爆出鬆了一口氣的歡欣騷動，但是在家鄉小酒館裡看電視轉播的英國球迷卻因驚恐而目瞪口呆。那一天，英國各地的心臟病發作率較平常增加了百分之二十五以上。

多項歐洲研究證實了觀眾觀賽時承受的壓力和其心臟健康間，存有不尋常的關係。值得關注的是，足球賽中的十二碼大戰非常致命，其中又以驟死賽的危害最烈。倫敦《衛報》（*Guardian*）

的體育專欄作家理查・威廉斯（Richard Williams）稱十二碼ＰＫ大戰為殘酷的虐待，「相當於現代版的公開鞭刑。」事實上，ＰＫ大戰確實會引發嚴重焦慮，因此，國際足球總會（Fédération Internationale de Football Association, FIFA）和美國青少年足球聯盟（American Youth Soccer Organization, AYSO）已考慮將這種打破平局、分出勝負的手段廢止。

當我出席我孩子的擊劍冠軍賽時，我全身緊繃地站著，雙手緊握在胸前，感覺到血壓升高。我由此體會到，這項修改遊戲規則的提案，能減少緊張的父母親與祖父母在觀眾席上坐立難安、發生心律危險飆高的可能性。

直到一九九〇年代中期，我們對心臟與心智的關係只有含糊的理解。當時有許多醫師用蔑視水晶治療或順勢療法的那種態度看待「情緒能對心臟結構產生實際有形的影響」這個想法。真正的心臟科醫師會專心處理看得見的真實問題，比如動脈粥樣硬化斑塊、栓塞的血塊，以及破裂的主動脈。至於面對心靈上的脆弱，那是精神科醫師的責任。

事情在一九九〇年代有了變化。一組日本心臟科醫師留意到，某些病患在經歷極度沉重的情緒壓力後，會產生無法忍受的劇烈胸痛，而被送進急診室。這些病患的心臟看起來不太正常，心電圖指出他們有心臟病。但是，當醫師注射造影劑到這些心臟血管時，卻發現完全健康、「暢通的」冠狀動脈——絲毫沒有堵塞的跡象。唯一不尋常的發現是，在心臟底部有個怪異的燈泡狀凸塊。這個形狀讓這些醫師想起日本漁民用來捕捉章魚的圓形「蛸壺」，於是他們將這種疾病命名為「章魚壺心肌症」（takotsubo cardiomyopathy）。這是一種新的心臟病，光是嚴重的壓力（恐懼、憂傷、痛苦）就能改變心臟的化學作用、形狀，甚至是它抽吸血液的方式。❷章魚壺心肌症提供了直接、有形的證據。

這種病很快就得到「心碎症候群」（broken-heart syndrome）的綽號。當它擁有全新的名字，成為新鮮的時髦潮流後，章魚壺心肌症的病例突然在全美各地的急診室紛紛冒出頭。一個年輕女子目睹愛犬奔進車陣中，當她抵達急診室時渾身是血，一手緊抓住全身癱軟的寵物，一手緊抓住自己的胸口（就像大多數患有章魚壺心肌症的病人，她在接受治療後活了下來，不過有部分的病患卻會因此病喪生）；另一個病人則是在觀賞一部緊張刺激的3D強檔大片半小時後，突然感覺嚴重心悸、呼吸短促、反覆嘔吐，迫使她不得不離開戲院。醫師診斷她為章魚壺心肌症。

懂一點心臟病學的基本原理能幫助了解強烈的情緒如何能實際傷害你的心臟。在正常情況下，你的心臟或許是你從未注意過的最重要事物。心臟就像是完美的貼身僕人，它經年累月地在你的胸膛裡賣力工作，一絲不苟卻沒人看見，從你父親的精子遇見你母親可受孕的卵後第二十三天起，隨時恪守本分。每一年，你的心臟會跳動三千七百萬次，抽吸兩百五十萬公升的血液。

心臟就像一間房子，包含了供水系統與電路系統。供水系統將血液運送到全身各處的管線——動脈和靜脈。一如進水管線會將乾淨的水送入房屋內，而污水管線會將廢水帶出屋外，這些動脈與靜脈有可能會堵塞，帶來毀滅性的結果。以突發性心肌梗塞（myocardial infarction）為例，這種典型的心臟病「發作」是由心臟本身的供血系統堵塞所致。供水系統的破損與爆裂也可能摧毀一切。當體內較大的動脈被撕破或裂開，後果通常都是致命的。

可是，還有一整個其他類別的心臟災難來自天生或後天對電路系統的傷害。心臟的健康狀態可以從心電圖上看得出來——鋸齒狀、大起大落的傾斜橫越過心電圖紙，或沿著電腦螢幕高高低低地伸展著。你肯定在電視影集和藥品廣告中，看過無數次代表了心臟穩定電流的這些圖像。同時你也會聽見那電流的聽覺訊號。有規律的電流脈衝會創造出平穩的「嗶、嗶、嗶」，表明一切都很正常。沒有什麼比病患心臟以那種型式跳動更能使緊張的值班醫師鎮定下來。我們稱它為「正常竇性心律」（normal sinus rhythm）。

不幸的是，這套忠實可靠的電子脈衝系統會發生致命的短路，每天有七百個美國人❸及數千個其他國家的人民受害。可靠的跳動突然間失控地飛快加速，或者變得鬆懈又不規律。當你用聽診器聆聽，那「路卜—搭卜—路卜—搭卜」作響的心音，會具有一種焦慮、不規則、模糊不清的特性。當搏動加速——我們稱之為「心室頻脈」（ventricular tachycardia, VT）——心電圖上會清楚顯示，絕不會弄錯。正常竇性心律如同裝配線般可預期的高峰與低谷，會鬆開成綿延起伏、間隔緊密的「山丘」。另一方面，不規則、凌亂的節律則稱為「心室顫動」（ventricular fibrillation, VF）。它也同樣容易辨認：完全無法預期的鋸齒狀波形橫過整個螢幕或整張心電圖紙。

❷ 在章魚壺這個名稱出現前，我們稱呼這種症候群為「冠狀動脈痙攣」（spasm of the coronary arteries）。某些類型的人似乎比較容易出現這種症候群，比如中年婦女、有偏頭痛病史的人、患有雷諾氏症候群（Raynaud's syndrome，一種循環異常的病變，特徵是蒼白、毫無血色的手指頭）的人。一些不明原因的心臟「痙攣」也跟使用古柯鹼有關，因此，任何來到急診室的病患倘若有胸痛，動脈卻毫無可疑斑塊，就會被追問有無吸毒的習慣。

❸ 想像每天有一・五台載滿乘客的七四七班機墜機，你就能理解這項問題的公共衛生含意。

對於知情的人來說，心室頻脈（VT）與心室顫動（VF）的聲音和影像立刻傳達出一件事——急需有人將電擊器放在患者裸露的胸膛上，大喊：「離開！」送入幾百焦耳的電流，讓它們奔向機能失常的心臟。假如無法立刻提供這項特殊電療，患者的心電圖圖形就會從起伏崎嶇的警示形狀轉變成恐怖的水平構形，我們會敬畏地稱之為一條「平坦筆直的線」（flatline）。節律從「維持生命」到「惡性致命」的改變，會導致心臟的抽吸減少，甚或停擺。用比較精準、不那麼詩意的說法，醫師稱呼這種心臟電脈衝的災難為「心因性猝死」（sudden cardiac death, SCD），或簡稱為猝死（sudden death）。[4]

對於體重過重的吸菸者而言，多年來，斑塊在脆弱的血管中增生堆積，最後導致心因性促死，這是完全可以預期的。當高中運動員因為自己不知道的先天缺陷而暴斃時，心因性猝死的侵襲會帶來震驚。「最終共同路徑」（final common pathway）都是相同的。它是一種電路失常（electrical malfunction），從維持生命的正常心律，轉移到幾乎必死的心室頻脈或心室顫動類型的心律不整。

可是，某些心因性猝死沒有前述的那些心臟問題。對於這些在其他方面相當健康的病患，單單巨大的情緒震驚，就能將心律從穩健可靠轉變成惡性致命。驚嚇、害怕、恐懼或忿忿不平，使這些病患高度活化的中樞神經系統湧出壓力激素，包括腎上腺素在內。這些兒茶酚胺湧進血流中。它們像急奔而來的化學騎兵隊，準備好增強力氣與耐力，以便協助心臟脫困。可惜這種神經內分泌的迸發非但沒有拯救病患，反而可能會使斑塊沉積破裂，將凝塊送進動脈中，因而引發致命的心臟病。它可能會恰好在錯誤的時刻觸發額外的跳動，使心臟產生心室頻脈。同時，由於這些化學物質數量龐大且在瞬間湧入，它們本身就足以毒害肌肉，這包括了人類心室的二十億個心肌細胞中的部分細胞。這些病患的武器就是能產生反應的中樞神經系統，裡頭裝滿危險的兒茶酚胺，等待恐懼來扣動扳機。

那就是發生在章魚壺心肌症患者身上的狀況。無論是受到失去摯愛、戰爭、地質隆起或一場球賽的活化，兒茶酚胺的洪流都會損害心肌，創造出章魚壺般的鼓脹，有時還會引發危急的心律不整。

可是，等我開始和獸醫師交換意見時，才發現章魚壺心肌症不過是冰山一角。

捕捉性肌病

你發現自己被困在五級暴風雪中，而雪上摩托車燃油已耗盡時，丹・穆凱希（Dan Mulcahy）會是你希望有他同行的那種人。他既像馬蓋先，又像大衛克羅基特（譯注：馬蓋先〔MacGyver〕是美國動作冒險電視影集《百戰天龍》〔*MacGyver*〕的主角。他擁有豐富的科學知識，擅長隨機應變、就地取材，不用槍、不殺人，成功解決棘手難題。大衛克羅基特〔Davy Crockett〕則是十九世紀的美國民間英雄。早年從軍，在拓荒時代的克里克戰爭〔Creek War〕立下功績。後來轉往政界發展，獲選為國會議員。卸任後移

❹ 許多事都能導致心室頻脈（VT）、心室顫動（VF）和心因性猝死。有些危及生命的心律是天生的，譬如QT延長症候群（long QT syndrome）。其他則是後天的，包括電解質失衡、病毒感染、抗生素與其他藥物，以及主動脈破裂，這些全都能導致致命的心律不整。甚至是不可抗力的因素，比如被閃電、一記高速的手刀，或一顆小聯盟平飛球擊中胸膛，不偏不倚正好發生在錯誤的時刻，都能導致心臟瓣膜結構激烈顫動，接著停止活動（醫師稱這是「心臟震盪」〔*commotio cordis*〕）。

居德州，在參與阿勒摩戰役〔Battle of the Alamo〕時身亡）；他留著濃密的鬍子，戴著金屬細框眼鏡，有著一副低沉的嗓音。穆凱希占據了范氏圖（Venn diagram）上那個既罕見又令人嚮往的區域——也就是超級英雄和超級書呆子的重疊之處。他在四十一歲那年轉換跑道，從研究魚類疾病長達二十年的微生物學家，變成野生動物獸醫師。當我遇見他的時候，他正在阿拉斯加工作，追蹤並治療海象、小天鵝、北美馴鹿，以及其他瀕臨絕種的北方生物。他的工作範圍從為白眶絨鴨（spectacled eider duck）進行安裝衛星訊號發射器的精巧手術，到大膽嘗試為一頭半噸重的北極熊戴上項圈，以提供全球性的監控，為保存這些動物日漸消失的獵場而努力。

當我們認識後，很快就發現兩人出於專業及個人興趣，都對死亡潛藏在心臟與心智相互作用間的種種方式深感著迷。我們一見如故，忙著交換自己看過、治療過的因恐懼而猝死的案例，儘管這些例子讓人毛骨悚然，但其中隱含的知識卻令人興奮不已。

穆凱希對這件事的興趣其實來自一項令人洩氣的慘痛事實——有時候，動物會在被追逐、捕捉與觸摸後，無聲無息地死在他的手中。由於某些原因，這種事尤其容易發生在特定鳥類身上。有時候，牠們似乎順利熬過了醫療程序，卻在被安置到新的棲地時開始變得虛弱，甚至死亡。穆凱希知道這並不是因為他做錯了什麼。實際上，正是受惠於他從旁監督，才能在田野生物學家執行這些重要調查的過程中，使動物的安全更有保障。[5]

獸醫教科書上描述了一項令人心碎卻預言神準的事實：動物不斷地因追捕與處理時的壓力喪命。獸醫師稱之為「捕捉性肌病」（capture myopathy）。這個術語描述一種會造成疾病與死亡的症候群，通常發生在被驚嚇、捕獲，或是為了求生而努力逃離掠食者、獵人，或立意良善但來意不明的野生動物學家的動物身上。有時候，受到此病侵襲的動物會如同哥德式小說中的少女般倒在地上，立刻香消玉殞。有時候，牠們能在壓力事件發生後忍耐幾個小時才死去。在其他狀況下，牠們也許能勉強撐個幾天或幾週，無精打采又消沉，無法行走或甚至無法站立，拒絕進食與飲水，直到死亡降臨。無論如何，捕獲後的死亡率一直居高不下。❻通常，死亡率取決於物種，約為整個群體總數的百分之一到十，有時還高達五成。

大約一百年前，獵人最先留意到捕捉性肌病。一開始，大家以為這是大型獵物（如斑馬、北美野牛、麋鹿和鹿）獨有的症候群。即使獵人的武器並沒有在牠們身上留下任何傷痕，但這些動物往往會在經歷一場激烈追逐後離奇死亡。

可是，接下來鳥類學家開始注意到捕捉性肌病留在鳥類肌肉上的跡象，從嬌小的鸚鵡到身材瘦長的鳴鶴（whooping crane），乃至於肌肉結實的南美鶆鷞（rhea），全都無一倖免。海洋生物學家描述發生在海豚與鯨魚身上的案例。用拖網在蘇格蘭外海捕捉野生挪威龍蝦的漁夫，看見這個病壓

❺ 就像電影拍攝現場的獸醫師讓電影製片廠能宣告「沒有動物因拍攝本片而受到傷害」一樣，穆凱希是田野調查現場的獸醫師，在田野生物學家觀察與追蹤野生動物時，負責確保動物的安全。穆凱希在美國地質調查所（United States Geological Survey）服務，他率先倡導並落實讓這些研究對動物受試者更安全的規約。

❻ 獸醫師將捕捉性肌病分成四種典型表現：捕捉性休克症候群（capture shock syndrome）、肌肉撕裂症候群（ruptured-muscle syndrome）、失調性肌球蛋白尿症候群（ataxic myoglobinuric syndrome），以及遲發的高急性症候群（delayed peracute syndrome）。這些術語描述捕捉性肌病各式各樣的身體表現形式，從虛弱的肌肉與不穩的步伐，到腎衰竭與猝死。一隻被擄的野生動物在追逐與捕獲期間，可能會展現出這些症候群中的一種或多種樣態。

縮了自己的收益。被追捕的龍蝦肉質帶有一種不吸引人的軟爛質地，顏色也變得很怪，看起來像是變質了——在市場上，它一眼就會被淘汰。[7]

野生動物獸醫師很快就領悟到，沒有片刻休息的追趕，能殺死食物網中所有動物。在南非，為了因應國家公園的範圍變化與人類的侵犯，動物經常得四處遷徙，捕捉性肌病因而成了一項嚴重的健康威脅，也是主要死因。擒拿敏感的長頸鹿時得特別謹慎，因為牠們不習慣長距離奔跑，而且天性容易焦慮。鹿、麋鹿與北美馴鹿在遷置與獵捕中，因捕捉性肌病致死的比率高達兩成。美國土地管理局（Bureau of Land Management）在內華達州用直升機圍捕野馬的舉措，導致每年都有相當數量的野馬死於捕捉性肌病。

使動物加速逃離威脅的是一種強有力的神經化學反應：兒茶酚胺大量釋放（catecholamine dump）。然而如果過度催逼，超過了安全界限，兒茶酚胺有可能徹底擊垮骨骼與心肌，造成它們陷入癱瘓。等到相當數量的骨骼肌損傷，會有大量的肌肉蛋白被釋放、進入血液中。這些蛋白質會損害腎臟功能，最終導致腎臟完全停工。這種肌肉損傷的醫學名稱是「橫紋肌溶解」（rhabdomyolysis，臨床上簡稱為 rhabdo）。橫紋肌溶解症有可能致命，但如果能及早發現，給予大量水分補充，輔以支持性照護，便能有效治療此一病症。在人類身上，最常見於創傷與肢體完全靜止不動的極端案例中。例如，被埋在鋼梁與瓦礫堆下的地震受害者，或是被拋出車外，造成多處骨折與軟組織嚴重受損的機車騎士。獸醫師和醫師都知道，由於腎臟無法濾除的有毒肌肉酵素會使尿液呈紅褐色，所以這是橫紋肌溶解症準確無誤的警訊。

美國海軍與海軍陸戰隊的軍醫早在一九六〇年代便留意到，進行基本訓練時，密集反覆的健身操有時會讓新兵出現筋疲力竭、肌肉失靈，以及可樂色尿液等橫紋肌溶解症的症狀。從事激烈運動的運動員，比方自行車手、賽跑選手、舉重選手，甚至是高中足球隊員，在累人的訓練後偶爾會出現類似的症狀。動物運動員也很容易出現橫紋肌溶解症，尤其是賽馬用的馬。無論動物或人類，從事激烈運動的運動員時常得忍受痛苦，迫使自己盡力表現，這麼做有時會導致橫紋肌溶解症。「心智凌駕於心肌之上」表現在人類與動物身上，都可能觸發安靜但致命的結果。

可是，針對沒有長時間追逐、沒有骨骼肌失靈、沒有橫紋肌溶解的某些案例，有時野生動物獸醫師也會認定凶手是捕捉性肌病。

當動物只是單純被手握住、被套索套住、被網子覆蓋、被趕入畜欄、被裝入板條箱、被圈禁在圍欄中、被運送到他處，都可能會出現某種形式的捕捉性肌病。「為活命而奮力奔逃」是很駭人的，但至少你還有反擊的機會；然而被抓被逮距離最糟的情境——死亡，卻只有一步之遙。

如同穆凱希說的，對動物而言，「自己被捕的唯一時刻，就是有別的動物要吃掉自己的時候。」約束通常只代表了一件事——另一頭動物要你別動！從演化的角度來看，擄獲與約束意味著唯一一種事態——自己即將被吞下肚，小命不保了。可以理解地，大腦因此逐漸發展出一種萬事俱

---

❼ 儘管這些例子全都是野生動物，但是被屠宰前的閹雞、母豬、小公牛和羔羊若感受到壓力，也會損害牠們的肌肉。這些肌肉會被放在保麗龍盒子上，用保鮮膜包起來當成肉品販售。若是容易變質，外觀不討喜，自然是個大問題。部分畜牧業者體認到這一點，因此致力於追求減少待宰動物壓力的屠宰技術。

備、蓄勢待發的反應，預備好發動一場大規模、孤注一擲的兒茶酚胺海嘯。

動物因為被抓或被約束而喪命的例子多不勝數。對雪兔（Irish hare）、白尾鹿、棉冠猿狨（cotton-top tamarin）和羚羊這些動物而言，這個組合等同死亡。研究鼠兔（pika）這種南美凍原兔的專家透過不太愉快的方式了解到，牢牢抓住鼠兔身體的中段會把牠嚇死。比較安全的方法是讓牠自由自在地站在你攤開的雙手上。其實，並不是只有那些容易激動的被捕食動物才會有這類風險。像棕熊、山貓、狼獾（wolverine）和灰狼等食物鏈高階的食肉動物，也會因行動受到約束而死亡。

高分貝的噪音與高溫會讓誘捕造成的危害益發惡化。加州莫哈維沙漠（Mojave Desert）的大角羊因移居遷置計畫而被圍捕時，如果附近正好有轟隆作響的直升機盤旋，死亡率就會特別高。已知家兔若身處於響亮刺耳的搖滾樂中，或面對飼主的高聲爭執，小命都會因此不保。據報導指出，煙火的爆炸聲能使寵物和家畜驚嚇致死，案例從鸚鵡到綿羊均有。

在一九九〇年代中期，丹麥皇家管絃樂團（Royal Danish Orchestra）在哥本哈根某座公園表演華格納的歌劇《唐懷瑟》（*Tannhäuser*）。哥本哈根動物園正緊鄰那座公園。當合唱團情緒激切地唱著輓歌，而獨唱者大聲飆出自己的最高音時，一頭六歲大的歐卡皮鹿（okapi）焦急地在牠的圍欄中不斷繞圈打轉，並試圖逃跑。苦苦掙扎了幾分鐘後，牠突然暈倒，斷氣了。獸醫師斷定牠死於捕捉性肌病。

響亮、駭人的噪音（不限於從女高音顫動的會厭溜出來的那些歌聲）近來已被證實是可能會為心臟健康帶來負面效應的風險因子。發表於《職業與環境醫學期刊》（*Occupational and Environmental Medicine*）上的一項研究發現，在持續充滿噪音的場所工作，連尋常對話都得扯開喉嚨叫嚷的人，他們罹患重大心血管疾病的風險，是在較安靜場所工作者的兩倍。在某些遺傳性心臟疾病中，驚人的巨大噪音有可能觸發心律失調，導致患者死亡。[8]

有趣的是，有一種狗似乎已經發展出一種防禦機制，能抵抗噪音帶來的震驚作用。大麥町生來便具有QT延長症候群，因此容易受到噪音誘發猝死，幸運的是，偶爾會有大麥町同時帶有能導致耳聾的基因突變。這種聽覺障礙反倒讓心臟因禍得福，因為牠們的耳朵聽不清楚聲音，反而能讓牠們脆弱的心臟免於致命的心律不整。

對動物與人類而言，突如其來的巨響和約束監禁的感受都代表了危險。就像歐卡皮鹿陷在歌劇的困境中，噪音與察覺圈套的存在便足以點燃大腦與心臟間致命的反應。動物與人類的感覺系統負責提供外在世界的訊息給大腦，再由大腦轉換成規避動作。可是，不光只有噪音或約束能創造恐懼感。

在某些狀況下，光是想到約束就能引發相同的生理作用。如同觀看電視報導九一一事件能讓人感到既焦慮又驚恐，光是目擊威脅，也能使其他動物經歷強烈的大腦與心臟反應作用。

溫哥華一間動物園曾有四頭斑馬死於捕捉性肌病，可是牠們沒有被追殺。其實，壓力源是被安

---

[8] 在QT延長症候群中，由於離子通道功能異常，導致心臟活動的QT節段間隔過度延長。這種病會讓患者容易產生可能致命的心律不整。QT延長症候群可能是遺傳性的（如今已找到許多致病基因），也可能是後天的。許多常用藥物（包括某些抗生素、抗憂鬱藥物和抗組織胺）和某些電解質失衡（如嚴重嘔吐和腹瀉），都有可能引起QT延長症候群。因此，驚嚇確實能使QT延長症候群患者魂飛魄散。情緒振盪能觸發額外的心跳，導致致命的心律不整。舉凡突發的巨大噪音、怒氣、爭執或恐懼，都能引發那樣的情緒振盪。

置在斑馬圍欄裡的兩頭駭人南非水牛（Cape buffalo），而圍欄的柵欄和壕溝讓動物無法逃脫。

被獵食的威脅突然無預警地出現，也會危及動物的性命。曾有賞鳥人觀察到一群紅腹濱鷸（red knot）平靜地沿著澳洲一處海灘涉水前行，一隻猛禽冷不防俯衝而下，用牠危險的利爪攫走其中一隻毫無防備的涉禽。當那隻猛禽飛離，這群旁觀者留意到一件有趣的事。儘管沒有被掠食者觸碰到，但剛才那倒楣的受害者附近的幾隻鳥突然間變得步履蹣跚，虛弱無力，有幾隻嘗試向前走的時候還跌倒了。

鳥類學家稱這種由壓力誘發的肌肉毛病為「痙攣」（cramp）。腎上腺素湧現也會影響鳥類的心臟肌肉。這些紅腹濱鷸就像動物園的那群斑馬，只是目睹了可怕的一幕，就一命嗚呼了。

不會直接威脅性命安全的情勢，也能誘使人類出現強有力的生理反應。假如你正在三千公尺的高空旅行，所搭乘的飛機撞上了氣穴（air pocket）而陡然急降，此時你的腎上腺與大腦會釋放兒茶酚胺，使你的心搏加速，血壓上升。你可能會感覺自己好像快死了。更糟的是，如同一頭受到拘束的動物面對自己將要被獵食的困境，無力逃脫的現實會使你的生理反應益發激烈。

你的大腦想要處理這項威脅，於是你的身體產生了反應。你感受到的那種噁心狀態就是恐懼。獸醫師表示，恐懼正是捕捉性肌病的關鍵因素。有的獸醫師認為它是最重要的因素。這促使我們去探索捕捉性肌病一項危險的內在構成要素，也就是被活捉動物加速作用的情緒狀態。

我們曾看過動物大腦（人類與非人類的）對擄獲的反應，以及在某些狀況下，表現出來的過度反應。人類富有想像力的心智對實質以外的抽象陷阱也能引發反應；這些陷阱包括口出惡言的人際關係、壓垮人的債務、即將入獄服刑等等。

想想丟臉的安隆（Enron）案要角肯尼斯・雷（Kenneth Lay）在盜用公款將被判刑前幾週突然發生心臟驟停（cardiac arrest）的狀況。道格拉斯・翟普思（Douglas P. Zipes）是心因性猝死專家，也是《心律》期刊（*Heart Rhythm*）的總編輯，他向一位佛羅里達的記者表示，「我們知道那些你無能為力的事，比如另一半的死、丟了工作，或是面臨終身監禁，所帶來的壓力都可能和心因性猝死有牽連。我無法鑽進（雷的）腦袋瓜裡，可是無疑的，頭腦會對心臟說話，而且能影響心臟功能。」

無論你是面對一頭橫眉怒目的南非水牛的斑馬，或是一個面對終身監禁判決的白領經濟罪犯，對於陷阱和威脅的壓倒性恐懼反應並沒有太大的差別。確實有多項研究顯示，愛辱罵人、處事不公的上司，消極、隨時準備找碴的配偶，還有壓得人喘不過氣來的債務，全都會大幅增加心因性死亡的風險。

考慮到恐懼與約束在人類與動物身上引發傷害的力量，卻竟然沒有一個診斷術語能描述這類死亡，這實在很奇怪。由於動物的捕捉性肌病和人類由恐懼引發的心臟影響是相關但錯綜複雜的，因此，若能找出方法辨認哪些案例是由恐懼和拘束所引起，肯定對於診治類似病症有所幫助。十多年前，哈佛的神經學家馬丁・山繆斯（Martin A. Samuels）曾呼籲：「以神經系統與心臟和肺的解剖學關聯性為基礎，提出一個統一的假設……解釋所有形式的猝死。」

促使我踏上人獸同源學旅程的那個章魚壺心肌症時刻，始於將壓力誘發的人類心臟衰竭與動物的捕捉性肌病並列，看見兩者有許多雷同之處。當醫師在諸多症狀或身體檢查時留意到某種模式的存在時，我們會創造出症候群，並加以命名。獸醫師與醫師或許會考慮採用一種新的、常見的術語，描述恐懼在動物的捕捉性肌病和人類心因性猝死中扮演的角色。我提議採用FRADE這個縮寫來命名，它代表了「和恐懼／約束相關的死亡事件」（fear/restraint-associated death events）。FRADE夠廣泛，足以描述動物與人類由情緒觸發的死亡事故；同時它範圍夠狹小，能將非情緒性的理由排除在外。它能將人類急診室與野生動物田野現場的臨床個別案例集中在一塊。比方，它能將一個嚇壞了的老婦人死於章魚壺心肌症，和一隻被捕的歐卡皮鹿死於捕捉性肌病這兩個案例串連起來。跟其他領域一樣，在醫學界，除非被命名，否則共通之處多會被忽略。最終，引發與恐懼及約束有關的死亡的神經解剖及神經內分泌系統，終將會得到更充分的描述及更完整的理解。但直到那一刻來臨之前，運用一個共有的術語來歸納這種特別的死亡類型，將有助於獸醫師及醫師比較這些突發性的致命事件，並尋求預防對策。

猝死症候群

許多醫師到現在才知道恐懼和心血管事故之間的關係。但是，這個危險的關聯性在許多文化及歷史中早有記載。舉例來說，巫毒咒（voodoo curse）和極度不祥的念頭，會創造出從純粹邏輯觀點很難解釋的致命結果。

許多外科醫師若知道要開刀的病人堅信自己活不出手術房，情願不要動那個刀。麻州綜合醫院（Massachusetts General Hospital）班森亨利身心醫學研究中心（Benson-Henry Institute for Mind Body Medicine）的創辦人赫伯・班森（Herbert Benson）告訴《華盛頓郵報》，「外科醫師很怕那種堅信自己一定會死的病患。」波士頓布禮根婦女醫院（Brigham and Women's Hospital）的精神科醫師亞瑟・巴爾斯基（Arthur Barsky）同意這個看法，因為那些病患創造出「自我應驗的預言」（self-fulfilling prophecy）。

這叫做「反安慰劑效應」（nocebo effect，nocebo 這個拉丁字的意思是「我將傷害」），和「安慰劑效應」（placebo effect，placebo這個拉丁字的意思是「我將高興」）正好相反。跟眾所皆知的安慰劑效應不同，反安慰劑其實是無害的，但是當病人認定它具有有害的特性，就會產生負面的效果。假如你曾經懷疑巫毒致死是不是真有其事，反安慰劑效應提供了一種解釋，告訴你為什麼答案也許是肯定的。倘若施咒的人有足夠的說服力，而受害者對任何的解讀方法都不排斥，則心臟與心智的關聯可能會引發在壓力誘發的心因性死亡中能見到的一連串致命反應。有些人稱這是「心臟病發殺人」。遺傳學或許也扮演了重要角色，因為巫毒致死往往集中發生在特定的種族與地區。[9]

FRADE也可能和這些死亡有關。帶有民間傳說色彩的巫毒致死與明確的動物捕捉性肌病間

---

[9] 舉例來說，夜間意外猝死症候群（sudden unexpected nocturnal death syndrome, SUNDS）大多攻擊來自寮國的苗族年輕男子，受害者會在睡夢中死亡。苗族人會小心提防某種特別的噩夢（*dab tsog*），因為在這類夢中，可怕的惡靈會現身，並且真正「殺死」做夢的人。這個結果可能牽涉到某種潛藏的（有可能是基因的）心臟電路問題。可是，它還需要噩夢災難性的（引發兒茶酚胺釋出）壓力來殺人；那噩夢的形象深植於傳統的民間傳說中。年輕的菲律賓男性也被報導會死於類似原因，人稱 *bangungut*（菲律賓語，意思是「在睡夢中起身並呻吟」）。恐怖片影迷也許會覺得這種事聽起來很耳熟，那是有原因的。它是《半夜鬼上床》（*Nightmare on Elm Street*）系列電影的前提。在片中，凡是在夢裡被惡棍佛萊迪・庫格（Freddy Krueger）追捕並殺死的青少年，在現實生活中也會死亡。

的聯繫，在於動物和人類神經系統共有的生物因素。

長久以來，動物將外部危險的知覺能力轉換成尋求安全的行為反應，有許多不同的形式，包括了改進原有的反應。有些動物會釋放毒素或臭氣，在刺螫時放電或注入毒液；海葵遇到危險時會縮回觸手，並噴出觸手內的海水；蒼蠅會急速飛離蒼蠅拍。可是，威脅和兒茶酚胺釋放間的連結是非常普遍且源遠流長的。它的起源可以追溯到二十億年前，在植物與動物尚未分家之前。舉例來說，馬鈴薯的葉子與塊莖會釋放兒茶酚胺來回應諸如寒冷、乾旱與化學灼傷等壓力源。這種做法能提升植物應付感染與其他威脅的抵抗力。

植物無法逃跑；然而對脊椎動物來說，能加速心搏以便逃離或放緩心跳以便藏匿的敏感心臟，常常成為能否存活的關鍵。可是，這套嚴謹又有效的系統有個致命的缺點。由於低估危險（就算只有一次）會招致死亡，因此，警示系統會傾向以過度反應為標準。演化醫學專家藍道夫・內斯（Randolph Nesse）用煙霧偵測器比擬，說明這些過度反應。儘管警報可能會在錯誤的時間響起，但再多的虛驚都好過忽略一次真危機。行為生態學家史蒂芬・李瑪（Steven Lima）和勞倫斯・狄爾（Lawrence Dill）半認真地寫道，「被殺會大幅降低未來的適應力。」[10]

過度反應在生物系統中隨處可見。免疫系統為了保護我們，可能會「過度反應」，造成自體免疫疾病，如類風濕性關節炎和狼瘡。濕疹和瘢瘤的瘢痕組織也是身體對創傷過度反應的例子。發燒可能代表身體正與微生物搏鬥，但有時燒過了頭，則會引發癲癇及大腦損傷；咳嗽原本的目的是保持呼吸通道暢通，但劇烈咳嗽卻可能造成支氣管痙攣或肋骨斷裂。在精神病學上，焦慮症、恐慌發作和恐懼症，有可能被認定是源於保護本能對危險的病態過度反應。

ＦＲＡＤＥ描繪出另一種過度校準。如果適應良好，兒茶酚胺的激增能讓斑馬油門全開地疾馳逃走，或者與獅子瘋狂搏鬥，設法遠離其尖牙利爪。假如適應不良，那源源不絕的壓力激素可能會分解動物的肌肉，破壞它的腎臟，甚至使它的心臟停止跳動。儘管違反直覺，但是你的大腦和心臟有時確實會齊心協力地殺死你。不過，ＦＲＡＤＥ是一種暗示，告訴你安全防護系統必須強而有力，而且會以過度反應為標準——尤其在危險的環境下，性命可沒有機會「重來一次」。

除非你是獸醫師、在寵物店工作，或者剛到捕狗大隊任職，否則你應該不常需要捕捉動物，況且在開明的二十一世紀，我們肯定不那麼常擄獲並拘束人類，對吧？

有一次，我在加護病房待命，有個年輕女子性命垂危。葡萄球菌攻擊她全身上下多處器官，包括她幾乎無法收縮而弛緩的心臟。她的腎臟已經停工，肝臟也已衰竭。鉀、鈣、鎂、鈉的離子濃度嚴重失衡。她已經有好幾天沒睡了。不過一個月前，她還是個很受歡迎的活潑國小教師。可是在這個夜晚，致命的疾病已將她折磨得失去了判斷力，而且讓她情緒激動。這種狀況經常發生在病危的患者身上，因此，我們管它叫做「加護病房症候群」（ICU psychosis）。

⑩那些理應保護你的東西，有時候會意外地殺死你。這個現象在某些人體工程系統中能找到範例，比方安全氣囊。要在衝擊發生後的瞬間讓這個救命裝置發揮作用，這些防燒焦的聚酯枕狀物就必須能在超過每小時三百二十二公里的速度下展開。雖然打從一九九七年安全氣囊問世以來，有成千上萬人的性命因而得救，卻也有數千人因安全氣囊迅速展開時的力道使心臟破裂、畫破肺動脈、折斷頸椎而喪生。在立法禁止之前，這種不幸大多發生於坐在前座的嬰兒與幼童身上。

她在病床上拚命掙扎扭動，將鼻胃管從自己的左鼻孔一把扯出。她的另一隻手用力拉扯放置在她纖細的左手腕柔軟皮膚下的動脈導管。她的頸靜脈有條中心靜脈導管，尿道有條導尿管，鼠蹊部還有條血液透析導管。假如她將任何一條導管拔出，血液肯定會噴得到處都是。如果她取出維持血壓的主動脈內氣球幫浦（intra-aortic balloon pump, IABP），可以輕易畫破大動脈，因失血過多致死。

為了保護她的身體不受她紊亂的心緒所害，我要求進行身體約束（physical restraint）。護士溫柔且迅速地繫緊尼龍與棉質製作、絨裡、十五公分寬的手腕式約束帶。

大約有幾秒鐘的時間，一切風平浪靜。心電圖監測器發出規則且令人安心的「嗶、嗶、嗶」聲，表示病患的心律穩健正常。

可惜她馬上意識到自己手腕上的約束帶，並開始掙扎拉扯。我下令施予靜脈鎮靜麻醉，這是所謂的「化學性約束」（chemical restraint）。但是這名心煩意亂的病患不斷扭動掙扎，她顯然惶恐不安，很有可能是嚇壞了。接著，從病床上方的心臟監視器傳來的嗶聲發生了變化。它的速度加快，變得有些不規則。她就要進入心室頻脈狀態了。由於她的血壓原本就偏低，這種心律需要立即採取行動。

加護病房醫療團隊排練著這些時刻需要進行的救命術。等到這種時刻來臨，什麼都不必多說。護士先在這名病患的左胸放上一塊塗有凝膠、半張A４紙大小的貼片，上頭有條導線連接到心臟電擊器，接著又在她的肩胛骨間放了另一塊貼片。我的心臟科同事將電擊器旋鈕調整到一百五十焦耳，然後鎮靜地要求所有人遠離病床。此時，護士和其他醫療小組成員向後退，舉起雙手，掌心朝外。假如他們碰觸到病人或病床的任何部分，電流也會傳導到他們身上。然後，那位醫師按下標示「電擊」的紅色按鈕。

當電流通過這位老師一百二十磅重的身體時，她的身體有一剎那變得僵直，微微「躍」離病床。接著，所有人的目光全都落在心電圖監測器上。我們的耳朵搜尋著穩定的「嗶、嗶、嗶」聲。經過一眨眼的工夫，終於讓我們找到了。她的心律突然恢復正常。

究竟是否因為施加了手腕式約束帶，才讓她在那一刻進入心室頻脈狀態，實在無從判定。嚴重的感染讓她面臨許多危險：心肌炎、電解質失衡、貧血、缺氧。可是，在認清了約束能為動物的心臟驟停帶來多大的風險後，如今我對約束為人類病患帶來的影響有了不同的看法。

過去我一直認為，身體約束對於有此需要的病患而言，是一種必要的安全干預。對其他行業來說，這也是行之有年的措施，它的運用頻率遠比你以為的多得多。身體約束在心理衛生機構與老人照護機構極為常見。在這類機構中，有時會為可能傷害自己或他人的患者穿上現代版的約束衣，或使用約束帶。執法單位、軍隊與獄政官全都仰賴如手銬之類的約束工具管制不守規矩的行為。

無可否認地，在某些情況下，對牽涉在內的所有人的安全而言，約束是最好的方法。我知道選擇運用它可能是為了「被拘留者」及警察、軍人、獄政官、病房雜役、護士與任何旁觀者的利益著想。

可是，在我得知獸醫師將約束看成是捕捉性肌病的主因之前，我從來沒有想過約束會不會對身體造成傷害。在醫學界中，約束的潛在風險很少被討論。

FRADE無所不在，只不過因為醫師與獸醫師的界限分明，才讓我們誤以為它並不存在人類身上。醫師應該要意識到獸醫師早就知道的事——無論恐懼是由立意良善的醫師無心促成，或由恐怖分子蓄意威脅造成，都有可能致命。

當獸醫師對追捕、恐怖和擄獲的危險有更多認識後，他們就更加堅決，認定防範動物發生捕捉性肌病是自己的責任。無論是加拿大森林裡腳被陷阱卡住的凶悍灰熊，或是私人診所裡蹲在診療台上的家兔，大多數獸醫師都同意，只要他們依循幾項簡單的減壓指導方針，就能保護動物。這些方針包括：將噪音與動作減到最低限度；僱用一小群訓練精良的工作人員注意由壓力引發痛苦的早期徵兆；發展出一套凸顯沉著的方法。

恐懼與約束的危險性，讓我改變了行醫的方法。我偶爾仍舊得下令約束病人，但我十分謹慎地看待可能隨之而來的危險，而且這麼做的時候，我總是把獸醫師奉行的那套方針放在心上。

解開心因性猝死與捕捉性肌病的組成元素，留意這兩種疾病如何跨越物種彼此交纏，再將它們重新組織、結合成FRADE後，讓我注意到有個意想之外的環境中，可能潛藏另一種危險。它和阿拉斯加濱鳥的水上家園、警車的後座，或是某個失控的加護病房患者身處的醫院房間完全不同。它是醫院嬰兒房那舒服溫暖的襁褓。

嬰兒猝死症候群（sudden infant death syndrome, SIDS）是一個月大到未滿一歲前的嬰兒主要的死因。在美國，每年有超過兩千五百名嬰兒死於此症。其他各國的相關統計數字雖然高低有別，但是在找得到數據的所有國家中，嬰兒猝死症候群確實是嬰兒早夭的頭號死因。嚴格來說，它指的是：「未滿一歲的嬰兒突然死亡，但經過完整的病理解剖、詳細檢查死亡現場，以及審視臨床病史等徹底周全的個案調查後，死因仍然不明者。」其中「死因不明」這一點，正是它讓醫師十分洩氣的關鍵所在。為什麼有這麼多嬰兒悄悄地失去性命？事情是怎麼發生的？答案仍舊未明。

可能的原因眾說紛紜，包括環境污染、二手菸、用奶瓶餵食、早產、血清素濃度偏低。儘管如此，到目前為止，有個因素被認為是提高嬰兒猝死症候群風險的重要危險因素，那就是讓嬰兒趴睡。起初，這個原因看似再明顯不過。這麼小的嬰兒沒能力自己翻身，因此，臉朝下、蜷伏在鬆軟的床墊或被褥上的嬰兒有可能會窒息。但事情並沒有那麼簡單。在死於嬰兒猝死症候群的嬰兒身上往往找不到窒息的證據。所以法醫不禁質疑，假如這些死亡不是出於呼吸的問題，會不會是心臟的毛病呢？[11]

當嬰兒俯臥（面朝下）時，由於血液從大靜脈湧入，心臟上方的腔室（即心房）變得飽脹。可是，心房裡的感壓神經（感壓受器）感覺到壓力增加了，於是活化了一系列自發的反向反應。它們減少了呼吸的欲望，也降低了心跳速度。這些反射作用可能和年代久遠的潛水反射（diving reflex）共享某種演化傳統。潛水反射是許多物種為了適應水中溶氧代謝而產生的一種生理反應，而這代表了讓嬰兒趴睡有可能觸發反射性的放緩其心跳與呼吸。

人類的遠親魚類和齧齒目動物受驚時，心搏率也會降低，有時甚至是驟降。令人吃驚的響亮噪

[11] 有些嬰兒猝死症候群的案例可能同時由神經、呼吸與心血管的綜合症所造成。有種新興的理論認為，嬰兒猝死症候群和大腦功能異常、導致無法正確感知二氧化碳濃度上升，也就是所謂「高碳酸血症」（hypercapnia）有關。

音會誘發極度緩慢的心搏率，這種情形在幼鹿、短吻鱷，乃至於尚未出生的人類胎兒身上都能看到。這種心跳減緩叫做「恐懼」或「驚慌」引發的心跳徐緩，是一種保護性的反射作用，可以讓動物保持靜默不動，減少它被掠食者察覺的可能性。而且它能持續相當長的時間，大約一分鐘左右。這種能力在年幼的動物身上特別強大，等到動物逐漸成熟後便會逐漸消失（相關討論請參見第二章）。

在一九八〇年代，一位對動物行為與生理機能擁有豐富知識的挪威醫師經歷了初期的人獸同源學時刻，提出了開創性的見解。畢爾格・卡阿達（Birger Kaada）將躲藏的年幼動物的心跳減緩反應，與睡夢中的人類嬰兒心跳停止風險連結在一起。儘管眾人普遍承認他的理論相當合理，但是醫界中很少有人跟他一樣，認為嬰兒猝死症候群中的某些案例也許能用趴睡姿勢和恐懼這兩種能使心跳遲緩的作用加以解釋。

以下是某些案例中可能發生的情況。一個嬰孩在嬰兒床裡趴睡，這姿勢讓它的心跳略微減緩。此時，一聲突發的噪音，比如某扇門被甩上、汽車警報聲、激昂的爭論、電話鈴響等，讓那孩子嚇了一大跳，心生恐懼。人類嬰兒跟許多年幼的動物一樣，在遇到突如其來的噪音時，他們的心搏率會筆直落下。研究人員指出，某些嬰兒尚未發展成熟的心臟會減慢到不可逆的地步；也有過響亮的噪音能觸發心跳原本就比較遲緩的嬰兒產生致命心律的案例。不管是哪一種情形，這都代表了某些嬰兒猝死症候群的死亡跟恐懼的生理作用脫不了干係。

可是，嬰兒猝死症候群和動物的捕捉性肌病的另一項重要的關聯性，代表嬰兒猝死症候群可能也是FRADE的一部分。約束，在嬰兒猝死症候群中或許也扮演了致命的角色。只不過對人類嬰兒來說，約束的形式並不是網子、捕獸夾或圍欄，也不是加諸成年精神病患或加護病房患者身上的手腕式約束帶，而是有百年歷史之久且最近捲土重來的育兒習慣——用襁褓包裹嬰兒。

用襁褓包裹人類嬰兒向來是全球各地育兒行為的一大基礎。據說這種做法能安撫難搞的嬰兒，讓小娃兒容易入睡，防止他們傷害自己，同時方便照顧者背著他們四處活動。從理論上來說，用襁褓包裹嬰兒是模仿由慈愛雙臂構築而成的安心住所，或甚至喚起對舒適溫暖的子宮那種可靠的感覺記憶。

有趣的是，比利時布魯塞爾兒童大學醫院（Children's University Hospital）醫師的一項研究指出，用襁褓包裹嬰兒確實能為對抗嬰兒猝死症候群提供棉薄之力，但前提是嬰兒必須仰睡。

這些科學家表示，用襁褓包裹嬰兒有個令人寒心的不利之處。如果讓用襁褓包裹的嬰兒趴睡，接著播放一聲響亮的突發噪音，這個嬰兒罹患嬰兒猝死症候群的風險會增加三倍之多。

為了測試這一點，這群比利時醫師評估一群嬰兒的狀況，他們有的用襁褓包裹，有的沒有，有的俯臥，有的仰臥。這些嬰兒被人用床單包住，並且用沙包保持適當的姿勢（請放心，參與這項二○○四年研究的所有嬰兒全都一直被監控著；他們的父母全都簽了同意書；在研究期間，隨時都有一名小兒科醫師在場待命）。接下來，這些醫師增加了一項意想不到的「聽覺挑戰」——透過距離嬰兒耳朵約二至三公分遠的迷你揚聲器，播放三秒鐘的九十分貝白雜訊（white noise。九十分貝約莫是吹風機切到「強」的時候，或一台摩托車呼嘯接近時那樣大聲）。

結果無論是趴睡或仰睡，只要受到襁褓包裹的「約束」，這些嬰兒在聽見噪音後，會顯現出比未受約束的嬰兒更早且更劇烈的心跳遲緩反應。這表示，對於採取了臉朝下的危險姿勢的那些嬰兒來說，襁褓包裹所添加的約束會創造出致命的第三層心跳遲緩，尤其是結合了響亮、出乎意料的聲響時。

不得不說，用襁褓包裹嬰兒多半是無害的，而且它在照料嬰兒、提供身體與情緒安全感上確實具有相當的效果。只不過，如果用襁褓包裹嬰孩結合了趴睡姿勢和讓人嚇一跳的聲響，就有可能被誤解為獵殺的約束，因而進一步放慢原本就已減速的心搏。指出噪音和約束具有觸發許多年幼動物因驚慌引起的心跳徐緩這種能力，如同為嬰兒猝死症候群這幅拼圖增添了一塊人獸同源學的零片。這需要動物生理學家、野生動物學家與基層照護小兒科醫師彼此直接交換意見，讓醫師能將這樣的資訊運用在照顧脆弱的病患身上。

就像心肌有節奏的跳動，心臟與大腦的對話從我們在子宮發育開始，持續到我們死亡的那一刻為止。而且感謝老天，因為有時大吃一驚，甚至被嚇得魂不附體，能保護我們免受傷害。它刺激濱鳥逃跑、促使人在地震來襲時尋找掩護。心臟與大腦的結盟力量強大卻也脆弱；它通常能拯救性命，但偶爾也會奪走生命。

第7章

肥胖星球：為什麼動物會變胖？牠們如何變瘦？

在我斤斤計較卡路里的這些年當中，我從來沒有想過自己會聽從一頭北美灰熊的節食建議。可是我人就在這裡，和上百位動物園獸醫師同坐在一間漆黑的會議室裡，著迷地聆聽簡報述說芝加哥布魯克菲爾德動物園（Brookfield Zoo）兩頭肥胖的阿拉斯加灰熊，吉姆（Jim）和阿克西（Axhi），如何甩去上百公斤的肥肉。

跟大家分享其中祕密的是珍妮佛・華茲（Jennifer Watts），戴副眼鏡、個性隨和的她是布魯克菲爾德動物園的營養學博士，負責監督園中動物的飲食。此時，在她身旁螢幕上出現的是一張「減肥前」的照片。它就像電視身材改造秀中我最愛的時刻——在「揭露」前的幾秒鐘。「減肥前」的灰熊抖動的肚皮幾乎快要觸及地面。肥肉滾動的波濤沿著腹側蕩漾開來。多年來的過度餵食讓牠們的臉像吹氣球般鼓脹，牠們的脖子更是彷彿從不存在。

接著，華茲播放「減肥後」的照片。我四周的動物醫師發出輕聲低笑。差別真是十分巨大。這兩頭灰熊不僅身材苗條，毛色也變得有光澤，光是用看的就覺得牠們健康多了。假如牠們是我的患者，我也會覺得輕鬆許多，因為從牠們的體重就知道，牠們罹患肥胖相關疾病的風險已大幅降低。

儘管我是心臟科醫師，有時候，我倒覺得自己更像是個營養學家。病患、家人與朋友全都經常問我：「我該吃什麼好呢？」如今我們都知道，錯誤的食物讓身體增加的重量，可能會害我們生病。肥胖、體重增加、「吃得健康」，這些關切全都是現代預防醫學的核心。

然而，聆聽華茲談論這對灰熊時，我才恍然大悟，原來人類不是地球上唯一會發胖的動物！而且會發胖的動物不只是那些典型的肥仔，像是身型臃腫的河馬與海象，就連鳥、爬蟲動物、魚，甚至昆蟲都會定期增胖與減重。牠們這麼做的時候並沒有另外訂購服飾，也沒有運用打針、吃藥、進行心理治療或動手術以投入瘦身聖戰。動物世界的增胖有太多人類可以借鏡的地方，包括想要減去幾公斤重的節食者及努力與病患肥胖問題搏鬥的醫師；肥胖是當代最嚴重且最具毀滅性的健康問題。

可是直到那一刻為止，我從來不曾懷疑過：動物會變胖嗎？

富足＝肥胖？

你可能已經聽過太多次什麼我們正身在一場「肥胖流行」（obesity epidemic）當中的這種說法。有上百萬人必須設法對抗這種威脅生命的疾病。世界各地的醫師無不急切地想找出治療對策。

然而會讓你大吃一驚的是，我說的這場肥胖流行可不是指體重過重的人類（至少我們還沒要討論那個部分），而是發生在你我四周的另一場肥胖流行。它折磨我們飼養的貓與狗、馬、鳥和魚。全世界的寵物都比過去更胖，而且還持續不斷地增重。

精準的數字很難確定——這有部分是因為寵物飼主和獸醫師不一定都能清楚分辨出，一隻受寵的拉布拉多或虎斑貓究竟是照顧得很好，還是真的太過豐滿。不過，美國與澳洲的多項研究認為，體重超重與肥胖的貓狗比率大約在百分之二十五到四十之間（目前動物的表現仍優於人類——美國成年人的過重與肥胖比率接近百分之七十，令人瞠目結舌）。

寵物身上過量的體重，引發了一連串熟悉的肥胖相關疾病，包括：糖尿病、心血管疾病、肌肉骨骼疾病、葡萄糖不耐症（glucose intolerance）、某些癌症，也許還有高血壓。我們之所以對這些疾病不陌生，是因為肥胖的人類病患身上也看得到幾乎相同的毛病。而且正如人類病患，這些與體重有關的疾病往往會導致罹病的貓狗過早死亡。

至於對抗動物過胖的方法聽來也很熟悉。有些狗會被給予節食藥物以抑制牠們的食欲；對於某些嚴重肥胖的狗兒來說，當多餘的鬆弛肌肉可能造成牠們的脊柱斷裂或髖關節脫臼時，抽脂手術就會成為治療的選項。肥胖的家貓奉行「貓金式」減肥法——其實就是廣受大眾歡迎的高蛋白質、超低澱粉的阿金醫師減肥法（Atkins diet）的獸醫師版本。獸醫師也開始治療日漸增多的「大塊頭矮種馬」、指示飼主不要給豐滿的魚餵過多飼料、建議飼主讓高大健壯的蜥蜴多多運動以發洩過剩的體力。根據獸醫師描述，有些烏龜胖到無法順利伸出殼外與縮回殼內。他們見過太多體重破表的鳥兒，便為它們取了個新綽號：「棲木馬鈴薯」（perch potato）。

珍禽異獸在非野外的環境也會變得肥肥胖胖的。北美與歐洲的動物園獸醫師擔心多餘肥肉對健康的影響，不得不讓超重的動物（從紅鸛到狒狒）都改吃減肥餐。這些食物療法有許多都是借用人類減重計畫的策略。如果你曾每日記錄自己的「體重監察員」（Weight Watchers）點數，就會明白布魯克菲爾德動物園的大猩猩和鳳頭鸚鵡（cockatoo）的日常作息安排，因為珍妮佛・華茲用類似系統安排動物的瘦身計畫。在印第安那波里斯（Indianapolis），動物園管理員會用零卡路里、含有人工甘味劑的吉利丁零食取代過去使用的甘甜棉花糖與糖蜜，鼓勵身材圓胖的北極熊在自己的圍欄內走動。在俄亥俄州的托雷多（Toledo），胖嘟嘟的長頸鹿吃的餅乾是特製的低鹽高纖配方，用來代替以前牠們常吃的那種不健康的垃圾脆餅。

所有這些肥胖動物的共通之處只有一點，也就是這一點，讓牠們與自己的野生親戚及祖先截然不同——被餵養。牠們大半（或完全）仰賴人類提供每一餐，而我們控制吃進牠們嘴裡一切的質與量。因此，我們實在不能把牠們的體重問題怪罪到牠們身上。當然，一隻狗會吃光你放在牠面前的任何東西，然後還四處嗅聞想吃更多。要求一隻貓運用意志力抵抗一份吃了會發胖的零嘴，這個想法簡直荒謬。因此，只剩下一個結論：既然人類是讓動物飲食變得有害其健康的始作俑者，也應是有智慧能理解動物不該吃那麼多的物種，所以要怪就只能怪我們人類。我們不僅得為自己日益擴張的腰圍負責，也得為我們飼養的動物負起責任。

事實上，光是住在人類四周就能讓動物發福。在一九四八年到二〇〇六年間，於巴爾的摩（Baltimore）市區小巷奔竄的城市老鼠每十年體重就會增加百分之六，想必是因為牠們的食物幾乎完全來自人類的垃圾桶與食物貯藏室。這些老鼠變得肥胖的機率也增加了大約百分之二十。可是，那些容易害人發胖的廚餘也許不是這些齧齒動物的體重直線上升的唯一原因。研究人員在另一群動物身上發現類似的增重現象。這些城市老鼠的鄉下親戚在同一段時間內也變胖了，而且變胖的比率幾乎一模一樣。儘管在巴爾的摩郊區的公園與農牧地區活動的老鼠其食物來源比較「天然」，但是牠們還是變胖了。

想當然耳，假定動物在天然的環境中吃牠們「該」吃的食物（也就是和牠們一起進化的那些未加工食物），就能輕輕鬆鬆地保持苗條與健康，這種想法雖然一廂情願，卻未必是事實。長久以來，我總是想像動物在野外吃到飽了就會停止進食。實際上假如有機會的話，許多野生魚類、爬蟲動物、鳥類和哺乳動物都會盡情放縱，大吃大嚼。就算吃的是健康的天然食物，那情景有時也太驚人了。供應充足與方便取用是許多人類減肥者墮落破功的兩大原因，它們對野生動物來說也是嚴峻的考驗。

儘管我們可能認為在野外不容易取得食物，但是在一年當中的某些時間及特定條件下，食物的供給可能是無限量的。種子散落在田野各處；幼蟲覆蓋住沙土與植物的表面；每一片樹葉下都能輕易找到蛋；灌木叢長滿莓果；花朵滲出花蜜。當身處的環境是如此豐饒，許多動物會吃到牠們的消化道再也容納不了才肯罷手。有人曾看過獠狨一口氣吃下太多莓果，結果牠們的腸子受不了，很快就把完整的水果原封不動地排泄到體外。大口猛吞下大量獵物後，肉食性魚類有時會開始把尚未消化的肉直接排泄出來。大型貓科動物（像是獅子）在成功獵殺後，照例會大啖獵物，直到牠們飽得幾乎動不了為止。馬克・艾德華茲（Mark Edwards）是動物營養學專家，任教於加州州立理工大學聖路易斯奧比斯保分校（Cal Poly, San Luis Obispo），他同時也是聖地牙哥動物園暨野生動物公園（San Diego Zoo and Wild Animal Park）的第一位營養學家。他告訴我，「我們天生就被設定成會攝取超過日常所需份量的資源。我想不出有哪種動物不會這麼做。」事實上，面對無限量供應的食物，包括狗、貓、羊、馬、豬、牛等家畜，每天都會吃九到十二餐。

由於超級豐盛的大餐唾手可得，某些野生動物會胖得嚇人。一頭擁有好記綽號「C—265」的海豹，最近被奧勒岡州魚類與野生動物保護局（Oregon Department of Fish and Wildlife）下令安樂死。牠的罪名是，在瀕臨絕種的國王鮭（chinook salmon）年度迴游時，吃下過量的鮭魚。C－265熱情地盡興享用斯堪地那維亞式自助餐的燻鮭魚，因此在短短的兩個半月內，體重暴增到幾乎是原來的兩倍（從兩百五十四公斤重變成四百七十三公斤重）。巡守員為了保護珍貴的鮭魚資產，對C－265發動鞭炮與橡膠彈攻擊，但這一點也不妨礙牠的胃口。而且C－265的貪吃並非個案。自從二〇〇八年一項爭議判決允許每年殺死八十五頭海豹以換取鮭魚保護區的安全後，便有數十隻海豹遭到安樂死。

加州外海的藍鯨體重每年都會隨著磷蝦（藍鯨最愛的食物）數量多寡而變動。在某幾年，藍鯨會瘦到從牠們背後就能清楚看見每一根脊椎骨的突出。在其他年份，如同某位賞鯨船船長描述給我聽的，牠們「肥肥胖胖，既快樂又悠閒」。還有，誰能忘記電影《企鵝寶貝：南極的旅程》（*March of the Penguins*）中，那些波浪形狀、搖搖擺擺、由黑白兩色組成的大肚腩呢？這些肚皮的主人是能在大海中狂吃數週，飽到只能勉強蹣跚前行的鳥類。

在科羅拉多州洛磯山脈，打從一九六〇年代起，愈來愈暖的氣候也影響著黃腹地松鼠（yellow-bellied marmot）的體重變化。加大洛杉磯分校生態與演化生物學系（UCLA Department of Ecology and Evolutionary Biology）系主任丹尼爾・布朗姆斯坦（Daniel Blumstein）向我說明：「由於過去四十年來雪融得比較早，地松鼠也會提早從冬眠中醒來，因而有了較長的生長季，且能在較佳的條件下進入冬眠，使得存活率與生殖成就兩者均大幅提升。」換句話說，地松鼠變得更肥更胖。布朗姆斯坦與英國倫敦帝國學院（Imperial College London）及堪薩斯大學（University of Kansas）的生物學家在《自然》聯合發表的一項研究顯示，在研究進行將近五十年來，不同世代的地松鼠平均體重增加率超過百分之十。假如你覺得這個數字看起來並不多，不妨與美國疾病管制局發布的數據做個比較：在同樣的五十年間，美國成年男性的平均體重也增加了大約百分之十（從一九六〇年大約七十五公斤重，增加為二〇〇二年大約八十四公斤重）。這個趨勢和人類的肥胖流行是一致的，雖然這兩件事的含意可能並不相同。布朗姆斯坦表示：「過去十年來，地松鼠的總數成長了三倍。胖嘟嘟的地松鼠是快樂的地松鼠。」

住在喀爾巴阡山脈（Carpathian Mountains）山腳下的斯洛伐克人曾經深信當地的湖泊中孕育了一種特殊的野生鯉魚，比起附近水域中的野生鯉魚體型更大、更多肉。但是進一步仔細檢查後，才發現這些令人印象深刻的樣本其實是白斑狗魚（*Esox lucius*），跟那些體型較小的魚根本是完全同種的魚類。實情是，某次水災將附近農田土壤的養分沖進那座湖中，提供這些魚中老饕大量的食物，從而使牠們的身體腫脹到難以認出其原貌。當身邊有超量的食物便能長得無比肥壯，這是許多地區的魚類共有的能力。

也就是說，只要環境中有可自由取用的充足食物，野生動物和人類一樣，具有變胖的潛力。當然，動物也會隨季節和生命週期的變化而增胖，這是正常且健康的反應（隨後會立即深入討論這一點）。但真正關鍵的是，動物的體重能隨著身處環境的不同而變動。

透過人獸同源學的方法，讓我對動物變胖的原因和方式有了更微妙的領會。它提醒我，體重並不只是圖表上的一個靜態數字，而是對各式各樣、從極大到極小的外部與內在歷程所產生的動態、不斷變化的反應。

這呼應了我曾聽過一個有智慧的同事這麼說道：「肥胖是一種環境疾病。」加大洛杉磯分校環境健康科學研究所（Environmental Health Sciences at UCLA）所長理查・傑克森（Richard Jackson）過去曾是疾病管制局轄下的國家環境衛生中心（National Center for Environmental Health）的負責人。在一支拍攝於二〇一〇年的網路影片中，他慷慨激昂地說明自己的想法：

肥胖流行的一大問題就是我們太常怪罪受害者。話是沒錯，我們每一個人都該更加自制，都該展現更強的意志力。可是，當每個人都開始顯現出同樣的症狀，表示改變我們健康狀態的原因不是意志力，而是來自我們身處的環境。我們生產製造出危險食物、含糖食物、高脂食物、高鹽食物……，而且我們讓這些食物變成最容易買到的東西、最便宜的東西，當然，還有它嚐起來很美味，只不過它不是我們該吃的東西。

這個論點和美國食品及藥物管理局（FDA）前局長大衛・凱斯勒（David Kessler）的看法不謀而合。凱斯勒在他於二〇〇九年發表的《終結飲食過量》（*The End of Overeating*）一書中，將矛頭指向加工食品。凱斯勒主張，過多的糖、油脂與鹽「劫持」了大腦與身體，刺激食欲與挑起欲望，讓抵抗特定發胖食物變成不可能的任務。到頭來，就算我們能抵抗一包洋芋片或一盤餅乾，也難以對抗都是由無窮無盡的這類食物所構成的環境。

這些誘人發胖的景象也會出現在動物眼前，使牠們攝取過量食物。就連某些你認為本性並非如此的動物也不例外。

肥胖是一種環境疾病

某天一大早，我走進了這樣的場景：薯條泛著油光，軟趴趴地散落在紙盤上，上頭還有漢堡屑與番茄醬的殘漬。一包袋口大開的M&Ms巧克力的黃色包裝袋就擱在一袋扁塌的多力多滋（Doritos）旁。喝了一半的汽水罐站在一個披薩空盒附近，盒子上閃爍著凝結油脂的彩虹條紋。

這不是星期日早晨的兄弟會會所，也不是暴食症患者的臥房。這是心臟科加護病房（cardiac care unit, CCU）大夜班醫師的值班室。搞出這個混亂局面的那些年輕醫師正在進行他們的心血管診斷實習；其中某些人正在接受深入訓練，預備成為心臟科醫師。這些醫師都是從最優秀的醫學院中精挑細選而來，他們將過去二十四小時用來治療某些現代人類已知最致命的疾病，包括：心臟病發作、動脈破裂、中風及動脈瘤。他們值班的夜晚充斥著一連串快速發生的胸痛、心電圖異常、血管造影，以及心臟去顫。而這類痛苦與不幸多半是由他們的病患體內的冠狀動脈疾病所引起。冠狀動脈疾病是威脅美國人民健康的頭號殺手，它與經常攝取大量的糖、精製碳水化合物、鹽及特定油脂密切相關。

回想當年我在全美各地的教學醫院受訓的時候，餐飲部門會擺出人稱「宵夜」的各式餐點，包括豪華豐盛的義大利麵、三明治、厚片餅乾、能量棒、漢堡、薯條和糖果。對工作時間極長的我們來說，這些盛宴不但是獎賞，也是鼓勵。這是我們與同事交流、建立情誼的大好時機。只不過對於我們許多人而言，在大半夜自由取用的那些誘人美味和持續的壓力，正是如今我們常奉勸病患避免的「致胖」（obesogenic）環境。

就算你不是個心臟科醫師，你也知道「該」吃些什麼，或者，至少你會知道糖果加披薩的組合是有問題的。但那正是那間心臟科加護病房值班室如此發人深省的原因。心臟科醫師致力於醫治由於吃得不健康而生病的身體部位，但是「吃垃圾食物的心臟科醫師」就如同身為老菸槍的腫瘤學家和酗酒的肝臟科醫師，他們全都是認知與行為脫節的真實案例代表。即使所有的訓練和經驗全都告訴我們別這麼做，我們還是照樣大口吃下這些飲食販的大規模毀滅武器。在二〇一二年，針對近三十萬名美國醫師進行的一項調查顯示，百分之三十四的心臟科醫師有體重超重的現象，其中百分之四是真正肥胖。在我們進食的時候，顯然有超越知識與自由意志的力量正在運作。

演化生物學家彼得・葛魯克曼（Peter Gluckman）稱當代的肥胖問題是「不協調」（mismatch）的例子，我們的遺傳特徵與我們面對的環境之間的分歧日益擴大（人類從動物祖先繼承來的飲食習慣，使我們歷經豐年與饑荒仍能存活下來。可是感謝人類文明，我們創造了包括糖霜穀物麥片和電動滑板在內的不協調、引發肥胖的環境）。

「不協調」說明了心臟科加護病房值班室的情景，也許代表著歷經百萬年仍存在的飲食策略確實行得通。而且這些年輕的值班醫師也不是唯一偏好餅乾和其他零嘴的動物。

在乾旱的美國西部，紅收穫蟻（harvester ant）經過百萬年來的演化，已經適應以種子維生。對牠們而言，這是理想的食物來源。種子方便貯藏，提供的營養（包括蛋白質、脂肪和碳水化合物）比例均衡。

基本上，這些螞蟻算是素食者。不過，假如你把一片鮪魚或一塊含糖餅乾放在牠們面前，觀察接下來會發生什麼事——牠們會忘了經過世世代代仔細校準的演化，忘了數百萬年來天擇偏好審慎的貯備糧食行為，那些螞蟻會狼吞虎嚥，吃光那片魚肉和那塊餅乾。

類似的事也發生在地松鼠身上。這些沙金色的齧齒動物住在世界各地的高山區域，包括加州的內華達山脈（Sierra Nevada）和科羅拉多州的洛磯山脈。儘管牠們偶爾也會吃蜘蛛或昆蟲，但大多數時間是吃草維生的植食性動物，然而，終其一生研究地松鼠的生物學家說，只要有一丁點機會，這些素食的動物會將生肉大口吞下肚。花栗鼠和松鼠也會這樣做；牠們平常是素食者，等到需要泌乳時就會改變食性，甚至急不可耐地吃掉遭輾斃的同類屍首。

加大洛杉磯分校的演化生物學家彼得•諾納克斯（Peter Nonacs）說，道理其實很簡單。以等量的食物做比較，肉類和精製糖能讓動物用最少的力氣換得最多的養分。它們不但提供更多卡路里，也比較容易消化。諾納克斯表示，「你不需要吃一大堆肉，就能活下去。」採集一堆種子需要花很大的工夫，用力咀嚼成捆的乾草也得耗費能量，如果一隻螞蟻或一隻地松鼠能省下這些麻煩直接得到養分，何樂而不為呢？

演化生物學家認為，對蛋白質的渴望（包括油脂與鹽的滋味）是一種古老的、長久以來受到保護的機制。至於追求醣類的時間或許沒那麼長，最有可能出現在大約數億年前，當植物開始開花並將醣類濃縮保存於種子和果實中。身為人類，我們不只和動物共有相同的祖先，也和追求蛋白質與醣類的動物共享相同的強烈欲望。

這暗示了心臟科加護病房值班室的那個情景（到處充斥著油膩的披薩、甘甜的糖果和鹹香薯條）未必是墮落的人類飲食範例，它更可能代表我們仍然保存著對食物的偏好。假如說數億年來動物都有一逮到機會就猛吃蛋白質、脂肪、鹽與糖的衝動，光憑那些良心的飲食建議（如「只要忍耐不吃垃圾食物」與「吃有益健康的食物」）就認為我們會逆本性而為，無疑是過度天真與樂觀的想法。

今日的食品製造商順著這些演化的衝動搭了便車，在他們製造的產品中增強了那些元素。你無法「只吃一口」是有原因的。在類似的情況下，一隻地松鼠也做不到「只吃一口」。

有時候那無傷大雅，因為動物的體重總是上升又下降，也可能一年內發生好幾次劇烈的變化。放眼整個動物王國，這是健康的指標。真的，動物園的營養學家不會為他們照料的動物設下單一的體重目標，而是設定某個體重範圍。假如動物（無論是長頸鹿或蛇）沒有根據季節與生命週期，從其體重範圍的一頭移動到另一頭，這才教他們擔心。在野外，許多物種的雄性會在交配季來臨前幾週開始增胖，雌性則會為了孕育卵細胞與支援乳汁分泌，或提供其子代食物而貯存體脂肪。海豹、蛇，還有其他會蛻皮、脫殼、換毛、換羽的動物，為因應大量的卡路里耗損，必須在預備階段（從數天到數週前）便以體脂肪的形式儲備能量。具指標性的冬眠行為，需要巨幅的體重增加，才能支持為期數月之久的禁食。動物的遷徙也能造成體重增減的循環。在動物的一生中，新陳代謝負擔最大的時刻發生在誕生後的頭幾個小時或頭幾個星期。從剛孵化的雛鳥到人類新生兒，嬰兒期是許多動物最胖的時期。

就連昆蟲的體脂肪也會在牠們生命中的關鍵時期忽高忽低。某些昆蟲會在變態或產卵前增胖。若有充足的營養，蜜蜂會製造大量的脂肪：蜂巢蠟是一種蜜蜂的脂質。脂肪也存在植物體內，比如葉片表面的蠟狀防水塗層，以及填充在種子內的燃料。

不過，大自然對各種野生動物都各有一套體重管理方案。常見的手法就是週期性的食物匱乏，加上來自掠食者的威脅會限制食物的取得，於是體重增加後，過不了多久又會下降。假如你想要效法野生動物的減重方式，只要把握三個原則：減少你四周的食物數量；在取用進食期間不時中斷；每天耗費大量能量覓食。換句話說：要改變你的環境。

這就是許多動物園正在做的事。

如果你剛好在對的時間出現在哥本哈根動物園（Copenhagen Zoo）裡，就會親眼目睹一件很少能在全世界其他動物園看見的事。

一頭死掉的黑斑羚（impala）躺在獸欄中，就像被蒼蠅占領的義大利臘腸，這頭黑斑羚的身上爬滿了十多隻的獅子。成熟的公獅頂著那頭與眾不同的鬃毛坐在黑斑羚屍體的高處，撕扯著牠的喉嚨與臉頰；幾頭得寵的母獅蹲伏在公獅旁，層序分明、津津有味地咀嚼著；另外還有兩三頭獅子專攻屍體的腹部，將內臟全都扯了出來；柔軟的四肢和笨拙的動作，讓年輕的幼獸看來像玩偶。牠們在老前輩之間竄進奔出，被滿嘴的肉塊絆倒，鬍子還滴著鮮血。此時傳來一陣心滿意足的咆哮聲，不時還被牙齒咬碎骨頭的獨特劈啪聲中斷，讓聽者無不毛骨悚然。這些大貓吃到幾乎動不了，眼皮低垂，心緒滿意恍惚，這才肯罷手。

這場由人類籌畫，模擬非洲大草原上的盛宴，稱為屍體餵食（carcass feeding）。哥本哈根動物園的營養學家與其他人用屍體餵食他們飼養的獅、虎、獵豹、狼、豺和鬣狗時，會審慎選擇犧牲品。他們會確認那具屍體沒有染病，且能提供適當的營養。通常這些被吃的動物來自動物園的另一個區域，牠們被安樂死或「回收」，成為這些食肉動物的餐點。擁護者說，這種全食物的做法（包含蹄、毛、眼球及其他），讓這些肉食者對於自己在野外應如何按照大自然的安排進食，有一種象徵的、如實的體驗。

然而，詬病者（大多來自北美，以及英國的某些地區）說，這種做法十分殘忍，更別提可能會使不習慣看見這類自然大屠殺的遊客倒盡胃口。因此，儘管有許多英國與美國的營養學家私下贊同屍體餵食的做法，卻只能向輿論低頭，提供已經分切好或完全絞碎的肉給那些動物吃。偶爾，他們會拿一大塊血淋淋的牛腿或牛臀餵這些動物，但只會在幕後（意指「展示區外」）或閉園後才這麼做。

當我詢問哥本哈根動物園的獸醫師梅茲・柏投森（Mads Bertelsen）對於屍體餵食的看法，他一點也不覺得這有什麼錯。

「這是動物原本就該做的事，」他告訴我。因擔心公眾的強烈反對而避免這麼做的動物園，他說：「是向聲音宏量的少數派屈服。」他指出，假如你用馬絞肉做成的肉餅餵一頭老虎吃，牠吃的仍舊是一匹馬，但是卻無法得到嘎吱嘎吱地嚼碎骨頭、齧啃軟骨，還有消化皮毛等行為帶來的營養好處。確實如此，允許園中食肉動物吃牠們在大自然中會獵食的那些獵物（如餵袋獾吃袋鼠，餵獅子吃大羚羊，餵獵豹吃瞪羚）的完整屍首的那些動物園注意到，這些食肉動物擁有更乾淨、更強壯的牙齒，更健康的牙齦，甚至還會出現正向的行為改變，像是行為舉止更加放鬆。跟大多數獸醫師一樣，柏透森拒絕將自己照顧的這些動物擬人化，只提到哥本哈根動物園的獅子用這種比較自然的方式進食時，會表現出愉快和滿足的樣子。不過他倒是笑著表示，那些貓科動物「似乎吃得很痛

快」。❶

想要使動物在圈養時的餵食方式盡可能與牠在野外的進食方式一致，對於負責醫療的獸醫師和負責構思菜單的營養學家而言，無疑是一大挑戰。在野外，理想上，一頭動物可以就自己的尖牙與利爪能捕獲的食物當中，自由選擇並食用最健康且最均衡的餐點。但更重要的是，牠的食物與許多活動（包括身體的與認知的）有複雜的關係；這些活動是牠為了獲取食物必須做的事。不管是一場追逐戰開跑前湧現的一陣興奮，或是好不容易撬開蚌殼後得到一小片蚌肉的獎勵，還是挨餓一段時間後終於飽食一頓的輕鬆感，在野外覓食時，胃與心靈很少是分離的。

然而對動物園裡的動物來說，大多時候早有人代替牠做好攝食決策。牠要吃些什麼？該在什麼時候吃？該吃多少份量？甚至於包括該在哪兒吃？儘管動物園的環境會限制天生的野性本能（比如獵殺、覓食、對危險保持警覺），卻無法完全抹滅它們。屍體餵食是一種把攝食決策還給動物園動物的方式。發揮創意，將食物（如四季豆）沿著圍欄周圍分開放置，則是另一種方式。它讓動物擁有更強大的支配權，面對更多的挑戰，而不只是從食盆裡吧嗒吧嗒地吃喝食物。調整動物所處的環

---

❶ 柏透森服務的動物園跟其他許多採用屍體餵食的機構一樣，讓享用過一頓大餐的肉食動物禁食數日，為的是模仿某些野生動物較自然的「飽餐與禁食交替」（gorge-and-fast）模式。堪薩斯州托佩卡的瓦士本大學（Washburn University）的喬安娜・奧特曼（Joanne Altman）與來自寵物食品公司希爾思（Hill's）的科學家聯手，研究托佩卡動物園（Topeka Zoo）中五隻圈養的非洲獅。這些大貓從原本的每日餵食調整成每週只吃三餐。研究小組發現，這種飽餐與禁食交替的養生之道不但改善了這些獅子的消化與代謝，同時還減少了牠們攝食的份量。這些動物也較少展現出焦躁的踱步行為（pacing behavior）。

境以便改善其健康或福祉，被稱為「環境豐富化」。

以環境豐富化做為動物飼育標準，大約在一九八〇年代進入鼎盛時期，動物園多半以它做為減少園內動物異常行為（比如踱步）的對策。在某些案例中，容許更「自然」或「野性」的行為表達環境能使圈養動物更為健康。

以華盛頓特區的史密森尼國家動物園（Smithsonian National Zoo）為例，為章魚打造的環境豐富化，包括在牠們的水族缸裡增加層板、拱門、洞穴、出入口，供牠們探索。紅毛猩猩可以如同牠們在叢林裡的做法，一手換過一手地沿著紅毛猩猩運輸系統擺盪前行；這套運輸系統是條一百五十公尺長的空中纜線網絡，架設在八座十五公尺高的塔上。有時候，裸隱鼠（naked mole rat）會發現自己的洞穴被好幾塊甜菜根或胡蘿蔔堵住，那是管理員放的，希望鼓勵這些動物在障礙物的周圍齧咬或挖掘出通道，如同牠們在野外會做的那樣。

除了動物身處的實體環境外，餵食是獸醫師、營養學家和管理員全力設法豐富的主要領域。營養學家會改以少量多餐的方式提供餐點。他們會將食物分散放置，或者藏起來，也會準備活生生的獵物。從這些方面著手改變動物所處的環境，讓吃變成一種過程。

沒有動物演化成能直接從面前的餐盤上取用食物，牠們得奔跑、掘取、策畫、挨餓，吃是所有勞工活動的報酬。即使當人類農業開始改善食物供給的可預測性時，那些人類也還是得費力去抓、去養自己要吃的肉。農耕基本上只是有組織的覓食。

現今，就像許多寵物和動物園動物一樣，我們大多數人已毋需擔心下一餐沒有著落（不幸的是，仍有七分之一的人得為此煩惱）。然而，當我們逐步將自己吃什麼、在哪裡吃，外包給農業企業、超級市場和連鎖餐廳後，我們不只交出收割採集與烹調食物的麻煩事，還連同將吃所帶來的挑戰、困惑，甚至是驚喜，全都拱手讓人。跟圈養動物的狀況類似，天擇迫使我們發展出來，環繞在食物周圍的那些複雜生理反應、行為衝動及決策已和現代人類的吃逐漸脫鉤。

當理查・傑克森稱肥胖是「一種環境疾病」時，他不以為然的，是我們運用人類的心靈手巧所打造的環境，也就是那些任我們撥弄修飾的食物、那些鼓勵我們消費的行銷作為、還有那些讓我們變得比以往更加習慣久坐的便利性。生活在有豐足的食物又隨時能取用的環境下，無論你是哪種生物，都注定肥胖。

不過，人獸同源學的觀點揭露了其他環境因素。這些因素是我們平常看不見，也很少想過它們可能在肥胖當中扮演的角色。原來，驅動胃口與新陳代謝的力量有宇宙那樣廣大，也有顯微鏡下才看得見的那樣微小。這些力量遠比食物份量大小、熱量高低、運動量多寡要更為複雜、更出乎意料，但它們讓動物增重的故事變得非常、非常有趣。

祕密藏在腸道裡

每年秋天，到了十月的第二週前後，布魯克菲爾德動物園的兩隻公短吻鱷會突然停止進食。有將近六個月的時間，蓋思吞（Gaston）和堤博依（Tiboy）會拒吃任何食物。等到四月初，當牠們開始大吼大叫，嘗試襲擊管理員時，動物園的營養學家珍妮佛・華茲就知道牠們已經準備好恢復享用自己的鼠兔大餐了。正常進食持續到十月，牠們又會再度拒絕進食。

這兩隻短吻鱷的餵食時刻表會這麼規律是有理由的：牠們的體內有發條裝置。

大家都知道，地球上年復一年地總是春夏秋冬接替上場，從不例外。隨著一年中的時間與所在地的緯度不同，每天的日光照射量都會非常規律地增或減。

而每一天的生活也會遵循既重要又熟悉的固定時間表運行。數十億個日子以來的每一天，日光會依循我們星球穩定的日變節律（circadian rhythm），尾隨黑暗之後出現。超過三十億年來，地球上的生物從最早的單細胞生物開始，便與這個簡單的事實一起演化。日變節律加上地球繞著太陽公轉所產生的晝夜節律（diurnal rhythm），影響了生物的飢餓、胃口、攝食，甚至消化作用。

回想三十年前我剛踏入醫學院時，如果在研討會上聽見晝夜節律與日變節律和食物選擇、營養學，乃至於降低肥胖有關，我肯定會放聲大笑。這些力量就像是《老農民曆》（*Old Farmer's Almanac*）中的趣聞，始終一致且可預期，能在植物與動物身上得到驗證，但卻帶有濃濃的民俗感與神祕感，不論從任何標準的科學角度來看，實在都很難自在地運用。

過去十年來，事情有了變化。分子生物學家已經找出日變節律背後的根據：遍布我們全身上下，能追蹤時間的真正「時鐘」。我們一直都能感受到它們聽不見的「滴答聲響」，只不過突然間我們可以看見有多少各式各樣的「時鐘」，以及它們的運行有多麼一致。

人類身體的所有細胞，從身體表面的頭皮細胞到體內深處的心臟細胞，全都包含了由「時鐘基因」（clock gene）打造的計時器。這些計時器決定了一切，從你能燃燒多少卡路里到你何時想吃東西。科學家不只在動物細胞中找到這些計時器，也在植物、細菌、真菌和酵母菌的細胞中找到這些遠古的跨物種計時器。就連藍綠菌（cyanobacteria）這種地球上最古老的單細胞生物，都會在其計時器的安排下展現出日變節律。

所謂的高等動物（也就是那些有大腦的生物）演化出一種「任務管制」裝置，負責協調所有來自遠端細胞中那些無數個計時器傳回來的資訊。這個裝置被稱為視叉上核（suprachiasmatic nucleus, SCN）。在人類身上，它由大量細胞集合成松果的形狀，約莫是一粒芝麻大小，坐落在下視丘的視神經交叉上。身體接收到的外部訊號稱為「給時者」（zeitgeber），會對我們所有的身體功能發揮強大的效力。舉凡溫度、飲食、睡眠，甚至社交互動，都會影響我們的生理時鐘。不過，最有影響力的給時者顯然是日光。當日光穿透雙眼，訊號會傳到視叉上核，此時，視叉上核會讓外部的時間訊號與遍布體內各處的內部計時器同步。

新近的研究顯示，光線穿透你的雙眼、並將訊號傳到視叉上核的時機和數量，或許在決定你的洋裝或褲子尺寸上，扮演了沉默且未被承認的角色。有好幾項調查發現，輪班工作與人類的肥胖是有關聯的。其中一種假設是，體重的增加可以歸咎於缺乏睡眠。不過來自動物世界的調查指出，可能不是少睡的那幾個小時造成的，而是光暗週期（light-dark cycle）被打破了。發表於《美國國家科學院學報》（*Proceedings of the National Academy of Sciences*）上的一項齧齒動物研究顯示，住在一直有光的地方（無論光線明亮或昏黃）的老鼠，其身體質量指數（body mass index, BMI）和血糖濃度都高於住在標準光暗循環下的老鼠。

肥育肉雞的農夫會透過光照量操縱雞隻的體重。《世界家禽》（*World Poultry*）產業通訊曾報導在一項研究中，「處於昏暗照明下的肉雞，其重量比起置身明亮光線下的雞隻大約多出七十公克。」

讓我們回頭想想布魯克菲爾德動物園的那兩隻短吻鱷。十月和四月的差別並不是牠們的工作產生變化，牠們不會突然被強迫要保持清醒或輪班；也不是溫度的問題，牠們待的是有溫控的場所；讓牠們開始進行與停止進食的，是光線。

研究顯示，暫時中斷日變節律，即使是轉換到日光節約時間的那一小時差別，都可能增加憂鬱症、交通事故及心臟病發的機率。這些節律會影響動物的吃喝與新陳代謝，因此，很難想像它們對人類的胃口會不起任何作用。來自燈具、電視與電腦的環境光線能帶給我們驚人的靈活度與生產力，可是它會中斷數十億年來地球上無數生物打造出來、共享的每日與每年的週期。[2]

全球性的因素（如日變節律）能影響個別動物的生理時鐘，並決定牠該在何時進食，以及該吃多少份量。但是，動物體內深處有另一組更迷人且更強有力的過程正在發生。雖然沒聲音也看不見，但這些內在驅力解釋了體重增加變異之謎：為什麼同樣的食物讓兩個鄰居、兩個親戚，甚至是同一隻動物在一年當中的不同時間吃下肚後，結果會完全不同？

有些動物的腸子能表演驚人的把戲。它們能像手風琴般展開又收回去。這聽起來也許不夠厲害，但是它對體重的影響可是很深遠的。它能讓身體從完全相同的食物當中吸收到高低有別的熱量，端看接下來要面對的是什麼樣的任務。

其中的機制很簡單：一束貫穿整副腸子的長條狀肌肉讓腸子能收縮，也能擴張。當肌肉緊縮時，腸子變短、變密實、變小；肌肉放鬆時，則會變長。

當腸道處於伸展、變長的形式時，與通過腸道的食物相接觸的表面積就會增多。這讓細胞能從中提取較多的營養及能量。當腸道縮回較短的狀態時，部分通過腸道的食物根本沒有被利用到。

某些小型鳴鳥的腸道會在遷徙前數週增長百分之二十五；此時，快速增胖能為其旅程提供動力。同樣的，在遷徙前的進食期間，某些鸊鷉（grebe）和涉禽的腸道表面積會擴增為原來的近兩倍。等牠們增胖到足以負荷這段長途飛行後，這些鳥兒的腸道會再次縮短。

在魚、蛙和哺乳動物（包括松鼠、田鼠與小鼠）身上也能看見這種讓腸道伸長與縮短的能力。加大洛杉磯分校的生理學家暨作家賈德・戴蒙（Jared Diamond）曾研究蟒蛇的腸，想找出這些蛇類如何能禁食數月的線索。跟那些鳥類與小型哺乳動物一樣，蟒蛇的腸是動態的反應性器官，能夠依據食物是什麼與食物何時會通過腸道，使腸道尺寸劇烈增長。

許多動物可以「自然地」做到我們得花大把鈔票，透過減重手術切除或繞過部分的胃或小腸才能完成的事。對動物而言，較短的腸道代表能吸收的熱量與營養較少，它跟外科手術無涉，而是和肌肉的活動有關——由特定食物、季節的信號及其他未知的因素，引起胃腸的伸展與收縮。

某些原因不明的人類體重增加，會是人類腸道那手風琴般能伸長與縮短的皺褶所引起的嗎？很可惜的是，少有研究是直接探討我們的腸道何時／是否成功完成相同的戲法。不過，倒是有很有趣的線索。人類的腸道也是由平滑肌構成的，而且我們從屍體剖檢得知，人類死後，平滑肌的約束

---

❷ 當然，影響生物接收光照量多寡的頭號因素是牠生活在地球上的哪個地方。緯度似乎與哺乳動物的新陳代謝走向有關，也和植物的糖分生產有關（一般而言，愈是遠離赤道，血液或漿果當中的含糖濃度就愈低）。究竟這些作用是直接的（來自日光照射量或其他物理學上的力，比如電磁力或重力）或是演化而來的（歷經世世代代，對某個地區能取得的食物產生的適應變化），仍有待更多研究加以解答。不過，人類體重受到地理作用影響一事，幾乎完全被忽略。

力會失去作用，因此腸道會比生前長大概百分之五十。也許在人類活著的時候，動態的肌肉活動能讓人類腸道調節它的卡路里吸收長度，以因應藥物、荷爾蒙，甚至是壓力——這些是病患並未增加進食量而體重卻莫名其妙地增加時，經常被搬出來解釋的因素。許多常用藥物會導致體重增加，但原因不明。說不定是這些藥物對平滑肌產生作用，促成像鳴鳥那樣的腸道延展，導致吸收了更多熱量，使得體重因而增加。

可是，撇開讓我們的腸道忽長忽短的驚人生理機能不談，動物的腸道還握有另一條關於體重這個複雜議題的線索。腸道內部是人類肉眼看不見的宇宙，但科學家正開始探索進而理解它。

在每個動物個體（包括人類）的結腸深處，有一整個蓬勃發展的生命體系。這些生物比好萊塢特效實驗室能想像得到的任何生物還要更怪、更不可思議。這裡頭有尾巴細長如鞭的細菌、三隻腳的病毒、有褶邊的真菌，以及得用顯微鏡才看得見的蠕蟲。數兆個微小得肉眼看不見的生物以我們的腸道為家——科學家管這個黑暗、擁擠的世界叫做「微生物群系」（microbiome）。我們的皮膚、口腔、牙齒（甚至曾一度被認為是無菌的區域，比如肺臟）全都擠滿了這些看不見的生物，以至於我們身體當中每十個細胞，只有一個才真正是人類細胞，其他都是很小很小的微生物。成年人體內的這個殖民地的開拓深入，讓某些遺傳學家忍不住稱它是「超級有機體」（superorganism），指的是存活在人類體內的人類細胞，加上那些所有微生物所形成的集合體。我們每個人就像一塊珊瑚礁，一處微棲地（microhabitat），庇護著由看不見的野生居民組成的獨特團體。[3]

一般說來，我們應該感謝這些數以兆計的微小生物與植物願意住在我們的腸道裡。它們當中有許多會分解我們的食物，為我們的細胞準備容易吸收的養分——這些過程是人類細胞無法自行辦到的。微生物學家才剛開始探索人類基因序列如何與我們體內的那些微生物居民互動。他們發現，這些外國僑民聚居地可能不只影響我們如何消化與代謝，甚至會驅使我們選擇或渴望特定食物。

原來，我們腸道內的微生物群系主要有兩大類細菌：厚壁菌門（Firmicutes）與擬桿菌門（Bacteroidetes）。在二〇〇〇年代早期，位於聖路易（St. Louis）華盛頓大學（Washington University）的遺傳學家研究這些細菌如何分解我們無法自行消化的食物，有了很有趣的發現。

肥胖者的腸道中有較高比率的厚壁菌門細菌。隨著肥胖者在一年間陸續減重後，其腸道的微生物叢開始看起來更像那些精瘦者的狀態——擬桿菌門細菌的數量超過厚壁菌門細菌的數目。

當研究者拿小鼠做實驗，也發現了相同的狀況。肥胖小鼠的腸道內有較多的厚壁菌門細菌。有趣的是，這些胖鼠的排泄物比瘦鼠的排泄物含有較少的卡路里——意思是說，胖鼠從同樣份量的食物中能吸收到較多能量。這不禁讓研究人員懷疑厚壁菌門細菌能從通過消化道的食物當中以超高效率提取熱量。一篇發表於二〇〇六年十二月號《自然》的文章提到這項研究時寫道：「肥胖小鼠腸道中的細菌，似乎能協助它們的宿主從吃進肚裡的食物中榨取特別多的卡路里，隨後可當成能量來運用。」

---

❸ 想要了解微生物，尤其是微生物群系，可參考《紐約時報》（*New York Times*）科學專欄作家卡爾·齊默（Carl Zimmer）說理清楚又有趣的作品，特別是《小生命：大腸桿菌解開生命奧祕》（*Microcosm*）和《病毒星球》（*A Planet of Viruses*）。

這表示，一個繁榮的厚壁菌門細菌的菌落或許能協助某人從吃下的那顆蘋果當中獲得一百卡路里。他朋友的腸道中也許是擬桿菌門細菌的數量占多數，所以只能從同一顆蘋果中得到七十卡路里的熱量。這或許是為什麼你的同事能吃下比別人多出一倍的食物，卻似乎從來不會發胖的因素之一。

假如我們個人的「特調」腸道細菌能左右我們從食物中獲得多少能量，那麼能驅使體重上升與下降的因素就未必只有飲食和運動。微生物群系的作用對昔日無懈可擊的「攝取多少熱量，就得消耗多少熱量」典範提出質疑。[4]

事實上，獸醫師很早就知道微生物群系對動物的新陳代謝功能具有何等力量。[5] 對反芻動物和其他所謂的腸發酵動物（例如馬、烏龜，以及某些猿類）而言，少了適當均衡的微生物，營養吸收和消化等功能便無法運作。儘管過去我唸醫學院時對腸道菌群（gut flora）的威力全無所聞，但布魯克菲爾德動物園的營養學家珍妮佛・華茲告訴我，在她接受營養學訓練時，師長再三強調的一項核心原則：「先餵腸道微生物，接著才餵動物。」她的做法是，確保動物吃下均衡的嫩葉（新鮮的綠葉蔬菜）與青貯料（部分發酵的植物）。說不定吃青菜對我們的健康有益不只是因為它們提供了膳食纖維，而是它們也滋養了我們腸道內有益微生物叢的菌落。或許每次我們吃沙拉，實際上是餵食我們的腸道微生物。

還有另一群獸醫師也熟知微生物群系的威力，他們負責監督照料我們刻意餵胖的動物——家畜。如今，集約畜牧（factory farming）的農場經常使用抗生素餵食動物，從六百八十公斤重的食用牛到二十八公克重的雛雞，全都遵照辦理。那些抗生素在動物腸道中對腸道微生物菌落產生的效用，也許握有人類肥胖流行的重大線索。

我早就知道畜牧業使用抗生素遏止某些疾病的散布，尤其是在空間狹窄且充滿壓力的生活條件下。可是，抗生素不只會殺死讓動物生病的微生物，也會大量毀滅有益的腸道菌群。而且就算沒有感染的問題，畜牧業者還是會定期施用這些藥物。其中的道理可能會讓你大吃一驚。光是靠抗生素，畜牧業者就能用較少的食物肥育他們飼養的動物。雖然科學界尚未弄清楚這些抗生素促進肥育的確切原因，不過一項可信的假設是，透過改變這些動物的腸道微生物叢，抗生素創造出一種由擅長提取熱量的微生物菌落所主宰的腸道環境。這也許是為什麼抗生素不只能讓擁有四個胃的牛隻增肥，同時也能讓消化道跟我們比較近似的豬與雞變胖。

這是真正的關鍵：運用抗生素能改變農場動物的體重。類似的事有可能發生在其他動物（也就

❹ 對創業懷有熱情的瘦子注意了：在你肚臍下幾公分深的熱鬧細菌菌叢，說不定能發酵成一樁數十億美元的生意機會。假如我們腸道內的優勢細菌種類能決定我們的身體質量指數（BMI），也許只需要一劑含有特定比例的厚壁菌或擬桿菌的糞便或口腔浸出液，就能加速達成我們的體型意識目標。也許有一天，我們不再寫卡路里日誌，而是靠著向身型纖瘦（但不易嘔吐）的幸運兒購買中意的腸道菌群來減重。

❺ 在人類醫學中，所謂的「糞便治療」（fecal therapy），是醫治因感染如腸梭菌（C. difficile）等生物引發頑強且有時會危及性命的腹瀉及其他胃腸毛病的一種創新治療法。做法是，從腸道菌群正常的人（通常是配偶）身上取得糞便，用廚房攪拌器打成泥漿，放在一支特製的內視鏡頂端，以便插入病患的小腸內。你也許會皺起鼻子，不過這是個非常有效且低成本的方法，能讓病患重拾健康。而且農場獸醫師幾十年來都一直這麼做。獸醫師在一頭健康的捐贈者（母牛）側邊體表上創造出一根瘻管，並透過它抽取捐贈者富含微生物的膽汁與胃液。這種「液態金」（千萬別和馬匹育種者所使用的「液態金」尿液混淆了）被抽取出來，再轉移到其他動物體內，使牠們胃腸的菌群變得正常。在歷經數回的抗生素治療後，動物園的獸醫師慣常使用糞便治療使其病患的消化道恢復正常。它用在母子檔身上的效果特別好。

是人類）身上。任何能改變腸道菌群的東西，包括但不限於抗生素，不只與體重有牽連，也牽涉到新陳代謝的其他要素，譬如葡萄糖不耐症、胰島素抗性（insulin resistance）以及膽固醇異常。此外，別忘了這數兆個組成人類腸道微生物群系的生物是不斷透過複雜的方式彼此互動。它們有計時器，能對日變節律有所反應。那個微小、有節制的宇宙的動態群體對新陳代謝發揮的影響力，遠大於醫師曾經料想的。

當這項厚壁菌門與擬桿菌門的研究在《自然》發表後，激起了科學界探索在飲食與運動之外，其他我們顯然不太容易控制的肥胖風險因子的興趣。許多部落格很快便嘰嘰喳喳地討論起另一項不同研究的結果。該研究指出，擁有一個肥胖的朋友，會提高自身的體重超重的機率。哈佛醫學社會學家尼可拉斯・克里斯塔基斯（Nicholas Christakis）與加州大學聖地牙哥分校的科學家詹姆士・佛勒（James Fowler）描述社會習慣與行為的「感染力」。你的胖朋友不良的食物選擇與運動習慣，會影響你對食物的意志力與態度。克里斯塔基斯與佛勒立刻補充說，這項發現的重點在於其象徵性的說法。你不可能在減重診所的候診室因為別人的噴嚏就染上「肥胖流感」，「具有感染力的」是其他人面對飲食的態度。

可是當我仔細研讀動物文獻後，我才知道傳染性肥胖也許並不只是種比喻的說法。根據某些專家的研究，它可以是實實在在的事實。底特律的韋恩州立大學（Wayne State University）的營養學暨食物科學家尼基歐・德蘭達爾（Nikhil Dhurandhar）解釋道：「動物感染某些病毒時會變胖，這件事已經得到證實。」他稱之為「傳染性肥胖」（infectobesity）。德蘭達爾指出，有七種病毒和一種普恩蛋白（prion）與動物（包括雞、馬、獅子和小鼠）的肥胖有關。沒錯，傳染性肥胖是透過微小的病原體散布或促進的。

肥胖會傳染嗎？

在五月中到八月底這段期間的大熱天裡，只要沿著賓州州立學院（State College）附近的眾多池塘行走，就很有機會能發現一名體形高瘦、身穿卡其短褲、頭戴棒球帽的生物學家，躡手躡腳地穿過香蒲植叢。他會彎腰屈膝，用幾乎難以察覺的無比緩慢動作移動。突然，他使出一記正手揮拍，在一片蘆葦與香蒲間用力揮動一支木頭把手的捕蟲網（他解釋，這個動作類似長曲棍球的接球或網球的擊球，而這就是為什麼他喜歡僱用曾經玩過這些運動項目的研究生）。他用空出來的那隻手捏緊網口，接著朝裡頭偷看，確認是否抓到了他的獵物——十二斑蜻蜓（twelve-spotted skimmer dargonfly，學名 *Libellula pulchella*）。

昆蟲學家詹姆士・馬登（James Marden）同時也是賓州州立大學（Penn State University）的生物系教授。他在賓州中部的池塘邊花了二十多年的時間，研究蜻蜓翅膀的飛行力學。他告訴我，這些昆蟲是地球上最健康的動物，非常精瘦且肌肉發達。過去三億年來，蜻蜓已經演化成能完美達成盤旋、快速躍起和翻觔斗等特技要求的樣貌，因此，馬登稱牠們是「世界級的動物運動菁英」。

蜻蜓通常很好鬥，領域性極強，隨時準備好與其他公蜻蜓近身搏鬥。當兩隻公蜻蜓狹路相逢，牠們會迅速接近彼此，以芭蕾舞般的姿勢在空中交戰，等到勝負分曉時，輸家會被逐出贏家的地盤。儘管如此，有些公蜻蜓卻總是置身戰事外。牠們不會攪局、直直飛入戰局中，而是「滑行」通過——低調不引起騷動地穿過交戰雙方旁邊，彷彿宣告：「我只是正好經過，沒有惡意，請不必在意我，我就要離開了。」

馬登受到這種行為的吸引，想知道它與肌肉功能有無關係，於是在二〇〇〇年代早期蒐集了一些這類行動緩慢、迴避衝突的蜻蜓。等他把牠們帶回實驗室後，發現了一件令人震驚的事。儘管這些蜻蜓的外觀看起來完全正常（身型精瘦，隨時準備好戰鬥），但其實牠們病得非常非常厲害。只不過，牠們罹患的疾病在這些「昆蟲界的噴射戰鬥機」身上是很罕見的。牠們全都達到醫學定義的肥胖。

脂肪留存在牠們的身體組織中，而不是轉換成能使牠們非凡的翅膀肌肉作用的能量。牠們的血糖[6]濃度是健康蜻蜓的兩倍，使牠們處於一種類似胰島素抗性的狀態——跟患有第二型糖尿病的人類病患狀況很像。牠們行動遲緩、身體虛弱、懶洋洋的，無法為了母蜻蜓或捍衛地盤而起身戰鬥。

一隻野生蜻蜓能發展出某種型式的代謝症候群（metabolic syndrome）[7]，這項發現有可能修正我們對人類體重增加，甚至是對肥胖流行本身的看法。馬登檢查這些蜻蜓的腸道時大吃一驚：牠們的腸道中擠滿了大型的白色寄生蟲；有些寄生蟲非常巨大，大到〇．一七公分，憑肉眼就能看見。經過放大後，牠們看起來相當溫順敦厚，像是胖嘟嘟的米粒。

然而這些寄生蟲給蜻蜓帶來的影響可一點也不溫和。牠們是簇蟲（gregarine），來自能引發人類瘧疾與隱孢子蟲症（cryptosporidiosis）的原生動物家族。牠們能在蜻蜓身上觸發炎症反應，干擾蜻蜓代謝脂肪的能力。這就是脂肪囤積在蜻蜓身體組織的原因，尤其容易發生在肌肉周圍。這些脂肪積存會降低蜻蜓的肌肉功能，使牠們不得不交出地盤，放棄交配機會。

透過測量蜻蜓的肌肉交換氧氣與二氧化碳的方式，馬登和他指導的研究生魯道夫．胥爾德

（Rudolf Schilder）能清楚看見這些變化是由感染直接導致。他告訴我，這些寄生蟲的存在不只削弱這些蜻蜓的肌肉功能，使牠們變得較不活躍，行動也較遲緩，更重要的是，「牠們新陳代謝中的特定構成要件被改變了。」

這種簇蟲感染也會引發 p38 MAP激酶（p38 MAP kinase）這種涉及免疫與壓力反應的訊息分子的慢性活化；而在人類身上則和導致第二型糖尿病的胰島素抗性相關。

有趣的是，這些寄生蟲是非侵入性的，意思是牠們不會咬穿或明顯破壞腸壁。牠們引起的炎症反應，似乎是由牠們分泌與排泄的物質所觸發。恐怖的是，未受感染的蜻蜓在喝下帶有微量簇蟲排泄物或分泌物的水之後，其血糖會變得不正常。

起初，我認為肥胖有傳染的可能性這個想法實在太荒唐可笑。我自己親身嘗試過節食加運動，攝取多少熱量就消耗多少熱量的方法，明白減少進食、增加活動量確實能至少短暫減重，因此我認為傳染性肥胖不僅是天外飛來一筆，而且坦白說，不太可能有這種事。

不過，雖然我從來沒聽說過這種事，但是對於會促進體重增加的傳染性病原體的找尋行動，至少可以回溯至一九六五年，當時，雪城的紐約州立大學（State University of New York, Syracuse）有

---

❻ 蜻蜓的血液稱為血淋巴（hemolymph），其主要碳水化合物是海藻糖（trehalose）；馬登稱它為血糖。

❼ 代謝症候群會增加病患罹患心臟病與中風的風險。又名胰島素抗性症候群，當三酸甘油脂、血壓或葡萄糖過高，或病患的「好」的膽固醇（高密度脂蛋白〔high-density lipoprotein, HDL〕）過低時，就是有代謝症候群。患有代謝症候群的患者身形多像顆蘋果。

個微生物學家在研究某種蟲是如何讓小鼠和倉鼠變胖的。他指出，這種蟲可能會「釋放」某種荷爾蒙到這些齧齒動物的血液中，使牠們吃下更多食物，以滿足這種寄生蟲的化學作用。

事實真是如此，許多種類的感染都會影響食欲。絛蟲會讓你感到飢餓。某些病毒會讓你沒胃口。其實，食欲是醫師記錄病史時會詢問病患的頭幾項事情之一，因為它是感染最靈敏的一種徵兆。這些事實讓我更加認真地思考，微生物入侵者有無可能操縱我們的飲食及飲食的方式和時間？

不久前，科學家無意間在一種嚴重的人類腸道疾病中發現了某種傳染的成分。幾十年來，胃潰瘍被認定是由我們充滿壓力的緊張生活與過度反應的心靈所造成。傳統醫學智慧還會告訴你，假如你焦慮不安，又無法抵抗高油脂的香辣食物，就很容易得到胃潰瘍。但是有兩個澳洲人，貝瑞・馬歇爾（Barry Marshall）和羅賓・華倫（J. Robin Warren），他們分別是醫師與病理學家，因為打破了這個迷思而贏得二〇〇五年的諾貝爾生醫獎。他們發現許多潰瘍的成因是幽門螺旋桿菌（*Helicobacter pylori*），這是一種接觸性傳染細菌，可用一劑抗生素輕易治癒。然而，通往諾貝爾的道路相當漫長。多年來，馬歇爾與華倫忍受各方的抨擊、排斥與奚落。但如今，生物體內造成大腸激躁症（irritable bowel syndrome）和克隆氏病（Crohn's disease）的微生物群系已被徹底調查，說不定肥胖就是下一個目標。

不過，目前科學家和醫師並未將新陳代謝症候群的感染性成因列入研究的考量當中——至少似乎還沒準備好接受這個可能性。馬登將他的研究發表在《美國國家科學院學報》這份頂尖的學術期刊上，還投書到一份糖尿病期刊表達意見。然而他告訴我，「回應寥寥可數。我不認為我們的研究結果對醫學界產生了任何作用，他們的反應也不熱切，獲得的態度幾乎都是『那又怎麼樣』。」

究竟感染在人類肥胖這件事情上是否舉足輕重，還很難說。不過，抱持著一種跨領域的、人獸同源學的態度——這種態度能串連起農業科學生物學系的某位蜻蜓專家的知識，與鑽研人類肥胖問題的研究者——可能會激發出創新的假設，對於這種重大的健康威脅有更開闊的觀點。我們活在一個體內、體表以及周遭都充斥著生物的世界。我們對於這些生物的抵抗，驅動著許多疾病。研究人員能理解肥胖的失控成長與生態因素有關，包括光線明暗、季節變遷，以及，沒錯，甚至是具傳染性的生物有關，是非常重要的事。如同馬登在二〇〇六年發表的文章中寫道：「代謝疾病並非只是會發生在人類身上的怪事，動物受到這些症狀侵襲的頻率也不低……（因此）假如我們不指出這些可能性，是不負責任的。」

容我再次重申：「肥胖是一種環境疾病。」儘管重量杯與賽格威（譯注：Segway，一種載有陀螺儀的交通工具，可透過身體傾斜變化操控車輛前進、後退與暫停。最高時速可達到每小時二十公里）扮演了重要角色，但這些或大或小的力量也占有一席之地。一種擴充的、環境的控制體重方法，已成功治癒了來自芝加哥地區的兩位肥胖病患——也就是布魯克菲爾德動物園的那兩頭胖灰熊。

這些年來，讓阿克西和吉姆發福的原因，究竟是日變節律、失衡的微生物群系、季節感紊亂的腸道、傳染性寄生蟲，或純粹只是吃太多，實在很難說。不過，在華茲著手改變牠們的進食及進食時間與環境之前，阿克西和吉姆的變胖模式跟人類的模式很類似。

華茲決定要做個重大的改變，這改變既創新，卻又跟吃這件事一樣古老。她想要讓阿克西和吉姆的飲食盡可能接近大自然的節奏。換句話說，她要讓季節與這兩頭灰熊的身體帶領方向。

她從牠們吃什麼下手。多年來，阿克西和吉姆的食物一直都很豐富、隨時有得吃，而且一年到頭幾乎都沒有什麼變化。加工狗食、來自當地麵包店的麵包、超市的蘋果和柳丁，以及牛絞肉，華茲逐步挑戰這兩頭熊的味蕾。她換掉一份萵苣，改為採用羽衣甘藍；用芒果代替蘋果；接著用菠菜、芹菜、胡椒和番茄取代番薯和柳橙。雖然這些農產品跟阿拉斯加河岸生長的作物不盡相同，但是就營養成分範圍、多樣化和季節性而論，這已經是一大改進。

很快地，當管理員帶著餐點現身時，這兩頭熊的態度就像美食家在一間新開的美食酒吧發現新奇餐點時那樣熱切。華茲也增加了完整的獵物，如魚、鼠和兔子，並且讓這些獵物出現在菜單上的時間，和牠們會在野地裡現身的時間一致。她也訂購了幾箱蠟蟲（wax worm），把牠們倒在這兩頭熊的草料堆中——一座大型的泥煤土堆——再讓阿克西和吉姆在裡頭仔細翻找，吃個暢快。這些飲食的安排不僅讓這兩頭熊在一年當中的合適季節從新的來源攝取蛋白質與維他命，也讓牠們吃下恰好以那些食物為家、各式各樣的新微生物。儘管華茲提到一開始並非特地這麼做，但她的所做所為正遵循了她自己的座右銘：「先餵（動物胃腸道裡的）微生物。」

華茲也決定讓這兩頭灰熊進入一種比較合乎時節的冬季休眠。這並不是完全冬眠（許多野地裡的熊其實也不會冬眠），但是這對阿克西和吉姆是一大變化。因為過去十年來，在整個冬季，牠們每天都會在餵食時間被叫醒。有時候，管理員必須大吼大叫或製造響亮的噪音才能喚醒牠們。華茲讓這兩頭熊在冬天想睡就睡。同時她還指示，假如牠們醒了，毋需按照時間供應食物，而是提供一次性的少量食物。從表面上看來，這個安排似乎是為了讓這兩頭灰熊減重，因為這麼做減少了牠們攝取的卡路里總量。但其實它的用意更為深遠。睡眠和新陳代謝是互相連動的，而長時間的禁食可能表示灰熊的身體起了其他生理變化，像是腸道長度的改變。

後來，這兩頭熊被移往更大的住處。在這個新環境中，管理員可以用「不方便取用」的方式來呈現牠們的食物，讓牠們模仿置身野外時必須設法四處搜尋食物與獵食的行為，耗費更多能量以取得食物。

儘管做了種種安排，但華茲仍舊無法完全重現灰熊的自然飲食。就好像我們無法完全吃得像我們百年前或千年前的祖先那樣，要在動物園中為每頭動物徹底複製野外的飲食方式並不可行。管理員從食品雜貨商與批發商那兒購得的水果，和野生動物能吃到的水果完全不同。[8]加拿大洛磯山脈並不產香蕉，也沒有柳丁叢，更沒有野生西瓜藤或芒果樹。就算華茲能找到具有和野外水果一樣精準比例、相同特質的水果，那些經過洗選、裝箱、冷凍和運送的水果表皮的微生物，也和動物在自然環境中能接觸到的截然不同。

幸運的是，華茲了解創造「完美的野生飲食」這個夢想——只是個夢想。她在各種條件的限制下盡最大努力去安排，結果證明只要把灰熊原本生存的自然生態知識放在心中，據此調整其飲食，就已經足夠。阿克西和吉姆不但瘦了，牠們似乎感覺更棒，且更有活力。簡而言之，牠們變得更健康了。

---

[8] 我們認為對身體有益的水果全都是仔細照料與管制演化的產物——始於最早的農民，歷經數千年的「改良」與近幾十年來密集地改進而得。今日我們在超市中看見的水果是迎合人類口味（及運送便利性）而栽培的。不僅富含水分、甜度高，而且這些人工栽培水果所含的纖維質遠少於野生的水果或古代的水果。

無論我們想要解決的是全球的肥胖流行或個人的減重問題，華茲的成功都值得我們借鏡。研究人員和醫師應該將環境中豐富充足與匱乏不足的循環週期，以及季節對我們腸道吸收食物的作用列入考慮。我們必須認真看待微生物群系的複雜宇宙，以及感染對新陳代謝的影響。我們需要思考像是白晝長度與光暗循環等全球性的力量。

富裕的現代人創造出一種連續不斷的飲食週期，一種「單一季節」。我稱這種無比歡樂、富足，但停滯、超級肥育的環境為「永恆的豐收」（eternal harvest）。糖很充足，無論是加工食品或漂亮的完整水果中，吃起來很麻煩的種子已透過育種被事先剔除，剝去容易剝開的果皮後，露出的是方便取食的小份量果肉。蛋白質和脂肪也可輕易取得——在永恆的豐收中，獵物永遠不會長大，也沒有機會學會逃跑或擊退我們。食物變得「乾淨」，當我們擦洗掉塵土與殺蟲劑時，我們消除了更多的微生物。由於我們能控制溫度，所以溫度永遠是完美的華氏七十四度（約為攝氏二十三度）；由於我們掌控全局，因此得以在太陽下山很久之後，點著燈，坐在桌邊吃晚餐。一年到頭，我們的白天怡人又漫長，夜晚則很短暫。

身為動物，我們發現永恆的豐收是個極度舒服的情境。不過，除非我們打算繼續處於這種持續發胖的狀態，同時還得面對伴隨而來的代謝疾病，否則我們得設法走出這種美妙的安逸。

第 8 章

有多痛就有多快樂：痛苦、快感和自戕的起源

只要說出某種疾病或苦惱，就能找到對應的線上支援團體。這些網站讓眾人交換故事、分享治療法，感覺不那麼孤單，然而，這些貼文往往讓人心碎。最近，我埋首瀏覽某些線上論壇。這些主題幾乎都是痛苦的哀訴，如：「我好擔心」、「這件事讓我很苦惱」、「我好怕他停不下來」、「我傷透腦筋，不知道該怎麼辦」、「他有這毛病已經好幾年了」、「有人可以幫幫我嗎？」、「我感覺好糟——彷彿我是個糟透了的媽咪」。

這些網站針對的對象並不是人類病患，而是患有「啄羽症」（feather-picking disorder）這種毛病的寵物鳥。儘管個別故事的細節或有不同，但整體的主題是相同的。這些名叫茱麗葉、齊克、朱比利和厄爾小姐的鳥兒全都無比健康，直到有一天，牠們的飼主在鳥籠底部發現了一堆五彩斑斕的羽毛……，同時間，其愛鳥的肩膀或胸膛或尾巴上禿了一大塊。這些鳥兒一根接一根地拔下自己身上的羽毛，有時還會啄那無毛的皮膚，直到鮮血淋漓才肯罷手。獸醫師檢查後排除了像是蟎或感染等過敏的物理性病因。這些飼主裝了加濕器，在毛被拔光的皮膚上塗抹蘆薈，還不惜砸錢購買高級的鳥食。然而，拔毛的行為仍舊持續。一隻自行拔毛的和尚鸚鵡（Quaker parrot）的飼主絕望地寫道：「最近牠總是邊拔毛邊發出小小聲的尖叫，跟你不小心碰到錯的新生毛時的反應一樣，接著牠

會馬上繼續拔下一根毛，而且反覆這麼做，所以現在就算拔毛會痛，牠也照做不誤……我在牠的嗉囊上和翅膀底下看見好幾個小血塊。」

身為從未養過鳥兒的精神科醫師，我仍然辨認出以下症狀：原因不明的行為改變；蓄意引發身體痛苦與損毀的作為；為心愛的人帶來困惑與苦惱。這些症狀讓我想起多年前見過的一位病患，這名二十五歲的女子出現心悸。她的前臂內側爬滿了許多來回交錯的切口，熟練的手法彷彿出自我外科同事精湛的手藝。顯然下刀前已考慮過消毒殺菌、清潔，以及切口會如何癒合等問題。只不過在這些切口產生時，現場並沒有任何醫師在場。動刀的是我的病患，她手拿剃刀畫破自己的皮膚。她是個「切割者」（cutter）。

切割大概是我們這時代最具代表性的人類自殘（self-mutilation）形式，似乎是專為焦慮的郊區父母和吸引八卦報導而量身打造的。它的名字說明了一切，但更明白的說法是，它指的是拿著利器（也許是剃刀刀片、剪刀、碎玻璃或安全別針），故意畫過皮膚，造成傷口與冒血。通常，切割者會選擇能用衣物隱藏跡象的身體部位下手，比方他們的手臂內側、大腿內側或腹部。有些人是在衝動下，拿起手邊的任何工具就這麼做；其他人則是把它當成一種儀式性行為。他們可能會在每天的同一時間、同一地點割傷自己，或是創造出「成套工具」，裡頭包括他們特別鍾愛的切割器具，以及事後清理用的紗布、ＯＫ繃和酒精消毒棉片。你可以想像，切割者（尤其是那些已經這麼做好多年的人）身上會留下許多疤痕；通常是平行的直線，就像深紅色的階梯團團圍住他們特別中意的切割地點。

精神科醫師稱這些切割者為「自戕者」（self-injurer），以描述用各種極富創意的方式傷害自己的這一類型的人。有些人會蓄意用香菸、打火機或熱水壺燙傷自己；也有人會用猛烈撞擊或用力掐擰自己造成皮膚淤青腫脹；有拔毛癖（trichotillomania）的人會搓揉自己的毛髮，並且從頭、臉、四肢與生殖器官扯下自己的毛髮；有些人則會將鉛筆、鈕釦、鞋帶或銀製餐具等東西吞下肚。在監獄中經常會看到這種特殊的自戕方式。

你也許認為自戕只會發生在激烈的次文化中或嚴重的心理疾病患者身上。[1]可是我的精神科同事說，這是席捲普羅大眾的行為。治療師和學校輔導諮商人員也證實了這一點。

自戕還得到公眾人物無心的背書。舉例來說，戴安娜王妃（Princess Diana）在一九九五年向英國國家廣播公司（BBC）揭露，她曾用檸檬削皮器和剃刀刀片割傷自己。她也曾透過刀之外的方式傷害自己，包括故意去撞一座玻璃櫥櫃，還有讓自己滾下一段樓梯。儘管安潔莉娜・裘莉（Angelina Jolie）把自己重新包裝成一個超人媽咪和人權鬥士，她和諸如克莉絲汀・蕾茜（Christina Ricci）、強尼・戴普（Johnny Depp）與柯林・法洛（Colin Farrell）等一干名人都曾有過自戕的過往；他們使用的工具包括刀、易開罐拉環、碎玻璃、香菸、打火機，還有他們自己的手指。而割腕時髦新潮的街頭聲譽有部分來自於比如《芳齡十三》（*Thirteen*）和《女生向前走》

[1] 二十五年前的我還是個醫學院學生，在加州大學舊金山分校的精神科病房實習，當時認為自殘在一般大眾中並不常見。通常會在診斷出某種發展障礙或精神疾患時，同時出現這種行為——例如，伴隨精神分裂症（schizophrenia）出現挖眼睛或切割生殖器的行為，或是自閉症（autism）患者會有撞頭的舉動。確實，自殘的發生往往與某些疾病有關，包括妥瑞氏症（Tourette's syndrome）、萊希尼亨症候群（Lesch-Nyhan syndrome）、某些形式的發展遲緩，以及邊緣人格異常（borderline personality disorder pathology）。

（*Girl, Interrupted*）等憤世嫉俗的青少年電影中的特殊刻畫演出。此外，割腕甚至在電影《怪咖情緣》（*Secretary*）中有了滑稽的變形，在片中，由瑪姬・葛倫霍（Maggie Gyllenhaal）與詹姆斯・史派德（James Spader）飾演的兩位主角，展開了一場或許可算是史上最樂天的虐戀故事。

不過，我依然對我的割腕病患手上的剃刀刻痕充滿困惑。她是個體貼又聰明的成年女子，有一份體面的工作，很像瑪姬・葛倫霍在《怪咖情緣》中的角色設定。為什麼她會故意割傷自己呢？對醫師來說，這是得先麻醉且遵循嚴格規範下才會考慮進行的事。於是，雖然她到我的診間是想諮詢心臟問題，我還是開口問了她。她就事論事地回答說：「我的精神科醫師說我是想自殺，但我不是。如果我真心尋死，我早就死了。割腕只是讓我覺得好過些。它減輕了我的痛苦。」

她的答案和其他切割者的說法一致。一名二十二歲的女子在康乃爾大學的網站上這麼寫道：「十二歲那年，我開始割傷自己的手臂……最適合用來描述我所感受到的感覺，就是無比幸福。它讓我很放鬆。」

幸福？輕鬆？寬心？「感覺很好」？即使接受過精神科訓練，而且在醫院打滾了二十年，我還是覺得這聽起來令人難以置信。但是那些割腕的人和他們的治療師說這是真的。同時他們也證實了雖然偶爾會有人在割腕時因為不小心下手重了點而得求醫，但絕大多數的自戕者並非打算自殺。[2]

至於他們為什麼要這麼做？答案很簡單，就是我們不知道。精神科醫師把割腕和青春期、控制議題、缺乏情緒感知力，以及沒有能力談論自己的感覺等連結在一起。自戕也常被認定與童年性侵及某些心理疾病有關，比方邊緣人格異常、神經性厭食症（anorexia nervosa）、神經性暴食症（bulimia nervosa）與強迫症（obsessive-compulsive disorder, OCD）等。那些自戕的病患描述自己備感壓力且焦慮不安，被諸多期望與選擇給壓垮……，或是完全被孤立且麻木不仁。

傳統上多將自殘行為歸咎於童年時期的創傷與受虐經驗，但結果證明這種想法並不完備。電影或電視影集塑造的割腕者刻板形象，也許是一個曾遭到性侵、父母失職的邊緣人格異常女孩。但事實上，男性與女性的自戕比率大致相同，差別在於他們傷害自己的手法不同：男性多會撞擊或燒傷自己，女性通常會選擇割腕。❸有些人會在他們離家自立、不再受到父母管束後開始自戕。而且許多人根本沒有童年受虐的經驗。

所以謎團依然存在。究竟是什麼啪地打開那個開關——讓滿懷憂思與荷爾蒙的青少年和有工作與責任在身的成年人變成自戕者？

我決定看看人獸同源學的方法能增添什麼洞見。當我們發覺動物出現和心理失常的人類相似的行為時，正是我們超脫「忙亂的現代生活」與「偉大的人腦」這些成見，尋找自戕這個症狀源頭的大好機會。然而，最初我開始詢問動物會不會自戕時，這個問題似乎無比荒謬。對動物來說，什麼算是自殘呢？

---

❷ 當我們談到自戕這件事的時候，缺乏自殺意圖是相當新的觀點——事實上不過二十年前，在自殺者手腕上被我們稱為「猶豫傷」（hesitation marks，指疤痕或不深的傷口）的某些傷疤，也許其實是先前割腕的跡象。

❸ 在《精神疾病診斷與統計手冊》第四版（*Diagnostic and Statistical Manual of Mental Disorders, 4th edition, DSM-IV*）中，自戕被列為邊緣人格異常的症狀之一。其他的精神病學文獻則將自戕和露陰癖（exhibitionism）、竊盜癖（kleptomania），以及妥瑞氏症的強迫性抽動與發聲歸類為一種衝動控制障礙（impulse-control disorder）。至於備受期待的《精神疾病診斷與統計手冊》第五版很可能會根據我們對這些行為背後的神經生理學與遺傳學的擴充理解，而將非自殺性的自戕（包括割腕）重新分類。

動物自戕的經典形象是，一頭狼為了從獵人設下的陷阱脫身而咬斷自己的一隻腳掌。但是這種為了逃離圈套而蓄意自戕的例子（在某些極端的人類經歷中，有時也會出現類似案例）並不是我尋找的目標。我想找的，是動物出現像人類那樣彷彿入迷的強迫性自戕行為。不消說，我有把握我絕不會在人類以外的動物身上見到，拿剃刀刀片割傷自己或用香菸燙傷自己的情狀。

我確實沒找到這類線索。可是我的研究很快就出現了一批同等可怕，原本應該是用來對付敵人的武器。鋼牙、大螯、尖喙、利爪。重要的問題是，動物會不會用這些利器往自己身上招呼？令我驚訝的是，答案不但是肯定的，而且次數還很頻繁。鳥類的啄羽症不過是獸醫師熟知的眾多例子當中的一個。

我的朋友曾經以為她養的貓得了某種皮膚病，使牠腳上的毛髮全部脫落，露出流湯的紅瘡。獸醫師做了些測試後，排除了寄生蟲和全身性疾病的可能，並且告訴她說這隻貓是個「祕密舔毛者」。對家貓來說，這是個常見的毛病，有時被稱做「精神性脫毛症」（psychogenic alopecia）。這隻貓在主人看不見的地方祕密地傷害自己，沒有明顯的實質刺激物引發這種作為，正如人類割腕者獨自待在自己的房間裡那樣。

黃金獵犬、拉布拉多犬、德國狼犬、大丹狗與杜賓狗的飼主，可能會認出經常影響那些犬種的一種毛病——牠們會著魔地舔咬自己的身體。牠們因此創造出來的開放性潰瘍，可以遍布某條腿或尾巴底部的整個表面。這種叫做「肢端舔舐皮膚炎」（acral lick dermatitis），又名「舔舐性肉芽腫」（lick granuloma）或「犬隻神經性皮炎」（canine neurodermatitis）的病，跟外部的病原體（如黴菌、跳蚤或感染）無關；患犬這麼做並沒有明顯的實質理由。如果你曾經見識過一隻狗那般地啃咬自己，便會發現牠有時似乎進入一種出神忘我、催眠的狀態——眼神呆滯、頭部來回快速擺動地舔、舔、舔……

在寵物店爬蟲動物區工作的人肯定都看過烏龜啃自己的腳，還有蛇咬自己的尾巴。只要朝馬廄偷窺一眼，就會發現另一種受苦的動物。「側腹啃咬者」（flank biter）指的是那些會猛烈齧咬自己身體，造成流血與傷口再次裂開的馬。這些馬兒的飼主就像發現自家青春期孩子割腕的父母，不但對這類行為悲痛欲絕，而且往往感到困惑難解；這類行為還包括突發性的猛烈旋轉、踢腿、暴衝和猛然弓背躍起。

諸如側腹啃咬、吸吮尾巴和啄羽等行為，遠比我們以為的更為常見，至少在某些品種當中是如此。例如，有多達七成的杜賓狗會發展出耗費大量時間且往往令人煩惱的重複性行為，包括自戕和其他的行為。服務於塔弗茲大學（Tufts University）的獸醫師尼古拉斯・杜德曼（Nicholas Dodman）專門治療與研究馬和狗的強迫性行為。杜德曼與他在麻州大學和麻省理工學院的同事已經在犬隻第七對染色體上找到某個基因區域，會提高狗兒發展出他們稱為「犬隻強迫症」（canine compulsive disorder, CCD）的風險。

究竟人類強迫症（OCD）和犬隻強迫症（CCD）是不是同樣的疾病，還很難說。假如人類病患受到擺脫不了的念頭驅使而產生強迫性行為，我們會斷定他得了強迫症（OCD）。相反的，所有獸醫師做出強迫症診斷的依據，都是動物的行為。由於缺乏共通的語言，獸醫師沒有辦法判斷動物那些持續重複的舉止背後有無強迫的念頭存在。

壓力、孤立與無聊

當飼主帶來的寵物一連數個小時繞著家具打轉，不斷後空翻直到筋疲力竭，或是使勁摩擦自己的皮膚，直到皮開肉綻、血流不止才肯罷手，有時獸醫師會說這些行為是「刻板行為」（stereotype）。最極端的刻板行為包括撞頭、拔毛、戳刺和挖鑿。在某些案例中，尤其是鳥兒，強迫發聲被認為是一種刻板行為，可能與人類的妥瑞氏症有關聯。對獸醫師來說，這一類型的任何行為，即使是比較溫和的方式，都值得關切和阻止。

在馬、爬蟲動物、鳥、狗與人類身上能看到的許多強迫性行為，其實都有某些基本的臨床特徵，包括讓患者受苦的可能性，以及嚴重影響病患的生活。但是，許多強迫性行為也跟自我清潔活動有種奇妙的關聯性。你也許聽過許多人類強迫症患者會反覆洗手。同樣地，一隻緊張的貓可能會全心投入自我清潔的活動中，用的是貓科動物的清潔工具——牠自己粗糙的舌頭。獸醫師提出了一個很口語的術語，直指究竟發生了什麼事。他們稱它是「過度梳理」（overgrooming）。

過度梳理？當我第一次聽到這個術語時，腦中閃過無數大自然紀錄片裡猿類為彼此理毛與抓蟲子的畫面。我很驚訝，沒想到這種溫和的清潔與社交儀式竟可以逐步擴大為可能致命的事。我很快就得知，原來很多種類的動物都會自我梳理，而且梳理涵蓋的許多行為遠比我想像的怪異許多。

對許多動物而言，梳理說白了就是一種很基本的活動，跟吃、睡、呼吸一樣。演化也許偏愛大自然中的整潔狂，因為牠們身上帶有較少的寄生蟲也較不易被傳染。

靈長類動物展現出各式各樣的理毛與抓蟲技巧。有些黑猩猩會為彼此抓出寄生蟲，把牠們放在前臂上，用手啪地打死，再吃掉牠們；有些猿類會用樹葉把蟲子從自己同伴的毛髮上捏除；日本獼猴發展出精妙的技巧，運用食指和拇指去除毛髮上的蝨卵，這項手法會透過母親傳承給下一代。

雖說除去蝨蚤可能是理毛的終極目的，但是動物梳理毛髮還有個更直接的理由。簡而言之，梳理毛髮感覺很舒服，而且它在許多動物群體的社會結構中扮演了極其重要的角色。

某些群體的黑猩猩為彼此抓背和拍手，目的都不是去除蟲子。黑冠獼猴（crested black macaque），尤其是母猴，會擁抱彼此並且用側身互相摩擦。此外，雖說靈長類動物為彼此理毛的行為多半發生在家族成員間，有時非親屬也會把自己的手指伸進對方的毛髮中——這麼做自然是有理由的。當社會位階較低的冠毛獼猴（bonnet macaque）與捲尾猴（capuchin）「提供」理毛服務時，牠們得到的回報是保護、戰鬥時的支援和靠山，以及有機會能抱別人的小孩。某些狒狒為彼此理毛的原因是能夠接近伴侶，確認對方是否發情，有意交配。

社交梳理（social grooming）的極端重要性不僅限於靈長類動物或陸地哺乳動物。在魚類的世界中，這個行為有時能避免衝突，維持和平。隆頭魚科裂脣魚屬的魚類素有「清道夫魚」（cleaner wrasse）的稱號，這種熱帶珊瑚礁居民為其他魚兒提供水下美容保養服務，牠會吃掉其他魚兒身上的寄生蟲及疤痕組織。牠的服務對象包括體型比自己大很多的掠食者，對方通常（確實）會拿牠當早餐。但是在清理服務站平靜的氣氛中，這些裂脣魚會毫不畏懼地接近大型魚類，在對方的牙齒間穿梭，甚至鑽進對方的鰓裡面。

這種關係並非只是動物合作的一個溫馨範例。科學家發現，不光是接受梳理的魚能感受到梳理帶來的鎮定效用，就連等待被梳理的魚也有同樣的感受。期待梳理與接受梳理似乎同樣能使掠食的魚減少追逐該區域中任何一種魚的次數。進行這項研究的科學家將這個水中「安全地帶」比擬為位於危險社區中的人類理髮店，能把暴力關在門外。

梳理帶給單獨行動者的心神安寧效力，和帶給社交清潔儀式的鎮定效果同樣強大。貓和兔會將多達三分之一的清醒時間用在仔細舔舐自己。海獅與海豹每天都花很多時間翻動自己的皮毛。鳥兒會在爛泥中翻滾、抖開羽毛、用鳥喙整理並挑揀羽毛。由於蛇缺乏餐巾或手可以運用，牠們通常會在用餐後直接貼著地面擦臉。

不過，也許沒有動物比我們人類擁有更多、更千變萬化的梳理儀式了。人類整理、清洗與修飾的型態多變，有時獨自一人，有時成對或成群；時而借助工具或「產品」之力，時而無須任何工具；可能完全免費，也可能貴得離譜。我只不過跟數百萬名美國女人一樣，只要在工作與家庭上遭遇壓力，就想到美甲師或髮廊那兒尋找片刻的輕鬆；有愈來愈多的美國男人也偏好此道。事實上我得承認，品質良好的定期梳理不只能安定心神，還能讓我思緒集中。友誼、關懷，特別是反覆的觸覺刺激，都能紓解壓力並增進我的幸福感。

人類經常梳理裝扮。無論是露營一週後洗個溫水澡的喜悅、好好刮頓鬍子後令人滿意的平滑感受、沉溺於他人在美容沙龍中對我們的悉心照料，或者精心打扮時在鏡中看見自己盛裝模樣的那種興奮感，都能提供我們身體上的滿足，一如它為我們的動物親戚帶來的好處那般（雖然人類花在梳妝打扮上的時間與金錢多寡因人而異，但是我們很清楚，選擇完全不參與此事會帶來重大的社交風險）。

結果證明我們的幸福感並不只是追求皮相美醜那樣膚淺。梳理真的會改變我們大腦的神經化學。它會釋放鴉片到我們體內的血流中；它能降低我們的血壓，使我們的呼吸減緩。為別人梳理也能賦予梳理者部分的同樣效益。就算只是撫摸動物也能使人放鬆。

當我坐在那豪華的修趾甲專用椅上，雙腳浸泡在溫暖的肥皂水中，實在很難相信這世上竟然有**過度梳理**這種事，也很難相信這種令人平靜的過程，居然和戴安娜王妃用剃刀刀片在大腿畫出一道道傷口，或是和一隻單獨監禁在籠子裡的鳳頭鸚鵡能扯上關係。不過，梳理囊括的範圍，遠大於你在美容保養中心付費換取的被社會認可的梳理形式。

還有一種較為私密的梳理——也就是善良的你我無時不刻且往往無意識地進行的小動作。一般來說，它們無傷大雅，只不過假如可以選擇，我們多半不會想要公開示眾或是看別人做這些事。請你看看自己捧著這本書的那些手指頭。你的手指表皮光滑平坦嗎？還是有些粗糙的邊緣死皮，懇求你去摳挖或啃咬它？你是不是正用手指捲曲把玩一綹頭髮，皺眉，摩挲腮幫子，或按摩頭皮呢？觀察拉扯頭髮、摳瘡痂和咬手指的研究發現，當我們做出這些無意識的、自我安撫的小動作時，往往會有一種彷彿催眠般的平靜狀態伴隨著出現。❹

而且我們會無意識地調整這些行為的強度。也許玩弄著頭髮的手指有時會忍不住想拔出一根髮

❹ 除了玩頭髮和啃指甲之外，許多人在壓力太大時會選擇嚼口香糖。從人獸同源學的角度來看，某些野生的非人類靈長類動物會從樹上採下阿拉伯膠（gum arabic，指天然口香糖中有彈性的植物膠成分），放入口中咀嚼它。動物園的行為學家有時會提供這種物質給園中的靈長類動物，做為對抗刻板行為的一種方法。某些與攝取營養無關的咀嚼確實顯示出具有鎮定的效用，至少取決於你用哪些牙齒來咀嚼（有一群牙醫師主張，用大臼齒咀嚼時，人會比較放鬆，用門牙或犬齒齧咬則會讓人活躍振奮）。

絲。由於髮根深埋在毛囊中，這麼做會遇到些微的阻力……於是你略略加重往外拉的力道……再重一點，再重一點……直到出現那個短暫、強烈的刺痛感，那根頭髮被拔下來了。

或者回想一下，上一次你身上的某個地方有塊小小的瘡痂。也許你很有定力，能完全不去碰它，但是大多數人很可能會用手指甲去輕刮它帶有硬皮的邊緣，接著也許會在結痂乾燥自然脫落前，出其不意地摳下整塊痂皮。

再舉個更進一步的例子，想想你從擠粉刺得到的那種小小滿足。那些能理直氣壯地宣稱自己從來不曾這麼做的人，也許在閱讀以下這段文字時會覺得很噁心，不過我們其他人可是對這套流程熟得很。沿著光滑的皮膚摸索……發現一處凸起，接著把所有的勸告拋到腦後，使勁擠呀擰的……感覺到阻力，一陣刺痛，最後啪地一聲爆開，膿汁跑了出來，偶爾還會帶點血。有時我們會回頭再擠一次（完全違反皮膚科醫師的醫囑），逼出更多的血來。

釋放……然後感到輕鬆。我們全都感受過這種變化，就算摳痂皮、擠粉刺、拔鼻毛不是你的習慣，但也許你曾經啃硬皮、抓頭皮或挖鼻孔時下手重了點。

事實上，人類整天都得仰賴這種**釋放—輕鬆**（release-relief）的循環。不管是摸頭髮、挖鼻孔或輕咬口腔內壁，這些全都具有強大的自我鎮靜效用。當我們覺得緊張不安時，就會摩擦、拉拔、啃咬或擠壓得更多一些，不過對絕大多數的人來說，這類行為的層級並不會升高。這些動作混合在你我的日常生活中，幫助我們維持一種活躍但鎮定的狀態。可是對某些人而言，想要感受**釋放—輕鬆**的需求是如此強烈，因此他們渴望極大程度的釋放……然後感到輕鬆。

釋放……然後感到輕鬆正是那些割腕的人之所以這麼做的理由。若我們對瞬間輕鬆感的強度需求不斷不斷地增強，我們的行為就可能會從拔下一根頭髮或擠出一顆粉刺，變成拿起剃刀刀片在皮膚上畫出一道道傷口。我的獸醫師同行認為這類行為屬於梳理的一部分。如果我們能接受這類行為是較不具破壞力的梳理形式，那麼自殘的確就是梳理過了頭。

實際上，對貨真價實的疼痛成癮，甚至可能會強化梳理者的正向生化作用。結果證實痛苦與梳理都能引發身體釋放腦內啡——也就是讓馬拉松跑者產生愉悅感的那種天然鴉片。疼痛也會導致身體製造兒茶酚胺，時間久了，這種物質會損害體內的重要器官，但在短期內卻能給予身體一記猛擊——使血糖猛然陡升、瞳孔擴大，並且提高心搏率。因此從某個角度來說，自殘者等同於進行自我治療，他們利用非正規的方式啟動自己身體自然且強大的化學反應。某些割腕者描述自己感受到一股壓倒性的自殘需求，同時會進入一種出神的狀態——就和有海洛因毒癮的人渴望來一針，慢跑者坐立不安地期盼她的比賽，或是一隻雙眼無神的德國狼犬舔舐自己的腳掌一樣。

身為心臟科醫師，我非常想知道的除了血中的化學物質改變外，還有自己造成的疼痛對心臟本身的影響。麻州的研究人員讓一群會咬傷自己的恆河猴（rhesus monkey）穿上小件的背心，裡頭藏有心搏率監測器，能讓科學家從遠端遙控查核。他們發現，當這些猴子自發性地齧咬自己身上這套陌生的新行頭時，牠們的心搏沒有出現明顯的陡升或驟降。可是當牠們咬自己時，牠們的心搏率在這行為開始前三十秒會顯著升高，接著，在牠們的牙齒碰到自己毛髮的那一瞬間急劇地下降。心搏驟降——尤其是因為緊張或恐懼而使心搏加快後突然間暴落——會創造出安寧鎮靜的感覺。割腕者就像這些會咬傷自己的恆河猴，半帶恐懼半帶興奮地盼望著這一刻——當刀鋒落在皮膚上，他們可能會感受到一陣輕微的心搏過速（心搏加快），等到皮膚被畫開、鮮血湧出後，心搏則會突然迅速平靜下來。

因此，人類與動物自戕的其中一個原因可能是生物化學上的：他們被某種以神經傳導物質為基礎的回饋迴路給迷住了；在這個迴路中，只要他們做出能引發疼痛的行為，他們的身體就會用平靜與舒服的感覺做為報償。而且他們的心臟會透過因興奮而全速運轉後立刻又忽然放慢心搏的方式，放大這樣的感受。

最有趣的是，這兩種完全相反的事——快感與痛苦，梳理與破相——竟然能對身體產生類似的作用。正因為如此相似，使得某些人的身體似乎混淆了兩者。挖抓、戳插和咀嚼這些（有時會傷害我們的）行為之所以留在基因庫中，是因為它們和梳理有著相同的本質，都能使我們鎮定下來、保持平靜、維持我們的健康，以及約束我們的焦慮。不過，那仍舊留給我們一個問題：無論自戕是否落在正常的範圍裡，人類與動物的自戕都是偏離常軌、危險且需要被控制的。它不只是精神痛苦的一種徵兆，更可能引發嚴重的健康後果，始於棘手的感染，最後以死亡收場。

這些是獸醫學能給予醫師探索的新見解，或起碼是新的方向。傳統上，精神科醫師會嘗試透過檢視各種人格障礙及找出過往創傷的證據，理解病患的自戕行為。我們可能會從尋找曾被性侵的往事或邊緣人格異常的特徵下手，可是我們的獸醫師夥伴採取的是更為直接的手段。由於缺乏與其病患交談的能力（或許也可說是得益於這一點），他們從經驗中歸納出觸發自戕行為最常見的三大要素：壓力、孤立與無聊。5

獸醫師在著手治療側腹啃咬者前，會先詢問這名病患的成長背景（以出現類似行為的狗兒為例，如今獸醫師認為幼犬時期待過收容所是造成成犬出現心理失常行為的一大可能原因），等到排除患者曾經歷痛苦難忘的「幼獸時光」，身體也沒有其他毛病（比如腸扭轉或韌帶破裂）後，獸醫師才會開始檢視急性壓力、孤立與無聊這三大要素的可能性。[6]

要判定壓力大小，獸醫師得調查這隻動物面對的社會情境與環境。畜舍中有無恃強欺弱的霸凌現象？加害者是人或馬？因感覺環境變化無常或有危險而造成的壓力，有可能導致動物傷害自己。

孤立也可能導致動物自戕。安排其他動物作伴是獸醫師會嘗試的一種解套方式。即便是似乎想要獨處、會攻擊並驅逐籠內伴侶的鳥兒，在其鳥籠被移近其他鳥類後，也會停止傷害自己。許多種類的猴子與猿類在移置到與同種的另一頭動物同籠後，自戕的狀況會大幅減少。許多種馬在有母馬陪同（其自然社群）的狀況下，便會停止獨處的自戕行為。從獵豹到賽馬，許多種類的動物有時會被安排與其他動物（如驢子、山羊、雞或兔）住在同一個獸欄中。這樣安排之所以行得通，有部分原因是大型動物會害怕踩到體型較小的動物……彷彿這責任心本身就能減少自戕的需求。

無聊會讓獸醫師心中的警鈴大作。例如，自由放牧的馬兒每天花許多時間吃草，但當馬房助手將飼料袋繫在馬兒頭上，讓馬兒的食欲被富含能量的美味穀物輕易填飽後，留給這隻動物的是吃得

---

[5] 獸醫師在著手處理這些常見因素之前，會先排除潛藏的生理疾病。精神科醫師發現病患出現某個新症狀時，也會這麼做。舉例來說，醫師發現病患出現憂鬱症狀時，會先考慮甲狀腺機能減退、庫欣氏症候群（Cushing's syndrome）或甚至胰腺癌的可能性。同樣地，當動物（人類或其他動物）出現自戕行為，首先必須排除包括身體疼痛在內的軀體疾病原因。

[6] 動物自戕的案例大多數來自被圈養的動物，而且在某些狀況下，圈養本身有可能會加重刺激作用。然而，動物並不是只有在圈養的環境才會感受到壓力、孤立與無聊。類似行為也會發生在野外，只不過要觀察放養的動物有其困難與限制，因此野外版本的自戕行為也許被低估了。

太撐的肚皮，閒著沒事做的蹄子和牙齒，還有大把的時間——你猜這組合會發生什麼事？

無聊是誘發刻板行為的危險因子，因此，動物園的動物行為學家發展出一整套技巧來對付無聊。稍早之前我們曾提到，環境豐富化透過鼓勵動物去做那些牠們在野外會自然展現的行為，使動物在心理與生理上得到滿足。動物管理員會用球狀的冷凍血液與牠們最愛的獵物氣味刺激食肉動物。環境豐富化可以很簡單，比方只是一座可供探索的新土堆，可以把玩的許多圓木、羽毛和松果，還有不同的聲音。❼

當獸醫師注意到動物出現刻板行為時，他們會增加或變換環境豐富度。鳳凰城動物園（Phoenix Zoo）的郊狼（coyote）訓練師觀察到兩隻郊狼用四肢緊繃、雙耳朝後下壓的步態循著相同路徑來回踱步時，她提供冷凍的血液冰棒給牠們玩，將鴿子翅膀懸掛在樹枝上，鼓勵牠們跳躍，把長頸鹿與斑馬的尿液灑在灌木叢周圍，慫恿牠們離開那條固定路徑，在粗麻布製成的管狀物中填滿花生醬，讓牠們設法吃到零食。經過幾個星期後，這兩頭郊狼才恢復立耳、平靜地快步行走。

訓練師會提供馬兒各式各樣可把玩的玩具，但是要防止這種習慣群體活動的動物感覺無聊、緊張不安，絕對不會失敗的最有效對策是——給牠一整群同伴。畢竟，馬兒已經演化成群居動物。除非馬群當中有匹馬保持清醒，負責站崗，否則牠們通常甚至連睡都睡不安穩。也難怪獨自生活會對牠們造成偌大的壓力。

承認了人類與其他動物關係密切後，一來能將我們已知的一切放入一個新的脈絡中，二來則可提出治療這類問題的創新方法，或許能對人類自戕這個議題做出某種說明。它帶領我們走進由大猩猩、口香糖與指甲油構成的故事中。

建立生活目標

多年前，在伯明罕動物園（Birmingham Zoo）微微反光的白色診療室中，有一群獸醫師身穿手術服，頭戴口罩，低著頭全神貫注地團團圍住一頭雄性山地大猩猩。巴貝克（Babec）患有鬱血性心臟衰竭（congestive heart failure），一種我幾乎每天都得面對、為人類病患治療的心臟疾病。它會讓人類和猿類變得虛弱且嗜睡。在最嚴重的人類案例中，病患會覺得呼吸困難，就連從事最簡單的活動（比如從床邊走到浴室、穿上衣服，甚至是講話）都會感到筋疲力竭。病得很重的人類心臟衰竭患者不但沒有食欲，肌肉萎縮，連體重也會下降。巴貝克也是這樣，牠吃得愈來愈少；此時牠的體重只剩一百四十五公斤，相較於過去一百八十公斤重的牠，如今牠單薄得像是一抹影子。這頭生病的大猩猩即將被裝上一台高科技的心臟節律器，跟放進罹患嚴重心臟衰竭的人類病患體內的裝置是同一種。

當技師為巴貝克麻醉插管時，獸醫師仔細清潔自己的手，在牠的胸膛抹上消毒劑，剃除牠心臟附近的銀灰色毛髮，露出一大塊長方形的皮膚。在醫療程序的麻醉下，大猩猩看起來跟人類一模一樣。牠們像皮革般強韌的手掌上有眼熟的渦紋狀指紋，掌心朝上地攤放在身體兩側。牠們駭人的壯碩身軀與明顯隆起的額頭，在牠們清醒時看來如此令人生畏，但此刻在麻醉下卻似乎無助、多愁善

❼ 一九八五年，美國農業部（U.S. Department of Agriculture）提出對圈養動物心理健康非常關鍵的六大要素：社群、結構與基礎（指籠子和籠子的地板材料、睡臥區域與棲息處等等）、搜尋糧食的機會、玩具或可操作的東西、對五種感官的刺激，以及訓練。

感甚至有思考能力。

獸醫師用一把消毒過的解剖刀小心畫開一個切口，動手安裝那個心臟節律器。這場為時六小時的手術進行得很順利。獸醫師縫合開創處，用繃帶包紮傷口，並且清理診療室，以便獸醫技師為巴貝克的甦醒做準備。

不過在手術過程中，有幾件事可能會讓人類手術室的當班資深護士抓狂。手術進行到一半時，有位助理為巴貝克修指甲，把牠原本淺黑色的指甲塗成鮮豔的法拉利紅。另一名動物園職員則是剃除巴貝克腳上的幾處毛髮，在獸醫師根本沒拿解剖刀靠近的皮膚上縫出鬆散的「誘餌」線痕。同時間，有幾名獸醫師做了一件在人類手術房被嚴格禁止的事。他們的嘴在口罩後不斷嚼著大塊的口香糖，而且每隔一會兒就鬼鬼祟祟地從口中吐出一塊彈珠大小的口香糖，接著不知為何地把它們黏在巴貝克的毛髮上。

後來主治獸醫師向我解釋，這些違反人類健康規範的作為其實是照料病患的聰明策略。具體來說，這些是設計用來保護巴貝克胸膛上真正切口的纖細縫合線，因為只要一不留神，巴貝克能在幾分鐘內就把節律器拉出體外。可是該怎麼保護它呢？經過一番哄騙，我的人類病患通常會忍住那股衝動，至少在動完手術後的三十六小時內不去亂動自己傷口的縫合線，讓疤痕組織有時間形成。可惜費盡脣舌也無法阻止一頭大猩猩去扯開自己身上的傷口一探究竟。

於是這些獸醫師想出一套巧妙的障眼法，透過轉移這名病患的注意力，保護這些縫合線。他們利用的，正是與首先驅策這頭大猩猩去摳傷口同樣的那個本能欲望——梳理的衝動。

巴貝克的獸醫師告訴我，手術後，牠醒來的情形跟我的人類病患通常會有的狀況一樣：迷迷糊糊、失去判斷力，以及渾身不舒服。牠凝視整個恢復區後，開始舉起手，準備朝胸膛移動，但手到了半空中卻停住了。法拉利紅的指甲像硬糖般微微閃爍著。它們攫住牠的注意力好幾分鐘。等到牠的手繼續朝胸膛移動時，沒多久，牠的手指頭就發現了一坨口香糖。牠又挖又捏又拉地對付那坨煩人的東西，好不容易使勁拔出它之後，牠的手指頭又摸到另一團口香糖（這些獸醫師在咀嚼後，為了殺死病菌，已對口香糖進行了熱處理）。牠腳踝上的假縫合線會是下一個目標。每回他完成了一項任務，就有另一項等著奪取牠的注意力；這一切都是為了讓牠分心，不去注意最重要的事：牠胸口的縫合線。

這是個人類醫學與動物醫學已然會合之處，儘管兩者當中的任一方都沒有體認到這件事。有些治療師會建議自戕者在想要割傷、燙傷或撞傷自己的強烈衝動湧現時，嘗試採用侵入性較少、能分散注意力的疼痛「衝擊」做為替代。比如把手指戳進一桶冰淇淋中、用力擠壓一塊冰塊，或者用橡皮筋彈自己的手腕，這些有時足以達到預期的效果。那些渴望獲得鮮血滴流的切割者，可以在他們想要切割的部位用紅色簽字筆，而不是刀片，畫出一道道痕跡。接著用紅色食用色素製成的冰塊在皮膚上拖曳，製造出令人滿意的緋紅色細流。或者，他們可以使用指甲花染料用力猛擊他們選定的肉體畫布（這麼做有個額外的好處，就是乾了以後會呈現出一種令人滿意的結痂般硬度，第二天就能動手摳除）。這些分散注意的做法全都能實現**釋放—輕鬆**的反應，只不過手法安全多了。

不過獸醫師也指出，動物需要的不只是短期對自己身體上分散注意力，也需要較長期的社會改變——換句話說，牠們需要能解決其壓力、孤立與無聊的對策。只要動腦筋想一下，你就會發現那可能也適用於人類。在我們老祖宗的那個年代，年輕人根本沒有像現代美國這樣的閒暇與唾手可得的富足。典型的中產階級青少年有點像是獨自待在自己的馬廄裡的馬兒，日常所需的絕大多數事物（尤其是食物，不過就連娛樂和身體活動也是如此）早就有人準備好，還貼心地處理成容易消化的份量。留給他的，是大量的多餘時間和極少數像每日努力求生存般鼓舞人心的活動。

當科技能娛樂人，還能傳播訊息時，它會更進一步孤立你我，使問題變得益發嚴重。就連喜愛看電視、玩電動、獨自在房裡上「社群」網路的我們都知道，這些活動會讓我們與真實的人互不往來。一項比較各種閒暇活動與滿足感的調查發現，讓不分年齡、各種社經地位的人一致感覺不開心的唯一一種消遣，就是看電視。雖然鳥兒飼主與其他遇上常見困擾的人能在線上集會，從遭遇相同問題的人那裡得到安慰，互相取暖，但這個現象有其陰鬱的一面。網際網路能提供割腕者（還有那些置身於其他自戕次文化的人，如厭食症患者）錯誤的同儕團體——這些夥伴讓割腕變得實際可行，他們支持這種行為，提供「改善技巧」的訣竅，發表讚揚它的詩文，同時描述隱藏它的各種手法。

動物管理員設法讓動物去主動覓食。也許我們該試著讓青少年參與培育和準備他們自己的食物，因為這活動不只能帶來全然的平靜與滿足，還能提供生活目標。如同動物的刻板行為在有了同伴後會大幅減少，寵物能陪伴人、使人有責任感、迫使人活動筋骨並帶來娛樂。就像一匹孤獨的馬被再次引入某個馬群中，離群索居的割腕者應該被鼓勵去尋找他們自己的群體。無論是比較主流的消遣（運動、戲劇、音樂、志工服務）或較為小眾的熱情嗜好（中世紀戰役重現、YouTube 影片製作、競爭的拼字遊戲），擁有一群有血有肉的真實人類作伴、互相倚賴，能帶來深刻的歸屬感。

心理治療是處理極端自戕案例的傳統（但通常非常有效）治療法，它也許可以真正結合獸醫師用來治療自戕動物的這兩種手法。支援性諮商輔導可以做為割腕者加入群體的起點：在那裡有人會和自己說話、坐得很近，而且得負起責任（在約定的時間到場出席）。心理治療也能被視為一種社交梳理的形式，它能透過聲音、語言、回應與在場，讓另一個人心情鎮定且「得到感動」。真實的觸碰與按摩療法透過治療師與患者間的直接身體接觸（重複的觸覺刺激），或許也是能**釋放**孤立與緊張的感覺，**然後放輕鬆**的有效方法。

可是，人獸同源學針對人類的自戕行為也提出了一個更深層的問題。假如有人用香菸燙傷自己，我們肯定需要找出方法制止他。不過，我們能夠接受或容忍不那麼極端的自戕形式嗎？我們該這麼做嗎？其實我們早已這麼做了。

近來自戕案件數目的增加與某種有節制的身體傷害的普及恰巧同時發生。當我仔細端詳我的病患自己切割出來的傷疤時，我忍不住問起她一身從頭到腳的大小刺青。她告訴我，這些刺青大多是在她停止割腕的那五年間刺的。現在她兩種都來。「我想，我會做這麼多刺青的理由是我真的想要割傷自己。」她告訴我：「大家都說刺青不會痛，但不痛才怪。」

不用說，刺青和自戕是兩回事。刺青不但由來已久，在許多地方更是一種莊嚴的文化藝術形式。但是，它是一種梳理，和我們靈長類親戚的舉止有許多相似之處。它是兩個個體間的一種親密互動。刺青往往能賦予人社會地位。刺青時的疼痛會促使身體釋放腦內啡。

自戕是一種梳理過了頭的表現——這個人獸同源學的觀點為我們開啟了一種嶄新的方式，去觀看我們社會中愈來愈疼痛、愈來愈侵入的精心打扮儀式，包括全身除毛、給生殖器漂白、果酸換膚、反覆進行電灼除痔、去角質、成人牙齒矯正、紫外線牙齒美白、淨膚雷射，還有風行整個好萊塢的肉毒桿菌（Botox）注射。

無論他們的工具是刺青師傅的刺青槍、整型外科醫師的針頭、割腕者的剃刀刀片，或是牠們自己的利爪與尖喙，有時候，人類和動物就是跨越了界限。一旦跨越了這條線，健康的自我照護就會變成明顯的自戕。我們或許無法定義出那條線確切開始的地方，不過只要有人越線，我們一眼就看得出來。

從不折不扣的割腕者到祕密的拔頭髮者與啃指甲者，我們所有人都和動物共有那種難以抗拒的梳理衝動。梳理是一種與生俱來的驅力，歷經數百萬年來的演化，帶有讓我們保持清潔、與社群保持密切往來的正向利益。

當出現壓力、孤立與無聊時，父母、同儕、醫師和獸醫師都該要多加注意。運用戲劇團體的彼此提攜、後院園藝帶來的原始樂趣，或者清理精心放置的口香糖塊來對抗那些觸發誘因，這些做法不只可以創造出讓人分心的事物，更是運用演化工具來修復因演化出現的短路。

第9章

進食的恐懼：動物王國的飲食障礙

某家精神科醫院的飲食障礙（eating disorders）部門，每天到了晚上六點左右就會瀰漫一種緊張的氣氛，此時，骨瘦如柴的病患腳步虛浮地焦急走進用餐區域。許多人穿著一套看不出身形的制服，寬大鬆垮的運動褲和尺寸過大的襯衫，袖子長到只露出他們的指尖。他們小心翼翼地環顧四周，用眼神打量彼此，偷偷嗅聞飄蕩在空中的氣味，企圖預測今晚他們得挑戰吞下什麼食物。這些餐點經過特別設計，不但將卡路里降到最低，還用盡心思裝飾，設法挑動這些不情願進食者的胃口。親切但謹慎的護士、醫師和病房助手（其中也包括警衛在內）全都提高警覺，嚴防那些不碰食物、把食物藏起來，還有吃完後跑去清除的人。有時候，他們會在用餐時間開始前鎖上浴室的門，以便確保沒有人能在用餐中途溜出去將食物催吐出來。

在一九八〇年代晚期，當時我是精神科住院醫師，有六個月的時間輪調到加大洛杉磯分校神經精神醫學中心的飲食障礙部門學習。我記得和其中一位特殊病患一起用餐的經驗。這名十四歲的女孩叫做「安珀」（化名），既蒼白又枯瘦，我們在一張仿木圓桌旁毗鄰而坐，她注視著自己面前的那個綠色塑膠盤，上頭有個普通的火雞三明治和一顆紅蘋果。她盯著那食物瞧，深深地凝視它們，最後她抬起頭看我。我很訝異地發現她流露出驚恐的神情。「我做不到。」她輕聲低語道：「我真的沒辦法。吃這些食物讓我好害怕。」

害怕進食。我還記得當時我心想，那真是精神錯亂啊。多麼不自然。甚至早在我變得習慣用一種比較的態度看待人類疾病之前，我會想，這種心理疾病完全與演化原則對立。在野外，動物若蓄意讓自己挨餓，肯定早晚要滅絕。

然而，大約每兩百個美國女性當中就有一人出現這種叫做神經性厭食症（anorexia nervosa，或譯心因性厭食症）的自願挨餓行徑。它的危險性出乎意料地高，約有一成的患者因此喪命。厭食症被認為是年輕女性當中最致命的精神疾病。至於知名的清除型暴食症（binge-purge disorder），也就是神經性暴食症（bulimia nervosa，或譯心因性暴食症），則是每千名女性當中有十到十五人會在一生中的某個時點受到此病的侵襲，同時每千名男性當中也有五人會罹患此病。此外，還有許多迅速擴展、光怪陸離的各種飲食障礙，這些全被歸併到一個廣泛的診斷類別當中，稱為「飲食失調」（disordered eating）。它含括了暴食（binge eating）、夜食（night eating）、偷吃（secret eating）和囤積食物（food hoarding）等棘手的行為。

飲食障礙往往被視為情節輕微，甚至無關緊要，不過是有錢有權者的苦惱而不予理會。儘管如此，由於它們在全球盛行，世界衛生組織（WHO）已宣告它們是必須被優先處理的疾病。而且如同史丹佛的精神病學家史都華・艾格拉斯（W. Stewart Agras）在《牛津飲食疾患指南》（*The Oxford Handbook of Eating Disorders*）一書中指出，所有種類的飲食障礙患者數目在全世界都有增加的趨勢。

從我診治安珀起的這二十年來，精神病學家對於容易罹患飲食障礙者的特質和原因有了更多的理解。荷爾蒙的狀態和大腦的化學作用功不可沒。由於飲食失調有在家人間流竄的現象，遺傳被認為是飲食失調的關鍵因素之一。特定的人格類型尤其容易受到影響。受害者多半容易擔心和焦慮，特別是煩惱體重增加和發胖。神經性厭食症經常會和焦慮症一併被診斷出來。某些患有厭食症的人承認自己是完美主義者或想要懲罰自己。許多人表示他們對食物上癮，也有人沉溺於在挨餓過程中體會到的幸福感而無法自拔。他們描述自己很享受對食物與體態行使控制權，以及觀看自己的狀況給周遭人等帶來的作用。精神病學的解釋也指出，童年早期經驗及家人間的互動可能是誘發原因。

飲食障礙既錯綜複雜又微妙難捉摸，似乎是非常人類的疾患。就我們所知，其他物種並不像我們這樣關心身體意象與自我價值感——這些事激起人類病患危險的飲食失調。還有，病患不安穩的人際關係及擺脫不了變胖的念頭，無疑是深植在由文化、社會壓力、媒體訊息與瀰因（譯注：meme，指文化資訊傳承的基本單位。是理查・道金斯於一九七六年出版《自私的基因》一書時，以生物演化來比擬文化的傳承，從而提出的新詞。瀰因跟基因一樣，能透過複製、變異與天擇產生進化）構成的一種只有人類才有的脈絡中。

然而若進一步仔細審視獸醫學資料，可在不同物種間找出某些驚人的、重疊的飲食行為。在動物界，暴食、偷吃、夜食和囤積食物都很常見。神經性厭食症和神經性暴食症（或相當於那些極端病症的表現）確實會在特定壓力環境下出現在特定動物身上。雖然動物與人類患有這些疾患時的「心理狀態」不盡相同，但是就神經生物學的角度而言，可能是相同的。人獸同源學的方法讓我得知動物有時就像安珀一樣，也會害怕進食。事實上，許多野生與馴養動物對每一餐的感覺，就像安珀的三明治帶給她的感覺一樣——充滿危險。

要了解我所說的意思，我們必須將兩種差別非常大的研究領域擺在一起。第一個是，當代精神病學與撲朔迷離、定義不明，但數量成長的飲食失調診斷；其次則是，野生動物學與動物每日獵食時的奇想與不幸。

恐懼的生態學

在黃石國家公園的荒野裡，典型的清晨可能是像這樣的：一隻花栗鼠從牠的洞穴探出有鬍鬚的鼻子，急匆匆地跑去撿散落了一地的松果。牠用前爪捧著松果，一連啃食了好幾顆。牠偷偷地將松果塞進腮幫子裡，迅速回到自己的窩，然後將這些存糧藏進牠的祕密地窖中。接下來，儘管才剛吃過，牠又跑出來，朝食物邁進。牠倏地豎直耳朵，張大雙眼，停下腳步，掃視四周。牠注視著核果，沒留意到草叢裡沙沙作響的聲音。突然間，一記細碎的爆裂聲響。這個聲音完全不同——牠想逃回自己的巢穴，但為時已晚。猛撲！用力揮擊！一頭山貓朝這隻花栗鼠的脖子狠狠咬下去，然後叼著牠軟綿綿的身體走開了。

在附近高大的草叢中，山貓沒注意到那兒蜷縮著一隻安靜的野兔——牠的心臟加速，肌肉繃緊，為全速衝刺到避難所預做準備，不過現在已派不上用場了。牠持續文風不動了好一陣子，直到感覺安全了才恢復進食。不過，在聞到山貓氣味前牠原本打算去吃的那片草地，如今已不能再去，即使只要再往前多跳幾步就能抵達也太危險。吃幾簇羽扇豆（lupine）就好，雖然沒那麼營養，不過也足夠了。下巴不斷磨動，心臟仍急速運轉，這頭野兔將身邊容易取得的植物塞進自己嘴裡。

在那頭野兔放棄的草地深處，一隻蚱蜢凝住不動。牠感覺到，但看不見一隻飢餓的蜘蛛埋伏在附近。突然間，這隻昆蟲停止咀嚼那富含蛋白質的草葉。牠謹慎地移動，悄悄走到另一株新的植物上——飽含糖分的一枝黃花（goldenrod）。牠的上顎開始在黏糊糊的黃色花朵上迅速翻動。

在河畔的白楊叢中，麋鹿看似鎮定地吃著嫩葉。牠們抽動的耳朵與撐大的鼻孔，是當牠們監控著悄悄靠近幼鹿的狼群時，唯一洩露出壓力激素會在牠們的血管中流動的線索。

在這條河湍急的水流底下，一條年輕的山鱒（cutthroat trout）藏在岩石的裂縫中。在牠身旁漂流著蜉蝣若蟲、蚋和其他營養的佳餚。可惜這條魚太年輕、閱歷太淺，無法在這片開放水域中稱職地扮演掠食者角色，牠謹慎地待在原處，用偽裝來保護自己——牠犧牲了食物換得安全。

隼和鶥的胃充滿了飢餓激素（hunger hormone），在高空來回盤旋偵查。牠們追捕的獵物——從灌叢刺鬣蜥（sagebrush lizard）、鷦鴣和牛蛇（bull snake），到囊鼠（gopher）、鹿鼠（deer mice）和臭鼬等住在這片黃綠色灌木叢的警戒居民——全都得時常權衡進食的風險。究竟該在虎視眈眈的空中掠食者眼皮底下吃東西好，還是餓著肚子繼續躲藏保命好呢？

當太陽開始西沉，這些動物變得更加警覺。有些動物受到飢餓驅使，很想要在天色完全暗下來之前殺了獵物。有些動物則從自己的食品貯藏室挑選食物，或從鄰居的貯藏室偷出食物來大快朵頤。有些動物在太陽落下後醒來，透過月光，開始危險的覓食行動。

對於在荒野用餐，有一件事你可以很確定——這些時刻絕不無聊。每一口都牽涉到攸關生死的兩件事：取得食物，以及避免自己成為食物。假如某隻動物無法找到並確保自己有足夠的食物，牠終將死於飢餓。牠如果不夠警覺，就會淪為盤中飧。在大自然中，吃食充滿了危險、冒險、壓力與恐懼。

話說回來，假設不看黃石公園的動物，而是仔細凝視昏暗的廚房與餐廳、已經鎖門的辦公室和貼有隔熱紙的車窗後呢？假如那些永遠在匆忙奔跑、貯存食物、躲避敵人和小口吞食的動物是人類呢？假如花了一整個早上找食物，對食物著迷，為了得到或避免成為食物而改變自己行為的動物是人類呢？那麼，整個局面可能會完全改觀。事實上，如果這些行為是由某個二十一世紀的人類所展現的，可能會讓我的精神科同事非常頭痛。

今日，我們不再視自己為畏縮的獵物。畢竟，人類是地球有史以來最可怕的掠食者。高居食物鏈頂端，身處文明開化的舒適生活中，我們絕大多數人終其一生從未面對過來自非人類掠食者的現實威脅。我們當然對此滿懷感謝，可是它掩去了一件事實，那就是我們DNA的記憶時間很長。

在不久前的過去，我們每天都得面對成為他人午餐的真實威脅。我們遺傳而得的求生能力，有賴我們祖先歷經百萬年演化發展出來的出色本能——這種本能讓他們得以存活，避免落入其他生物的肚腹中。如今，當我們拿著一杯豆漿那堤走出星巴克時，不會有福斯汽車大小的鵰作勢要落在我們身上。不過，卑鄙暗算的辦公室政治、充滿暴力的娛樂消遣，甚至是青澀的成長過程，都能觸發如同我們的動物祖先被餓極了的肉食動物盯上時，那種強有力的生理反應。

我們和其他動物，以及我們自己的動物祖先有一個明顯的共通之處：我們全都得吃東西。而仿效我們動物祖先的進食策略——會受到恐懼、焦慮與壓力所影響——可能直到今日仍舊以古老、經遺傳而得的飲食神經迴路與行為，殘存在你我身上。這表示我們每一個人身上可能都埋伏著一個「錯亂失調的」動物飲食者。

我和安珀的每日會談會選在醫院裡或加大洛杉磯分校校園內的不同地點進行，有時在長椅上，有時則在樹下。我們搜索她的童年記憶（儘管沒什麼重要的；畢竟她才十四歲）、她的想法，以及她對未來的想像——這一切全都是為了了解她害怕進食的心理動力核心。

研究動物的生態學家無法進行這類的對話，原因非常明顯。就像心理治療師一樣，這類生態學家永遠不會力求了解單一隻動物脫離自己所處世界後的飲食行為。事實上，研究動物飲食的科學家知道，一隻動物因為食性表現出來的許多行為，取決於牠完全無法控制的各種因素。天氣、食物供給、權勢高低與社會階層——這些全都可能代表了肚子飽足和肚子空空的差異。而且在野外，最大的飲食決定因子是掠食者的出現。生物學家稱之為「恐懼的生態學」（ecology of fear）。

為了研究這個想法，耶魯的科學家打造出用網狀物與玻璃纖維構成的田間網籠，罩住一片草原的某些區域，將野生蚱蜢和牠們的主要食物來源（自然生長的植物）涵蓋其中。在某些圍場，蚱蜢能安安靜靜地進食。那些昆蟲多半會津津有味地咀嚼富含蛋白質的青草。可是另一群蚱蜢得和一種討厭的意外——食肉性蜘蛛——共處。為了保護這些蚱蜢，那些蜘蛛的口器被黏合起來了。

蛛形綱動物的出現帶來某種明顯且出乎意料的效果。被迫與自己的天敵共處這件事，讓所有的蚱蜢全都放棄了吃草。不過牠們並沒有完全放棄進食。牠們選擇的替代品是一枝黃花，一種富含碳水化合物的含糖開花植物。當重複實驗，而蚱蜢必須在高糖餅乾與高蛋白質棒之間做出選擇時，同樣也會出現偏好醣類勝過蛋白質的狀況。設計這項實驗的生態學家卓爾・郝樂內（Dror Hawlena）說，這代表一件非常有趣的事。當蚱蜢因蜘蛛的出現而感到有壓力時，會狂吃醣類與碳水化合物。掠食的威脅會加速許多種類生物的新陳代謝，使牠們準備好隨時對危險做出反應。加速引擎得燃燒血液與肌肉中的燃料。為了保持引擎加速，這些動物需要易燃的燃料。結構單一的醣類與碳水化合物最為合適。它們的化學鍵比多葉綠色植物的長鏈脂肪酸或蛋白質的複雜分子更容易分解，所以它們在腸道中毋需經過許多處理，身體就能迅速利用它們的能量。[1]

研究飲食障礙的精神病學家注意到，容易飢餓的暴食者很少會過量攝取蛋白質或綠色葉菜。跟蚱蜢一樣，他們大吃大嚼的東西——有時幾乎到了著魔的地步——全都是醣類和簡單的碳水化合物（因壓力而大吃大喝，且隨後不會透過嘔吐或利用瀉藥來抵銷的人，有時會戒除這種專挑醣類與碳水化合物下手的習慣）。

在一項耶魯大學的研究中，蚱蜢的食物選擇受到牠們無法控制的外部因素所驅使，換句話說，就是恐懼的生態學。當掠食威脅出現時，牠們選擇能加速求生逃跑的食物。這些動物的例子提供了研究人類暴食者在食物選擇上一種鮮少被探討的可能情境。它們指出一個演化的由來。一個飽受壓力的人決定放棄午餐便當中的雞胸肉和蔬菜，改吃單獨包裝的塊狀糖果，可能看似毫無意義、軟弱，甚至是自我毀滅。但是知道其他動物在恐懼下會偏好高糖食物，有助於讓因壓力而大吃大喝的人更加了解自己為何猛吃糖果。雖然他知道這麼做對自己的腰圍、血糖和臼齒都不好，但那種難以抵擋的衝動可能源自我們對威脅與生俱來的反應，而那反應從古至今不知拯救過多少動物的性命。

當然，大學生在期末考週深夜吃掉許多糖果，或經理人出差前一口氣吃下大量餅乾，和前述的蚱蜢無論就遺傳、大腦、文化與自覺而言，都是截然不同的兩回事。不過身為動物，克服壓力的生理策略可能是相同的，其中一項也許就是在壓力下會受到能為逃跑補充能量的醣類所吸引。

此外，恐懼的生態學影響的不僅僅是動物對吃的選擇，也影響動物進食的時間。光暗週期會影響動物的安全感。對某些動物來說，光線可以抑制飲食；對其他動物而言，光線則能增進食欲。以某項沙鼠（gerbil）的研究為例，研究人員發現，在漆黑的夜裡，這些齧齒目動物吃的量會顯著增多。滿月照亮大地的明亮夜晚，牠們較容易被掠食者看見，此時牠們就吃得比較少。另一項針對達爾文葉耳鼠（Darwin's leaf-eared mouse）進行的研究發現，朝牠們的籠子照射一道光線，就足以讓這些老鼠將進食時間減半。牠們吃得比平常少將近百分之十五，結果體重因而減輕。蠍子也會對明亮的夜晚有類似的厭惡反應。月亮愈大，牠們就吃得愈少。已知明亮光線療法（light therapy）能降低某些人類暴食者對食物的渴望及過度攝取，動物的例子能幫助理解。也許民間智慧說想要粉碎深夜洗劫冰箱的衝動，只要打開電燈，讓廚房充滿明亮光線就對了，這背後其實是有演化根據的。

恐懼的生態學可以完全改變一隻動物進食的方法，甚至不只是進食和進食時間的選擇。科學記者大衛・巴隆（David Baron）在他以山獅（mountain lion）為主角的書，《庭院中的野獸》（*The Beast in the Garden*）中提到一個有趣的故事。大約從二十世紀中葉起，科羅拉多州波爾德（Boulder）附近的黑尾鹿（mule deer）舉止開始變得怪異。過去牠們總是在黎明與黃昏謹慎地從藏身處走出來覓食，如今牠們卻開始在大白天於波爾德一帶蒼翠繁茂的造景草地上進食、閒逛，甚至分娩。這種懶散的行為，恰好與附近區域的掠食者數量異常減少同時發生——狼群在上一個世紀已

❶ 郝樂內向我解釋，蛋白質也富含氮。動物必須排泄出大部分的氮，才能避免其毒性。備感壓力的蚱蜢和其他動物會避免選擇蛋白質，因為處理氮所需的能量若用於更緊急的活動（比如逃跑）上，會更有效益。

被獵捕得幾近滅絕，而山獅族群也遭到大量殺戮。巴隆寫道：「隨著大型食肉動物消失，波爾德的草食動物蓬勃繁衍。」

大約在同一時間，黃石公園也發生了類似的事情。五十年來，這片土地完全找不到狼這種可怕的掠食者。這對黃石公園的麋鹿產生有趣的重大影響。牠們鬆懈而悠閒，開始下到深谷、靠近溪流、在空曠的草地等沒有樹木掩護的地方吃草。過去狼群就在附近時，麋鹿絕對不敢踏入這些危險的、難以脫逃的地點。等到不必擔心會突然遭受攻擊後，牠們就能有長一點連續的時間啃食嫩葉嫩芽，去發現新菜單上的美妙滋味。除了原本常吃的青草之外，牠們還吃光了三角葉楊（cottonwood）和柳樹的枝葉。牠們吃得比平常更多，長得更胖，生下更多後代。

不過，這一切全都在一九九五年起了變化。那年冬天，美國國家公園署（National Park Service）和美國漁業與野生生物局（U.S. Fish and Wildlife Service）將二十匹灰狼釋放到黃石公園中仔細精選的地點。這些狼的出現幾乎立刻就對麋鹿產生了影響。麋鹿變得更為警覺。再三抬頭掃描四周的狀況，占據了牠們吃嫩枝樹葉的重要時間。牠們改變了進食地點，偏好在有掩蔽的森林，而非空曠的低草地上吃草——當麋鹿被獵人追捕時，也會遵循這種模式。

現今約有一百隻灰狼巡守黃石公園，讓麋鹿緊張不安。恐懼的作用讓牠們恢復了在荒野中很常見的謹慎和限定區域的飲食模式。生態學家已經確定，全球各地的其他動物為了因應掠食者的恫嚇會吃得較少、限制食物選擇，以及延遲進食時間。例如在澳洲鯊魚灣（Shark Bay），儒艮在鼬鯊（tiger shark）於附近徘徊覓食時，會犧牲前往水底海草床用餐的機會。住在新英格蘭南部潮池中的蝸牛，在感覺到食肉綠蟹就在鄰近處時，會減少藤壺與藻類的攝取量。當飢腸轆轆的獅子與獵豹埋伏在附近時，黑斑羚與牛羚（wildebeest）會提高警覺。

事情再清楚不過，當恫嚇升高，動物會限縮自己的活動區域、進食的時間和內容。等到威脅減弱，飲食行為才會放寬。恐懼和進食的古老連結，能讓醫師用全新的方式去理解飲食障礙。生態學家稱謹慎的動物會出現「避免會面」（encounter avoidance）與「提高警覺」（enhanced vigilance）等反應，也許那和人類病患的「社交恐懼症」（social phobia）與「完美主義」（perfectionism）有精神病學上的重疊。

在野外，恫嚇與恐懼有許多不同面貌。通常會牽涉到大鉗、毒牙、利爪與尖齒。不過有一種威脅完全不用武器，也不靠肢體動作，就能讓動物提心吊膽。雖然沒有人會說動物會有意識地去煩惱這樣的狀況，但是挨餓確實是荒野中另一種常見的威脅。

焦慮的兩極表現

一間現代超市，大概是你能找到跟黃石公園的荒野飲食風景最不相像的例子。筆直的走道，裝滿物品的貨架，還有恆溫空調。坦白說，除了松鼠將核果塞進地面、啄木鳥在老樹上打造「糧倉」，以及蜜蜂振翅四處忙碌，釀造共有的蜂蜜之外，我從來沒有深思過動物貯存食物的習慣。不過，這些行為背後的驅力和荒野中最不祥的進食恐懼——飢餓——絕對有關。

動物的食品貯藏室藏在我們身旁的每個地方，從樹頂到樹根，樹枝到草地、岩石、灌木叢、柵欄木樁和屋簷。它們的數量遠比我想像的多，其形式也遠比我想像的來得精巧，裡頭貯存的不只是種子與核果，還有諸如嫩枝、地衣、蕈、動物屍體、花蜜與花粉等其他美味佳餚。

某些鼴鼠會在自己住的洞穴牆壁打造蚯蚓農場，以便保持這些蚯蚓的新鮮度，也方便隨時食用。當牠們逮到一條蚯蚓，會把蚯蚓的頭咬掉，再將蚯蚓的身體埋進地道中特殊區域的冷涼土壤底下。由於只要有蚯蚓可抓，鼴鼠就會持續傷害並貯藏蚯蚓，因此這些所謂的堡壘可以擴充到非常巨大的程度。根據我閱讀的資料顯示，一個堡壘的重量可以超過四磅重，長度達一碼半，藏有超過一千條蚯蚓和蛆。某些幸運的蚯蚓能在此得到重生的機會：假如牠們在重新長出自己失去的頭之前沒被鼴鼠吃掉，就有可能逃走；尤其在春天，當土壤變得暖和，逃生機會就會大增。

在夜晚的進食時間，太平洋西北地區的山貍（mountain beaver）會將蕨類與其他綠色植物剪成小段，並將它們處理成一小捆一小捆，藏在圓木下或堆在岩石上，甚至懸掛在低矮的枝椏與灌木叢上。隨後山貍會將這些成捆的枯萎綠色植物移到自己巢穴附近特別陰涼的貯存室，在一整年裡靠這些「迷你冰箱」餵飽自己。富含水分的植物很快就會發霉，所以山貍大概每週都會檢視存貨並汰換庫存。你大概也會不時查看你的冰箱保鮮貯藏格，並且丟棄那些出水腐爛的蘿蔓生菜。

為了不讓你認為只有素食者或齧齒動物才會貯藏食物，以下要介紹猛禽為人熟知的「過量殺戮」與貯藏食物。有隻美洲紅隼（American kestrel）曾被看見殺了七隻老鼠，並將牠們的屍體藏在相鄰的兩叢草當中；一隻鳴角鴞曾發現某座穀倉裡有一處空的層架，於是牠將二十二隻初生小雞的屍體擱在上頭；熊、狐狸和山獅會將動物屍體藏在樹葉和泥土底下，以便晚一點再吃；蜘蛛習慣獵殺比自己吃得下的數量更多的昆蟲，並且會用蜘蛛絲將牠們打包成方便外帶的形式，等到晚一點再來享用；胡狼會在夜晚回到泥漿池，取回牠們在白天放進池中的肉條。

在個人食品貯藏室的安全隱密中獨自進食，能大幅減少動物處於危險、易遭獵捕的時間，而且囤積者有多餘的能量和時間可以用來求偶與交配。不過，囤積食物能對抗挨餓，這個好處才是真正的獎賞。

擁有足以對抗未來飢荒的糧食後，囤積食物的動物等於有了一張安全網，保護自己安然度過食物短缺的危險時期。囤積行為確實能讓動物安全無虞。無論是審慎放進緊急救難包中的乾豆子與奶粉、一間堆滿鮪魚罐頭的食品貯藏室，或一台塞滿雞胸肉的冰箱，在人類世界中，安全與食物囤積也脫不了干係。

不過精神病學家認為，某些囤積行為是行為者內心憂慮不安的徵兆。例如，有嚴重依附障礙（attachment disorder）的養子女時常會出現食物囤積的行為，因為那些孩子的早期安全感被毀壞了。就連囤積非食物的東西也跟恐懼的生態學有關。堆放雜誌、塑膠袋和收據的行為能讓某些人感到安心，與這些他們珍藏的物品分離會讓他們覺得痛苦、恐懼、焦慮。

無論囤積的是食物、物品，甚至是活生生的寵物，一般相信強迫性囤積症（compulsive hoarding）是一種強迫症。強迫症和幾種其他精神異常有關，其中包括焦慮和飲食疾患。臨床醫師知道，患有神經性厭食症的絕大多數病患都為焦慮症所苦，其中包括強迫症與社交恐懼症。恐懼與進食間的關聯性是跨越物種的：從人類到焦慮的麋鹿、緊張的蚱蜢和小心翼翼的沙鼠，都能看見兩者的關係。恐懼的生態學也是另一種動物症候群的起因，這種症候群和人類病患的表現有極高的相似性。

這很諷刺，不過，能解救罹患厭食症病患的答案，也許就藏在他們從沒想過，也不想看的一個地方：養豬場。在社會壓力條件下，就算身旁的豬群其他同伴都正常吃喝，有些母豬還是會自發性限制自己的飲食。牠們的體重會持續減少，直到消瘦憔悴。你可以透過牠們突起的背脊骨一眼認出牠們。就像人類厭食者的頭髮會變得脆弱且稀疏，患有過瘦母豬症候群（thin sow syndrome）的豬隻會長出異常粗糙且長的毛髮。患有厭食症的女性往往會停經（事實上，這是神經性厭食症嚴格定義的一部分），過瘦的母豬也會停止發情。這兩種患者都可能繼續讓自己挨餓，至死方休。

兩者的相似之處不僅止於生理學的表現。精神病學家珍娜・崔久（Janet Treasure）和農業學教授約翰・歐文（John Owen）在他們發表的文章〈動物行為與神經性厭食症之間的神秘連結〉（*Intriguing Links Between Animal Behavior and Anorexia Nervosa*）中解釋道，儘管「染病的動物會限制自己攝取正常的食物……有部分動物會吃下大量的麥桿」。那跟人類厭食症患者的某種老把戲很像：他們會避開富含營養（及熱量）的食物，轉而選擇如萵苣和芹菜等能填飽肚子，但熱量低的填充性食物。更有趣的是，崔久與歐文在觀察歐洲各地養豬場的豬隻後，發現了一件事：就像禁食的大鼠只能在籠內滾輪上不斷奔跑，人類厭食症患者會在跑步機上投入一個又一個小時，而患有過瘦母豬症候群的豬隻非常焦躁不安，完全靜不下來。崔久與歐文寫道，在希臘規模最大的養豬場觀察那些病豬後（該養豬場有三成的母豬染病），他們發現過瘦的母豬「花很多時間進行跟營養無關、活動過度的行為……牠們會沿著自己的畜欄不停地移動」。

嘗試找出為什麼及什麼時候某些豬隻發展出過瘦母豬症候群的風險較大，使研究人員開始搜尋它背後的基因序列。而這番搜尋找出了一個很有趣的嫌犯。近幾十年來，消費者的口味轉向不愛吃比較肥的肉。吃豬肉的人希望他們的豬排和腰肉是精瘦無脂肪的。就連培根都變瘦了。為了回應市場的需求，畜牧業者只好改為培育較精瘦的豬隻。而那正是問題突然冒出頭的地方。崔久與歐文描述：「豬隻，尤其是那些被培育成極度精瘦的豬，很可能會發展出不可逆的絕食和消瘦狀況。」

這裡發生的問題是，針對瘦所進行的選拔育種（selective breeding）「導致產生極端行為的隱性性狀被發掘出來」。不過幾代的時間，這些性狀就在豬隻身上顯現，使得崔久與歐文懷疑，無論是豬與人，乃至於其他動物身上的神經性厭食症，也許具有「某種類似的遺傳基礎」。❷這暗示了帶有製造瘦肉編碼的基因序列雖然在繁殖不受人為控制的野生族群身上退居幕後，且基本上是未活化的，但是這些基因序列可能存在許多動物體內。

當我們觀察人類時，也會看見類似的狀況。針對雙胞胎和不同世代的家族成員所做的研究顯示，神經性厭食症的遺傳力非常高。尋找「厭食基因」（anorexia gene）的同時，不免讓人好奇厭食症出現的原因。演化心理學家提出了幾種不同的理論，來解釋為什麼神經性厭食症會被篩選出來，留在我們人類祖先身上。他們的假設包括適應饑荒、社會階層效應，以及男性偏好特定體型（比較豐滿與比較纖瘦兩者皆有）。

加大洛杉磯分校精神病學與生物行為科學系教授麥可・史綽博（Michael Strober），同時也是《國際飲食障礙期刊》（*International Journal of Eating Disorders*）的總編輯，他說最有可能的是，

❷ 偏好精瘦肉品的風氣不僅限於豬肉。由於育種時會選擇不利於脂肪多的性狀，所以比如雙層肌肉（double-muscle）的牛隻這類代謝怪事會突然出現在其他農場動物身上。

那個將厭食症按照族譜一代代傳承下去的基因序列跟焦慮結合在一起。焦慮、高度壓力和恐懼反應，是史綽博每天在他的加州大學辦公室裡診治厭食症與其他飲食障礙病患時，在患者身上看見的主要特徵。他告訴我：「患有神經性厭食症的人，在所處環境發生變化或出現任何新奇事物時，會緊張不安。」

相同的，變化也會讓過瘦的母豬備感壓力。就算假定母豬有某種遺傳傾向，需要注意的是這些母豬最易遭受這種症候群侵襲的時間和原因。研究發現，此病最常攻擊的時機，是母豬生完小豬後到仔豬離乳這段稱為分娩（farrowing）的期間，這幾個星期，無論在社交方面或身體上都很吃力又辛苦。而且並不是只有緊張害怕的新手豬媽媽的飲食會受到影響，離乳對仔豬來說也是格外脆弱、容易受驚嚇的時光。事實上，那是仔豬容易罹患豬隻消耗性症候群（wasting pig syndrome）這種性別差異不明顯的疾病的時機。跟染上過瘦母豬症候群的母豬一樣，罹患豬隻消耗性症候群的小豬拒絕進食，因而可能變得瘦骨嶙峋，甚至死亡。年輕公豬跟年輕母豬同樣容易受到此病的影響，而且發病時間多半落在牠們離開母豬的保護，正要進入競爭世界，那個惴惴不安的決定性時期。

一般供應豬肉商品的養豬場並不是個充滿田園詩情的地方，跟你從《夏綠蒂的網》（*Charlotte's Web*）一書中得到的印象大相逕庭。適用於荒野中豬群的嚴厲、與生俱來的社會階層，導致豬群在養豬場擁擠的情境下出現了支配行為，尤其是在進食的時候。從第一天搶吸乳頭，到後來在飼料槽旁的競奪，豬隻都必須為了食物奮戰，而且牠們會啃咬彼此的尾巴和耳朵，以奪取最早吃飯的機會。優勝者會吃得愈來愈肥，變得愈來愈健康。膽小害羞的，則注定要失敗。在這樣的環境下，帶有會過度表現出焦慮（特別是社交焦慮）這樣基因的豬隻，很容易會受到某種方式的傷害，而這種現象是每個中學教師與輔導老師都能一眼認出的：霸凌。豬農會注意自己飼養的畜群中有無霸凌現象，因為他們知道它會導致過瘦母豬症候群。精神病學家也逐漸認識到，神經性厭食症的成因除了較傳統的解釋——包括失調的性心理發展、受到干擾的家庭動力、完美主義，以及身體意象扭曲——飲食障礙與焦慮和疾病也有重要關聯。

知道了這一點後，我們能在豬舍中找到治療人類神經性厭食症的線索嗎？假如豬農面對自己飼養的母豬和小豬絕食而只是袖手旁觀，他們的收入肯定會受到衝擊。在發現恐懼與飲食行為有關聯後，有一項研究顯示，服用緩解焦慮藥物的小豬確實能克服自己絕食的傾向，並且恢復進食，從而達到正常的體重。不過，緩解焦慮藥物對於染上過瘦母豬症候群與豬隻消耗性症候群的成豬效果不彰，牠們的食欲仍然不好。有個獸醫網站斬釘截鐵地說：「這完全無法醫治。」精神病學家也許會同意：他們尚未找到一種持續有效的藥物能對付已經生根的神經性厭食症。

但還是有補救的方法。豬農建議提高染病豬隻的畜欄溫度，並且給予牠們更多睡臥用的墊草，讓這些動物保持溫暖。同樣地，研究齧齒動物的科學家發現，較溫暖的環境溫度能大幅減少禁食大鼠在滾輪上奔跑的頻率，甚至能翻轉體重下降的狀況。這可能是下視丘（hypothalamus）這個微小的大腦中的構造產生的作用。下視丘位於腦下垂體後方，腦幹的上方。它負責調節體溫、攝食量和代謝，在刺激和抑制食欲上也扮演了重要的角色。確實，下視丘（及其他大腦構造）的早期創傷可能會導致後來出現神經性厭食症。反過來說，神經性厭食症本身可能會導致下視丘功能失常。

豬農也建議立刻增加整個豬群，而非只是染病豬隻的餵食配給量。不管這麼做能降低奪取食物的競爭，或趕在染病豬隻完全落入此病的魔掌之前拉牠們一把，它似乎真能改善整個豬群的健康。

這些方法能幫助人類厭食症患者嗎？儘管那些已經發展成神經性厭食症的患者肯定需要更完整的治療，❸但出現這種疾病早期徵兆的人有可能在充滿壓力的時期從調高恆溫器的溫度這麼簡單的動作當中獲得改善嗎？從獸醫師與豬農的智慧中得知，醫師與家人在關鍵的生命轉折時期（諸如青春期與初為人母時）應該注意有無霸凌與社交競爭的情形發生，防範處境危險的人發展出神經性厭食症。

強大的社交壓力

精神病學家說，有些飲食障礙會在一群易受影響的人當中傳播開來。只要有單一一個「意見領袖」，就能將失調的飲食行為傳播給群體中的多數人。今日，熱切的暴食症患者與厭食症患者能從諸多促進神經性厭食症（anorexia-nervosa-promoting），又叫做「專業的厭食症患者」（pro-ana）網站中學會各種花招。骨瘦如柴的名人照充斥整個網站，提供訪客所謂的「瘦之啟發」（thinspiration）。評論意見與部落格提供了世界各地原本各自孤立的厭食症患者與暴食症患者一個網路支援團體，讓他們在那裡誇耀自己的勝利：少吃一餐、騙過父母、吐出巧克力棒與麵條、超越預定的運動目標等等。這些線上夥伴會對輕瀉劑不耐症（laxative intolerance），還有在明察秋毫的父母或配偶監視下，不得不假裝吃下家常菜等狀況表示同情。他們還提供有用的小祕訣，包括如何在催吐後掩飾口氣，以及如何在年度體檢時，利用口袋中的沉重硬幣騙過體重計的指針。對這些網站的愛好者而言，自覺遭到迫害與守口如瓶，為他們帶來額外的興奮刺激。這類網站是網路管理者與家長團體欲除之而後快的目標，因此經常被撤除封鎖，但它們總能在其他網域或伺服器上再次迅速萌芽茁壯。

不過，這些擁護「厭食症生活風格」的受騙者——更別提飽受暴食症之苦的男人或大學啦啦隊員——可能會大吃一驚，沒想過他們竟然和當地動物園的大猩猩或當地水族館的白鯨有很多相似之處。因為這些動物的部分成員也有一種讓人苦惱不已（而且多半是暗地裡）的習慣。動物園獸醫師稱它是「反覆嘔吐／攝食行為」（regurgitation and reingestion, R and R）。

反覆嘔吐／攝食行為的嚴格定義是：「透過有意識的方式，將食物或流質從食道或胃反向送到口中的行為。」一隻染病的大猩猩會設法讓自己嘔出一團食物到口中或手中，甚至有時會吐在地上。在牠這麼做之前，會先經歷某些預備動作。有人看過這些大猩猩用力戳打自己的胃、在地上清出一塊特別的地方、弓起身趴在地上，或是前後搖動身體並搖頭晃腦。等到那一口嘔吐物湧上喉頭——吐在地板上或手中，或留在嘴裡——這些大猩猩會再次吞下它。牠們會運用自己的手指，或直接舔食，或者再次咀嚼並嚥下已經在牠們口中的東西。有時候，這個歷程會再三反覆，將同樣的那些「食物」嘔出吃下好幾次。❹

如同人類神經性暴食症，反覆嘔吐／攝食行為一旦開始出現在群體中某個成員身上，就會散播

❸ 有項研究讓某間診所的十名厭食症患者每天穿上保暖背心三小時，但結果對體重沒有任何影響。

❹ 動物會展現從反覆嘔吐／攝食到反芻咀嚼等一系列不同的嘔吐行為。對許多動物來說，這是牠們消化過程很尋常的一部分。反覆嘔吐／攝食行為之所以是暴食症一種迷人的自然動物模式，乃是因為動物出現這種行為時，多半承受了莫大的壓力。

開來。舉例來說，當猩群中的年長者出現這種行為，年幼的大猩猩就會隨之著迷，偷偷尾隨那些銀背大猩猩和雌性成年大猩猩，伺機偷取牠們吐出來的東西。在某個猩群中，年輕的大猩猩在觀看成年大猩猩反覆嘔吐／攝食後，便學習牠們彎腰屈身的姿勢。這些年幼的動物會吐口水，再將自己的唾液吞進肚裡，這使得研究人員評論這種行為「就算不是學來的，也會經由社會行為被強化」。

許多人相信野生動物不會發生反覆嘔吐／攝食行為，至少研究人員尚未觀察到這樣的現象。但是無論陸地或水生動物，這種行為在圈養環境中都極為常見。黑猩猩、海豚和白鯨這些和人類一樣具有高等認知能力的動物，在非野外的環境中都曾被觀察到出現反覆嘔吐／攝食行為。一位海洋哺乳動物專家形容，有一次她看見一頭白鯨嘔出一道盤旋的帶狀白色液體，接著牠像是跳芭蕾舞般，優雅又慎重地將它吞進肚裡——當時牠被放在水底水槽中展示，讓水族館訪客見證了整個令人反胃的過程。

當獸醫師注意到反覆嘔吐／攝食行為，他們會做的第一件事是評估這個個體的社會環境。就像豬農一樣，這些獸醫師會仔細監控群體的互動，看看壓力源和恐懼可能來自何方，同時將群體中其他成員學到反覆嘔吐／攝食行為的機會減到最少。❺

獸醫師很謹慎地指出，反覆嘔吐／攝食行為在某幾個方面和人類暴食症不盡相同。事實上，反覆嘔吐／攝食行為反而和另一種稱為「反芻症」（rumination disorder）的人類疾病有雷同之處。患有反芻症的人會反覆發生胃中食物回流到口腔，咀嚼，然後吐掉或重新嚥下肚。有一種獸醫學理論認為，反覆嘔吐／攝食行為是動物讓自己鎮定下來或延長進食愉悅的手法。這可能是真的，不過許多反芻症人類患者卻同時患有會驅動這類行為的精神疾病。

考慮到反覆嘔吐／攝食行為和焦慮間的關係，這種嘔吐的行為會不會也和恐懼的生態學有關呢？我認為有關，儘管反覆嘔吐／攝食行為背後的恐懼並非被獵殺吞食，而是社交壓力那既危險又壓抑的焦慮。

擁有能因情緒而活化的消化道，對一隻驚恐的動物來說，可以是牠的防衛軍火庫中一種強有力的武器。德州中部的麥金萊瀑布州立公園（McKinney Falls State Park）的黑色禿鷹是聲名狼藉的嘔吐者，當牠們受到人類或其他動物的威脅，就會「激烈地嘔吐」。根據鱗翅類昆蟲學家表示，某些毛毛蟲也以嘔吐聞名。有些毛毛蟲只要遇到最輕微的挑釁，就會反射性地嘔吐；其他毛毛蟲則會堅忍地頂住一個又一個的壓力源，直到最後再也忍不住才爆發嘔吐。讓我們看看消化道的另一端：有些動物會用排便做為趕走掠食者及幫助自己逃走的進攻策略；也有些動物（包括許多哺乳動物在內）則是用排便回應恐懼或威脅。也許在一場重要的發表會前，或者在一次充滿壓力的社交會面中，你也曾感覺到一股想要排空胃的衝動——無論是從消化道的哪一端。

❺ 他們也可能會調整動物的飲食內容。牛乳製品跟人類暴食症及動物反覆嘔吐／攝食行為都有關聯。在喬治亞州，亞特蘭大動物園（Zoo Atlanta）的管理員注意到，反覆嘔吐／攝食行為的高峰每天都出現在剛用完晚餐後。那時正是園方為了補充營養，給每隻動物一杯牛奶的時候。因為想減少反覆嘔吐／攝食行為的發生，亞特蘭大動物園的大猩猩小組從大猩猩的飲食中試驗性地移除了牛奶。後來，反覆嘔吐／攝食行為的模式有了顯著的改變。這些大猩猩還是會嘔出食物，可是牠們再嚥下它的頻率大幅降低了。在牛奶從菜單上被刪除後，大猩猩轉而花很多時間吃乾草——那是比較適合牠們的食物。有趣的是，這些大猩猩的反覆嘔吐／攝食行為是有季節差異的。這種行為在冬季較為盛行。到了夏季，大猩猩會比較活躍，也較少有可能故意嘔吐。乳製品雖然是可能引發嘔吐的刺激性食物，但是大猿家族裡有另一個成員也偏好這類食物。麥可・史綽博寫道：「優酪乳是飲食障礙患者最喜歡的食物之一。他們有喜好優酪乳的傾向……要求他們列出自己鍾愛的食物，他們很可能會說：優酪乳。」

我在人類文獻中找不到對應的詞能描述它，不過野生動物學家倒是有個很棒的名詞。他們把受到威脅時的嘔吐叫做「防禦性嘔吐」（defensive regurgitation）。雖然背後的心理機制截然不同，但是壓力激素對腸道的作用可能非常相似。把神經性暴食症想成「防禦性嘔吐」，也許有助於醫師重新考慮他們該如何著手處理與治療這種疾病。同時，它也可能有助於病患重新勾勒這種疾病。

後來我並沒有找出安珀心中恐懼的真相。不過，幾個星期後，她離開了飲食障礙部門，她瘦小的身體添了幾磅重，她心中的焦慮也少了幾分。之後幾年，我不時會在校園裡看見正要從學校返家的她。她已經康復了，而且看起來很健康。

然而，假如能回到我們一起坐在用餐區，當她表示自己害怕一份三明治的那個片刻，我想改變的是：在釐清她的恐懼（害怕變胖、害怕食物、害怕改變）的同時，幫助她理解自己對進食的恐懼是一種保護性生理機能誤入歧途。我會告訴她有關恐懼的生態學，跟她分享黃石公園麋鹿的故事。當狼群數量很多時，麋鹿是如何嚴格限制自己的飲食；等到掠食者離開後，牠們又是如何擴充發展自己的飲食。我們會一同努力，協助她找出她生命裡的狼群，讓她的恐懼能與她的進食脫鉤。因為安珀跟冒險走出巢穴、洞窟和地道的其他脆弱動物十分相像。威脅並非來自他們吃的食物，而是來自他們吃喝食物時置身的那個不確定且危險的世界。

第10章

無尾熊與淋病：感染的隱祕威力

二〇〇九年，燎原野火肆虐澳洲南部，毀壞無數屋舍，造成近兩百人死亡，一張照片成為這場人類與大自然作對，使脆弱生物進退兩難的壯闊衝突的象徵。照片中一名身穿亮黃色制服的打火兄弟忍住疲累，強打起精神。四周煙塵密布，他蹲伏在焦黑的土地上，手握一瓶罐裝水，餵一隻筋疲力竭的無尾熊喝水。這隻無尾熊在喝水時伸出自己的前掌，緊握住這名救火隊員的手。此人臉上滿是煤煙，頭髮也亂了，但他專心地凝視眼前這隻動物——這張動人的影像透露出憐憫與跨物種的互助合作。

無孔不入的細菌

全球各地的人無不焦急地追蹤這則無尾熊與救火員的感人故事。牠身上的燒傷在庇護所得到了緩解，牠的腳掌用繃帶包紮了起來，這頭母無尾熊還得到了「山姆」這個綽號。這隻被人從灰燼中救出的澳洲代表動物象徵了克服逆境的彈性，與其說牠是有袋動物，還不如用「浴火鳳凰」來形容更為貼切。

然而六個月後，山姆再度登上眾多部落格。這一次，牠的故事沒有快樂的結局。事實上，山姆死了。殺死牠的並不是那些燒燙傷，而是由披衣菌（chlamydia）❶引起的併發症。牠得了性傳染病（sexually transmitted diseases, STD）。讀者這時才知道，澳洲野生無尾熊染上披衣菌這種流行性傳染病的比率之高，很有可能造成這種偶像級野生動物的滅絕。

披衣菌與無尾熊。這個組合就像是走路還走不穩的小娃兒得了心臟病那般突兀。小型的有袋動物天真不做作，甚至帶點俏皮可愛。至於性病，咱們就老實點承認，它跟那些美好的形容可是一點也沾不上邊。就算是習慣於人體樣貌和氣味的醫師，也很難對性病有好感。有項針對醫師進行的國際性調查，曾經將各種病痛按照其聲望高低排序。腦瘤、心臟病和白血病榮登前三名，而侵襲腰部以下的疾病則全都敬陪末座。

此外，過去半個世紀以來的醫學進步讓我們更容易別過頭，不去看性傳染疾病。在已開發國家，大多數人有餘裕能將性病視為可治癒的——或者在最糟的狀況下，是可治療但必須每日服藥的慢性疾病（想想為了治療疱疹而使用的抗病毒藥物，或者在某個更極端的案例中，為了治療人類免疫缺乏病毒〔HIV〕而每日採用的雞尾酒療法）。更重要的是，普遍且有成效的「安全的性」教育散布強有力的訊息（對某些案例而言是正確的），說避孕和禁慾能讓你免於性病的威脅。

只可惜對動物來說，並沒有安全的性這個選項。其實你仔細想想，沒做防護措施的性行為是非人類動物的唯一選擇。少了使用保險套的機會和禁慾誓言，更別提抗生素和疫苗，無論遭遇什麼傳染病的阻礙，非人類動物都必須設法克服，並且活下去，以完成繁衍後代的重責大任。假如你細想在一處僅有約三平方公里的荒野中，一天二十四小時裡不知有多少「不安全」性交正在發生，你肯定會同意動物若沒有持續地染上性病、全部中鏢，才值得稱奇。

獸醫師跟醫師一樣，相較於其他健康問題，通常更容易忽略性病。野生動物獸醫師不會在幫小天鵝戴上無線電頸圈，以便進行遷徙調查時，定期數算牠們陰莖上的生殖疣；更不會在加拿大育空地區做北美馴鹿的年度族群追蹤時，一面聊天，一面將在北極凍原中的內視鏡回暖來為母鹿做陰道的內視鏡檢查。就連動物園為了育種而運送遷移園內動物時，多半也不會固定篩檢性傳染疾病。在生物學界，少數會討論動物性病的專業學術機構彼此並無緊密連繫，而且零星散布在世界各地。

就像大多數病患與醫師的反應一樣，我並非大聲疾呼希望多聽見有關性病的消息。我們全都應該關心它，因為性病是非常致命的疾病。人類免疫缺乏病毒（ＨＩＶ）／後天免疫缺乏症候群（ＡＩＤＳ，俗稱愛滋病）是全球第六大死因。假如將那些數字和諸如人類乳突病毒（human papilloma virus, HPV）、B型與C型肝炎等經過性行為傳染病毒而導致的癌症死亡加總在一起，則死亡率還會進一步攀升。性病很頑強、古老、致命，而且它們持續用計謀瓦解人類為控制它們的種種嘗試。也許人類醫師可以從某個他們從未想過要去查看的地方為人類性病病患找到解答：非人類動物的生殖器。

❶ 嚴格說來，侵襲無尾熊的疾病是嗜衣體屬（*Chlamydophila*），通常是肺炎披衣菌（*C. pneumoniae*）或反芻動物披衣菌（*C. pecorum*）。嗜衣體屬的基因組，比極相近的披衣菌屬（*Chlamydia*）的基因組略大一些，那正是披衣菌科分為這兩屬的分類依據。我雖然承認這個差別，但我將會採用披衣菌這個詞來描述這種無尾熊的傳染病，因為獸醫師也這麼用。同樣的，雖然淋病（clap）是個特定的歷史用法，指的是淋病雙球菌（*Neisseria gonorrhoeae*），但我用它指稱一般的性病。

想想下列狀況：大西洋瓶鼻海豚（Atlantic bottlenose dolphin）長出了子宮頸疣和陰莖疣。狒狒染上生殖器疱疹。交尾的鯨、驢、牛羚、火雞和北極狐能窩藏並傳播疣、疱疹、傳染性膿疱陰唇陰道炎（infectious pustular vulvovaginitis）、生殖器痘（venereal pox）和披衣菌。

經由性行為傳染的布氏桿菌病（brucellosis）、鉤端螺旋體病（leptospirosis）和滴蟲病（trichomoniasis），會造成牛隻反覆流產與降低泌乳量；一整窩仔豬可能會被母豬交配時染上的細菌感染給大量殺害；養殖的鵝若患有性病，不但會致死，也會降低產蛋率；馬匹的傳染性子宮炎（metritis）會破壞母馬的生育力，因此每匹進口到美國的生殖年齡種馬都必須經過最少三週的隔離檢疫，確保牠不是帶原者；犬隻性病可能會導致流產與分娩失敗。

剛開始認識動物性病時，我很驚訝竟有這麼多種類的動物會受到感染。不過，要描繪出老鼠、馬或大象的性交機制並不難，也可以想像得到生殖器接觸能導致傳染病的散播。儘管如此，真正教我眼界大開的是，性病病菌所偏好的陰暗宜人環境並不僅限於溫血動物。例如唐金斯蟹（Dungeness crab）很容易感染某種蟲，這種蟲會在螃蟹交配時，由公蟹傳染給母蟹。侵襲母蟹後，會尋找母蟹黏附授精卵的部位。一旦這些蟲找到這個地方，就會開始吃授精卵，減少能發育的螃蟹後代數量。

就連昆蟲微小的生殖器上也能帶有性病。兩點瓢蟲（two-dot ladybug）這種地球上最淫亂的生物有可能透過性行為感染某種蟎而無法生育。一隻性交後的飢餓家蠅停在你剛煮好的唐金斯蟹巧達湯上，這傢伙的生殖器上可能帶有某種黴菌，那也是從交尾得來的。驚人的是，某些昆蟲傳染給我們人類的疾病，比方蚊子傳播的聖路易腦炎（St. Louis encephalitis）與壁蝨散布的斑疹熱（spotted fever），在昆蟲間其實是性傳染疾病（假如你從來沒有想過瓢蟲、壁蝨或家蠅的性交是什麼模樣，你可以花二十分鐘到網路上搜尋相關圖片。大多數昆蟲採用的是有生殖器接觸的插入式性交，而且牠們多半偏好後背式）。

確實，從魚類與爬蟲類到鳥類與哺乳動物，甚至是植物，都能發現性病活躍的身影。說它普遍存在所有有性活動的族群當中，肯定不會引起爭議。專家同意，這類感染的數量極多。

不過你也許會自言自語地說：那又怎樣？沒錯，我們希望減少動物生病受苦。可是就人類健康而言，為什麼我們要花時間去思考動物生殖器的疾病呢？老實說，既然我們不會跟這些動物性交，又何必在乎無尾熊得了淋病？

答案很簡單，也很讓人不安：因為病原體永遠想要找出新的傳播途徑，而且它們發動攻擊時，對人與動物一視同仁。舉例來說，兔梅毒曾一度傳播給英國東約克夏郡（East Yorkshire）設陷阱捕獸的人；這些人在接觸過兔子後，手上長出了瘡。這些人和那些兔子並沒有性接觸，可是梅毒病原體才不管呢，它們很開心能跨越物種屏障，透過那些人手上的傷口，蜷曲在溫暖潮濕的組織中。

或是想想布氏桿菌屬（brucella）的例子。這些難纏的細菌會造成雌性家畜在懷孕晚期流產，同時會讓雄性家畜的睪丸腫脹流血。其中最無情的，當數布氏桿菌屬對生殖系統的攻擊，因此，有一種常見的品系叫做流產布氏桿菌（*Brucella abortus*）。不過，最具啟發的是布氏桿菌屬的傳播方式。牛、豬、狗是透過性交傳染，野兔、山羊和綿羊也是如此。但所有這些動物也可以透過非性交的方式感染它——透過吃。在適當條件下，布氏桿菌屬細菌可以在許多最後可能被動物吃下的東西表面存活數個月之久：飼料、水、器械和衣物，更別提糞肥、乾草、血液、尿液和乳汁。

在多種動物身上，同樣的這個病原體找到兩種不同途徑能進入動物體內——通過性行為與口腔。人類染上布氏桿菌屬細菌通常也是經口傳染——當他們吃下被汙染的肉類、未經低溫殺菌的乳汁，或軟質乾酪。透過這種方式從動物傳染給人類的布氏桿菌病（brucellosis）是重要的公衛議題，尤其在開發中國家，每年都有數千個案例浮現（它在已開發國家變得較為罕見，主要得歸功於獸醫師為動物注射疫苗並監控這種疾病的傳播）。

跟家畜一樣，人類感染布氏桿菌屬細菌的途徑不只一種。就像染上梅毒的獵人不過是觸摸過生病的兔子，日本的動物園管理員在為一頭染病的麋鹿寶寶接生時，接觸到胎盤與母鹿的陰道分泌物，就感染了布氏桿菌病。

儘管人傳人的案例很少，但確實存在，而傳播途徑包括透過血液、乳汁、骨髓，還有性交。

同樣的病原體，不同的傳染途徑。當我們將某種疾病歸類為「性傳染病」時，有沒有可能因此限制了我們看待與理解這類疾病的方式呢？畢竟無論它們侵入生物體內的方式為何，病菌就是病菌。A型鏈球菌（*Streptococcus A*）這種人類常見的致病原，會引起鏈球菌咽喉炎、猩紅熱，以及風濕性心臟病，它會利用好幾種途徑侵入人體。最常見的路徑是呼吸道。某人咳嗽或打噴嚏的飛沫帶有這種細菌，接著另一個人吸入或從球形門把、銀製餐具上頭得到它。不過A型鏈球菌也能透過口腔與生殖器的接觸傳染，導致陰莖發炎且產生膿性分泌物。你可以透過與感染的人發生性行為或舔食你手指上生的餅乾麵團染上沙門氏菌（salmonella）——不管透過哪種方式染病，你都會被攝氏四十度的高燒、可怕的腹瀉和疲憊給擊倒。同樣地，A型肝炎（Hepatitis A）能透過性行為，或者在一家主廚沒有留心廁所張貼的便後洗手指示的餐廳裡用餐而散播。無論病原體運用哪個管道侵入你的身體，都會為你帶來可怕的症狀：發燒、倦怠，以及黃芥末醬般的膚色。你說不定還會需要進行肝臟移植。

研究動物身上的性病提醒我們，病原體就像任何生物一樣，也會不斷演化。適合存活在身體某個部位的物種，會逐漸開發出適合居住與蓬勃繁衍的新區域。以陰道滴蟲（*Trichomonas vaginalis*）為例，如今，滴蟲是最沒有魅力卻最為常見的性病。它會使女性患者出現一種帶有魚腥味、泡沫般的黃綠色陰道分泌物。感染滴蟲的男性患者陰莖通常會有輕微的發炎或灼熱感，但別無其他症狀。不過，陰道滴蟲過去並非一直是住在生殖器上的卑微居民。古代陰道滴蟲住在白蟻的消化道中，也就是說，它本來是個胃腸病菌。然而，經過數兆世代（及數百萬年）的變化後，它的勢力從白蟻和腸道擴充到許多不同動物的身體裂縫中。最後，其中一種陰道滴蟲找到了方法能侵入人類陰道（並且在二〇〇七年登上《科學》雜誌封面，成為「封面病菌」，因而勇奪十五分鐘的微生物名人光環）。

今日，陰道滴蟲的親戚（住在白蟻腸道的那個古代陰道滴蟲的後裔）並不限定自己只能住在人類的陰莖與陰道。其他種的滴蟲在人體與動物身體的不同部位找到舒適的家，比方口腔鞭毛滴蟲（*T. tenax*）在蛀牙陰暗、潮濕的裂縫中繁衍茁壯。牛隻滴蟲（*T. foetus*）會引起貓咪的慢性下痢，並且破壞牛隻的生育力。雞滴蟲（*T. gallinae*）實際上是許多鳥類口中特有的流行病——飢不擇食的猛禽與生性和平的鴿子都不能倖免。

事實上，雞滴蟲（或其近親）將地球上鳥類的先祖開拓成殖民地的歷史非常悠久。近來對霸王龍「蘇」（Sue，展示於芝加哥費爾德博物館〔Field Museum〕的知名霸王龍）的研究顯示，牠可能死於滴蟲感染肆虐，鑽洞貫穿其下顎，最後讓牠無法咀嚼與吞嚥食物。

牠的感染並非透過性行為傳播，但是這顯示了經過數百萬個世代後，這些微生物已經靈巧地適應了新環境。像是一個大型家族企業集團，某個兒子掌控了房地產控股公司，另一個兒子握有紡織產業，還有一個兒子專注在醫療儀器業，滴蟲已分化成許多種，而每一種滴蟲都特化成適合在特定身體區域成長繁衍。不過無論牠們侵入的管道或鍾愛的現場是什麼，牠們全都是同一個滴蟲屬的成員。因此，不管它是從某個大學新鮮人的子宮頸被擦抹下來，或是從肉食性鷹的上食道採集而來，在顯微鏡底下，滴蟲就是滴蟲。又一次，類似的病原體，不同的傳播途徑。

今天透過腸道傳染，明日改由生殖器官散布。古老病原體的家族相簿，展現了它們在我們身體這片地景上多次遷徙的證據。舉例來說，數百年前，梅毒（syphilis）曾發生了重大的進化。這種病原體找到了一種新的傳播途徑。在發現目前偏好的人類生殖道這個途徑之前，當今梅毒螺旋體的祖先在過去會引發一種叫做「熱帶莓疹」（yaws）的恐怖皮膚病。它主要是一種孩童傳染病，透過皮膚與皮膚的接觸感染散播（熱帶莓疹如今依然存在這世上，多半發生在未開發的熱帶區域）。不過在近數千年中的某個時點，熱帶莓疹不知怎地找到了門路，侵入成人的泌尿生殖道。等它發現這條性的高速公路後，就變身為我們所謂的性傳染疾病。可是，引起梅毒這種性病的那個螺旋狀的螺旋體仍然保留了它的熱帶莓疹祖先的系譜，而那基本上是種皮膚病。

假如一種病原體能用許多方法傳播，而且能從一個胃腸居民突變成一個尿道專家，接著再搖身一變，成為一個咽喉住民，那麼我們為什麼只看得見性這個傳播途徑呢？畢竟，許多生物能用不同的途徑侵襲我們。

這是人類醫師，以及獸醫師有時會忽略的事，也是我們該關心動物性病的一個原因。因為病原體並不會區別它們選擇稱為家的溫暖、潮濕、營養的環境，而且它們經常突變，所以今日的動物性傳染病可能會變成明日的人類食物媒介傳染病。只要有機會接觸人類生殖器官，而且有時間能在那兒演化，那些食物媒介傳染病就有可能會突變成下一波人類性傳染病。

這並不是個毫無根據的理論。它正是目前在地球四處蔓延的最致命性病的寫照。如今多認為「人類免疫缺乏病毒」（HIV）是從「猿猴免疫缺乏病毒」（simian immunodeficiency virus, SIV）演化而來的，後者是一種存在黑猩猩、大猩猩和其他靈長動物身上的病原體。性行為與母親的乳汁是「猿猴免疫缺乏病毒」在靈長動物族群中的主要傳染途徑。既然人類不與黑猩猩發生性行為，也不會僱用大猩猩充做奶媽，那麼「猿猴免疫缺乏病毒」是怎麼跳到人類身上的？

答案是：跟布氏桿菌感染人類一樣，透過攝食。這個理論是，西非的獵人在過去幾十年或幾百年間的某個時點，因為吃下受到感染的猴肉與猿肉，或者沾染到受感染動物的血液或其他體液，而成了「猿猴免疫缺乏病毒」的傳染窩。過了許多年且歷經許多宿主後，「猿猴免疫缺乏病毒」突變成「人類免疫缺乏病毒」，接著，它便利用過去在非人類靈長動物間曾使用的途徑傳播：性。這就是原本是一種動物疾病，後來卻演化成可以人傳人的人類版本傳染病的過程。但是，性當然不是「人類免疫缺乏病毒」唯一的傳播方式。它也可以透過血液、乳汁，還有在很罕見的狀況下，透過移植受到感染的組織與器官。考慮到病原體會利用許多途徑侵入宿主，假如有另一種動物優先食用受到「人類免疫缺乏病毒」感染的人肉，這個病毒有可能會跳到那種動物身上，而且最後會修改成為適合那個族群的性行為傳播。

不過，當這些狡猾的微小侵略者對我們的黏膜和其他脆弱的身體入口發動攻擊時，動物（包括人類在內）可不會坐以待斃。我們也會演化出猛烈的各式對抗感染武器：白血球、抗體、發燒、黏稠的黏液、厚實的皮膚。而且有趣的是，我們不只有身體的防禦措施。動物也演化出許多能降低感染風險的行為。咳嗽、打噴嚏、抓搔（甚至是理毛行為，像是摘取、摩擦和梳理），它們骨子裡頭全都帶有某種對抗寄生蟲的好處。而且我們人類還會做出更刻意的行為：洗手、預防接種、消毒碗盤、戴保險套。

有些行為反應在病原體入侵我們的領空或攻破我們的城牆時能發揮作用，保護我們。然而細菌、病毒、黴菌和寄生蟲甚至不必侵入我們體內，就能影響我們的舉動。想想下列無意識的行為：和電梯裡流鼻水的小孩保持距離；將牛奶倒進我們的早餐食品前，先聞聞看已開封的牛奶有無酸臭；倒退離開公共廁所，避免去抓握那球形門把。只要想到寄生蟲感染，就能加速活化我們的行為策略及免疫反應。（來，讓我幫你：臭蟲，頭蝨，紅眼症。怎麼樣，你感覺有反應了嗎？）

在這些反應當中，有些真正怪異的行為看似與對抗疾病無關，而且結果證明它們真的無關。那是因為這些傳染病本身可能操縱了我們的行動。雖然那聽起來很像某部殭屍電影可笑的前提，但是這些微小生物影響大型動物行為的能力，卻是來自一場進行了十億年之久，層級逐步升高、類似貓與鼠共演化的競賽。

奸詐的性病微生物

我看過最詭異的一件事就是某支關於一個狂犬病患者想要喝一口水的影片。如果不說，從外觀實在看不出這名病患生了病。他沒有像電影演的那樣口吐白沫，也沒有像隻瘋狗般咆哮，或者在醫院輪床上翻滾扭動，目露瘋狂神色。這個男人看起來非常鎮定，精神正常。直到有個護士拿了杯水給他。突然間，他的手開始顫抖。他想要把杯子舉到唇邊，卻辦不到。當那杯水接近他的嘴，他的頭左右狂甩。那情景看起來像是有人用遙控器操縱他的動作。

恐水症（hydrophobia）是感染狂犬病的一種典型症狀。氣流恐懼症（aerophobia）也是，而且隨著病情進展，會發展出一種控制不住的啃咬衝動。這些看似亂來的行為其實源自病毒給宿主的中樞神經系統帶來的變化。而且這些行為對病毒本身具有意外的副作用。這些舉動實際上有助於病毒將自己傳播到新的受害者身上。由於狂犬病病毒是透過唾液來傳播，因此，比方引發啃咬衝動，有可能是一種有效的微生物「策略」。然而截至目前為止，專攻傳染疾病的獸醫師還沒有找到引發恐水或氣流恐懼的適應性目的。

或者不妨看看蟯蟲（pinworm，學名 *Enterobius vermicularis*）的例子。這種常見的兒童傳染病會改變患者行為，誘使患者雙手遠離更具生產力的活動（比方寫家庭作業，或者在用餐前擺放餐具），轉而猛烈抓搔肛門。這種抓搔對蟯蟲有兩大好處：它能幫忙弄破懷孕母蟯蟲的身體，釋放出上萬顆蟲卵。此外，它也有助於那些剛產下的卵卡在患童的指甲縫間，等到患童下一次吸拇指或啃指甲時，這些蟲卵就能進入宿主的口腔，進到胃腸道，接著在那裡繁衍。

或者以弓形蟲（*Toxoplasma gondii*）為例。感染這種原蟲會對齧齒動物帶來不尋常的作用：這種病會讓牠們變得不怕貓。從齧齒動物的角度來看，這當然非常可怕，因為這讓牠們成了自動送上門的獵物。可是從弓形蟲的觀點來說，這可是再聰明不過的手法。因為地球上唯一適合弓形蟲繁衍的場所，就是貓科動物的腸道。透過讓齧齒動物無所畏懼，這種寄生蟲等於將自己包裝成禮物，送進貓咪的尖牙利爪下……，如此一來，就能確保自己生生不息。

對弓形蟲而言，人類是「死巷」宿主，代表著它無法在我們身上繁衍。不過當我們吃下或碰觸受感染的肉、泥土或貓排泄物，這些寄生蟲還是可以侵入我們體內。一旦侵襲我們的腦部，弓形蟲會「產生囊體」（encyst），基本上就是休眠，直到有機會回到貓的身上。致病原並不知道它置身於一隻小鼠或一個郵差身上，也分不清自己是在一隻大鼠或一個接線生體內。不過它會持續製造化學物質，幫助自己從我們的血液與組織當中得到養分。事實上，我們之中有許多人都感染了這些囊體化的弓形蟲。而且這種微生物會影響我們身而為人的行為。在子宮中感染弓形蟲，可能是日後發展出人類精神分裂症這種極具破壞力疾病的促成因素之一。

有紀錄顯示，「腦寄生蟲」（brainworm）與其他寄生蟲會鼓勵螞蟻在聚落內大開殺戒，還會讓蟋蟀與蚱蜢自殺。某種寄生蜂（wasp）會感染一隻倒楣的毛毛蟲，讓毛毛蟲運用其頭部強有力的擺動擊退這種寄生蜂的掠食者——椿象。雖然弓形蟲、蟯蟲與狂犬病都不是性病，不過也有些性傳播疾病會努力提高自己對宿主的操控。人類免疫缺乏病毒和梅毒這兩種性病惡名昭彰，會引發末期感染病患產生極端行為。愛滋失智會危及判斷力與記憶力。後期的梅毒患者具有自大、衝動、抑制能力失靈等特徵，這些不只驅使知名的梅毒患者，如美國黑幫老大艾爾・卡邦（Al Capone）、軍事家拿破崙（Napoleon Bonaparte）和烏干達獨裁者伊迪・阿敏（Idi Amin）聲名狼藉的性慾望，同時也促進了他們的種種攬權行徑。雖然晚期梅毒患者已不再具有傳染性，也無法散播這種疾病，但的確有其他性傳染疾病能引發行為改變，以促進感染能力。

而這是我們能向動物性病學習的另一種方法。許多微生物仰賴性行為進行傳播。因此如果有可能，這些微生物會誘發有利於性交的巧妙行為。

不過，奸詐的性病微生物要怎麼讓兩個人跳上床呢？也許它會精進男性的搭訕台詞，或是讓男性搞混正常的暗號，誤將拒絕解釋為「來吧」；也許它會讓女性變得更具魅力；也許透過提高性慾或降低抑制以促成更多的性行為。

這可能是感染性病的許多不同動物的真實寫照。雄性的短翅灶蟋（*Gryllodes sigillatus*）會摩擦兩隻後腿，發出複雜精細的和聲吸引母蟋蟀。感染了某種寄生蟲的蟋蟀，其歌聲與未受感染的蟋蟀略為不同——這細微的變化增加了公蟋蟀的吸引力，使牠們贏得更多母蟋蟀的青睞。

玉米螟蛉（corn earworm moth）母蛾感染了 Hz-2V 性病病毒後，會開始製造過量的性費洛蒙——大約是未受感染母蛾分泌量的二到三倍。額外的催情香水被認為會吸引更多的公蛾，從而協助散播這種病毒。有趣的是，這些受感染的母蛾還會展現出一種鱗翅目的「說『不』等於『同意』」行為。顯然牠們沒有意識到這麼做有多麼政治不正確，但是牠們抵抗的舉動似乎更進一步激起其伴侶的性興奮。

性交傳染會鼓勵某些動物一廂情願地尋求性行為。感染了某種性傳染蟎的雄性沼澤馬利筋瓢蟲（swamp milkweed beetle）會挑釁地干預在附近交配的成對瓢蟲，打斷其性交，並且將另一隻公瓢蟲推開。如果附近找不到母瓢蟲，這些受感染的公瓢蟲會接近其他公瓢蟲，並試圖與之交配。

性傳染疾病甚至還會改變植物的「行為」。跟所有生物一樣，植物也需要繁殖。對開花植物而言，這表示得讓充滿精子的花粉從雄蕊移動到雌蕊的卵上。要完成植物的「性交」，其中一個方法是趁著鳥、蜂與蝙蝠到處吸食花蜜時的起飛與降落，將花粉從這朵花帶到那朵花，四處散播。

然而，許多花的花粉裡充滿了微小的黴菌、病毒與寄生蟲，它們全都想方設法要將自己傳送到新宿主那裡。當動物授粉者從一朵花裡頭爬出來，腰腹和腿全都沾滿了實質上算是花的精液的東西，此時，這些微小的病原體通常也會乘機搭便車。當這隻蜜蜂或蜂鳥造訪下一朵花的時候，牠會放下花粉，還有一堆花的性病病菌。

但真正讓人著迷的是，這些疾病會讓植物變得性行為放蕩（抱歉，我找不到更好的用語了）。例如，白色剪秋羅屬植物（white campion）的花容易受到「花藥黑穗病」（anther smut）這種命名很貼切的黴菌侵襲。杜克大學（Duke University）植物病理生態學家彼得・史勞爾（Peter Thrall）發現，感染花藥黑穗病的植物多半會開出更大朵的花。未受感染的植物開的花比較小朵。靠著大而賣弄的花朵，受感染的花輕佻地迎接（而且能容納）更多授粉追求者更頻繁地來訪。透過強迫植物開出更大、更顯眼的花朵，這種黴菌從生理面改變其宿主，讓它變得對那些授粉動物更具有吸引力。

錐蟲（trypanosome）也會運用類似的「策略」，引發一種叫做「馬媾疫」（dourine）的馬類疾病。染病的馬、騾和斑馬會發燒、生殖器腫大、缺乏協調性、痲痺，甚至因而喪命。儘管這種疾病在今日的北美洲與歐洲已非常罕見，但馬媾疫曾蹂躪奧匈帝國的騎兵隊，同時肅清了南俄與北非的所有馬群。在二十世紀早期的加拿大，馬媾疫殺死了絕大多數的印地安小馬馬群。

馬媾疫會在動物交配時傳播。有意思的是，科學家和獸醫師曾用趣聞的角度記述，當馬媾疫出現在馬群中，種馬的性慾似乎會特別高昂。

馬媾疫的運作方式可能和花藥黑穗病如何影響花的「行為」非常類似。充分發展的馬媾疫會對受感染動物的身體大肆破壞，但是感染的早期徵兆非常微妙。一頭母馬可能看似無比健康，除了少許的陰道分泌物讓牠尾巴根部周邊顯得有些潮濕，別無其他症狀。感染馬媾疫的母馬通常會保持尾巴略略上揚，據推測，應該是為了減輕潮濕感帶來的不適。

然而母馬揚起尾巴也是願意接受交配的暗號。此外，每個育馬者都很熟悉的另一個動作也有同樣的意思，當尾巴揚起時，那動作能看得再清楚不過。那稱為陰戶「眨眼」（winking）。這動作由陰戶的收縮與放鬆造成，通常會出現在母馬發情時。

可是身體不舒服、感染了馬媾疫的母馬不但尾巴揚起，陰戶因有分泌物而濕漉漉，同時也許因為陰戶不適而頻頻「眨眼」，偏偏這些由性病引發的假宣傳會煽動好色的種馬。雖然種馬可能會為這個錯誤吃排頭，但這個病原體卻能嘗到甜頭。

有時候，感染與行為間的連結可能非常迂迴。許多性病最令人費解的終點是摧毀宿主的生育力。出於兩個理由，你會認為這是個糟糕透頂的計謀。假如一個族群無法繁衍後代，那通常代表這個病菌就玩完了。少了新一批的宿主，病菌的後代要住在哪兒呢？此外還有另一個問題：無法生育的動物怎麼會有動力進行性行為呢？

可是，病菌的成功繫於它們的宿主多常交配，而非它們的宿主多常繁殖（年過五十的人染上性病的發生率日漸升高，這說明了性病感染需要的是性行為活躍的宿主，而未必是繁殖力強的宿主）。一頭生育困難的雌性動物實際上可能會比已經懷孕的雌性動物更努力嘗試——也就是說，更頻繁地從事性行為。假如某個病原體能夠透過誘發流產或避免受孕來干擾宿主的懷孕週期，就很可能因宿主增多交配嘗試而獲益。性病有無可能透過妨礙繁殖，實則驅使它們的宿主從事更多性交？

事實上，有些獸醫師文獻支持這論點。例如，鹿和有蹄類的某種性病會讓染病的雌性永遠處在發情期，因此較願意接受求歡。當流產布氏桿菌導致一頭母牛流產後，它會讓牠準備好迎接新的繁殖循環——流產能讓牠比起足月分娩小牛更快進入新的循環。這個意想不到的新發現使人聯想到無臨床症狀的感染（指那些實際上很活躍，卻未主動引發症狀的感染），甚至是尚未確認的病原體，也許在原因不明的人類不孕與反覆流產中，扮演了比我們目前懷疑的更吃重的角色。

換句話說，就算是低度的感染也可能改變性功能與性行為。性傳染疾病尤其擅長祕密活動，一旦它們侵入某個生物體內，就會毫不張揚地將它開拓為殖民地，只顯露極少數公開症狀。無論這些感染是小規模且受到控制，或是廣泛散布且無臨床症狀，這些微生物確實會以我們看不見的方式影響我們的身體與心智。

我在加州大學舊金山分校攻讀醫學系時，正值當地的愛滋病流行高峰，我奉命積極建議病患從事安全性行為。就算病患只是因為耳朵痛來看診，我也會主動把性這個議題帶進問診中。我會推薦病患使用保險套，並且避免與多重伴侶性交（還記得一九八四年那句經典台詞嗎？「當你和某人發生性關係，和你一起上床的，是曾與對方發生性關係的每個人。」）我勸告病患向潛在的性伴侶提問。（「你曾經和男人發生過關係嗎？」「你使用靜脈注射藥物嗎？」）。獸醫師無法提醒她的病患記得戴保險套，或是在進展到一壘之前事先面試某個性伴侶。不過，我過去常推薦的預防技巧當中，有一個確實適用於動物。我會勸告病患在和可能的對象從事性行為之前，先檢視彼此的生殖器，看看有無潰瘍或病變。

這個技巧的動物版本可以在鳥類身上觀察到。它叫做**泄殖腔輕啄**（cloacal pecking）[2]，而且被描述成公鳥在乘騎母鳥前，會好奇地輕啄母鳥的陰道開口。某些研究人員推測，許多鳥種的泄殖腔開口周圍長有蓬鬆的白羽或突起的「唇狀物」，是做為評估性伴侶健康的額外小幫手，因為外寄生蟲和病變在淺色背景襯托下將無所遁形。假如被下痢或其他體液弄髒，這些組織也會警告潛在追求者，這是一隻不健康的鳥兒。❸

實驗室研究也顯示，性交後的清潔能提供適度的保護。交合後被阻止梳理其生殖器的大鼠，比起牠們乾淨的同伴有較高的性病感染率。許多鳥類在交尾後會積極地整理自己的羽毛，根據某些研究人員指出，這種行為可能有助於殺死想要乘機搭便車的病菌。在人類的案例中，用力擦洗生殖器並不能保護自己免受病毒引起的性病侵襲，但它或許對細菌感染有些許作用。一項南非地松鼠（Cape ground squirrel）的研究顯示，那些性交次數最多的南非地松鼠，其自慰頻率也最高；據研究者推測，自慰可能是交媾後為了防止性病感染，藉以沖洗尿道的一種方法。

最近有項研究顯示，光是看一張病人的照片，就能讓某些人的免疫系統進入備戰狀態。確實，動物也許有其他方法能透過視覺估計伴侶的健康狀況。舉例而言，無論是榛雞（grouse）的肉冠、美洲家雀（house finch）的羽毛，或是孔雀魚的體色，雄性動物身上的紅色可能表明了牠的適應力高低。這些動物的身體無法自行製造這樣的紅色。為了展現出那明亮的紅色，牠們必須夠健康，去

---

❷ 鳥類具有一條合併了生殖與排泄功能的通道，叫做泄殖腔（cloaca）。

❸ 泄殖腔輕啄可能也有助於鳥類的精子競爭，比如籬雀（dunnock）的交合前展示包括了嘴喙刺激，這個動作會誘使母鳥排出先前其他公鳥遺留的精子。

找到並吃下存在蔬果或貝類當中的大量紅色類胡蘿蔔素。與這些雄性閃電約會的任何雌性都能輕易據此判別對方是否健康，而寄生蟲則會影響這些色素的吸收。因此，動物特徵的顏色若較淡，等同於宣告自己的健康狀況不佳。

但是，如果一想到看不見的生物菌落侵入你的身體並且控制你的行為，就讓你忍不住伸手去拿四環黴素（doxycycline），那你就錯了。面對微生物的軍備競賽，我們的最佳對策未必是焦土戰。

我們會不會太過乾淨了？

在一九八〇年代，一個英國科學家拋出了一道駭人聽聞的問題，撼動了微生物學界——**我們會不會太過乾淨了？**大衛・史特拉強（David Strachan）當時正在仔細沉思花粉熱是否與衛生和住家大小有關。幾年後，德國科學家艾莉卡・馮穆修斯（Erika von Mutius）著手調查孩童的氣喘問題。沒想到，調查結果讓她很困擾。因為數據一致顯示，氣喘最為盛行的地方並不是收入低、汙染較嚴重的東德，而是較富裕、生活環境也較整潔的西德。於是，所謂的「衛生假說」（hygiene hypothesis）開始流行，它主張若消滅太多長久以來占領我們體內與地球的微生物，將會帶來嚴重的後果。它指出，過度使用殺蟲劑、抗菌劑和抗生素，會在殺死有害病菌的同時，一併肅清「好」菌。這理論還指出，老派的完美家務標準與過度仔細的食物檢視，反而創造了微生物的死亡地帶。這些無菌環境剝奪了我們免疫系統每日與入侵者對抗的必要性。而且在喪失了可對抗的外部生物後，數億年來不斷精進的免疫系統有時會發動內部攻擊。閒置的免疫系統，有時會開始攻擊自己。

儘管衛生假說仍未有定論，但如今它不只被用來解釋氣喘、過敏和其他呼吸道疾病，諸如胃腸道疾病、心血管疾病、自體免疫疾病，甚至於某些癌症病例的激增，都被追溯到這個假說。然而，沒有人曾認真察看過外生殖器所處的環境，以及它是否也深受「太過乾淨」所苦。

這指向一個很有趣的想法。某些病原體是不是可能有益於性行為呢？大多數動物有多個性伴侶，這代表來自許多不同雄性的精子必須設法讓自己在陰道、子宮與輸卵管中擊敗群雄，脫穎而出，方能贏得這場受孕大賽。受孕可不是某種彬彬有禮、溫和的消遣，它是一場激烈無情的團隊競技活動。奪冠的泳者有時會得到微小功臣的協助——這種能增強精子能力的微生物存活在精液中，可能會從陰莖轉移到陰道，再轉移到陰莖，接著又轉移到陰道。抽插的性行為可能會將精液推進陰道，但是接下來就得靠被射出的精子和它的微生物幫忙阻撓與消滅競爭的精子。這些病原體有的會增加其精子的運動性，有的則會負責阻擋並殺死競爭對手的精蟲。而且假如那還不夠，這些團隊還必須成功地越過混合了接受型與防衛型微生物叢的陰道。

這代表了住在某隻動物的子宮或陰道裡的微生物可以決定懷孕成功與否；或者，當雄性伴侶不只一個的時候，它能決定哪個雄性的精子可以贏得最終的大獎：授精，讓牠的DNA獲得進入下一回合生存競賽的機會。[4]

這不禁讓我好奇，說不定努力追求無菌的外生殖器環境其實是有害的（更別提進行了抗生素療

[4] 關於跨物種的精子競爭戰略（也就是終極生存戰役），請參考麥特．瑞德里（Matt Ridley）迷人的傑作《紅色皇后：性與人性的演化》（*The Red Queen*），該書對此有極為生動的描述。

法後會出現著名的陰道黴菌感染）。人類的免疫系統會在十一到二十五歲間完全成熟，此時也正是性活動進入火力全開的時期，會為它帶來一連串不熟悉的新微生物群。衛生假說證明了鮮少接觸呼吸與消化系統病菌會有什麼風險。有沒有可能存在著某種生殖器版本的衛生假說呢？也許在你的生殖器上有種「恰好正確的」微生物混合，能增進你懷孕的機率，或者幫忙為你即將懷上的孩子挑選最高品質的精子？也許有個地方能讓輔助懷孕的益生菌產品發揮作用，就像類似產品能改善腸微生物群系的消化力那樣？或者，也許會出現某種有趣的對立面：比方，研究動物身上的微小殺精病菌有沒有可能導致新避孕藥的誕生？

在此我必須強調，考慮到性傳染疾病對人類健康的威脅，這個論點並非支持不安全的性行為。保險套拯救了無數性命。醫師與教育人員必須徹底持續強調安全性行為的絕對必要性。只不過醫師應該加入獸醫師的行列，一同從長期的生態觀點思考治療方法，並且對干預帶來不太可能或意外的結果保持開放的態度。

維吉尼亞大學（University of Virginia）的疾病生物學家堅尼斯・安托諾維克思（Janis Antonovics）告訴我：「在自然族群中，治療疾病是沒有必要的。因為疾病是自然的！」醫師的首要職責是治療個別病患。但是像安托諾維克思這樣的生態學家，則是從病原體的角度看待感染這件事。他向我解釋，每一次我們透過消滅或妨礙擾動某個系統，總會出現反撲。一個人可能會看見使用一回抗生素後產生的立即好處，可是千篇一律地、必然要殺光那些生物，會引發某些預料之外的副作用，也許直接作用在施用抗生素的那個人身上，也可能作用在使用抗生素的所有人類身上。有時候，它會用一種非常狠毒的形式重新流行起來。感染（以及創造它的所有病毒、寄生蟲、細菌與其他生物）是張錯綜複雜、互相連接、多種面向的網，牽一髮而動全身，不可不慎啊。

如果無尾熊山姆能晚幾年生，或許牠不僅能在救火員的協助下躲過祝融肆虐，也能在彼得・提姆斯（Peter Timms）這個生物學家的幫忙下逃離疫病的侵襲。提姆斯和他的昆士蘭科技大學（Queensland University of Technology）同事合力研發了一種對抗無尾熊披衣菌的疫苗。這支疫苗的臨床試驗能略微削減感染率，也能減弱這個疾病的毒性。提姆斯期望有一天他的研究不只能拯救無尾熊，還能催生人類披衣菌疫苗。

很難想像在澳洲有任何人會反對為他們的國寶注射疫苗，對抗一種會引起目盲、不孕，還有死亡的疾病。染上這種恰巧由性行為傳播，卻會要了牠們小命的疾病，怎麼看都不是無尾熊的錯。可是，發展對抗披衣菌、人類乳突病毒與人類免疫缺乏病毒等人類性病的疫苗這件事，卻遭到某些團體阻撓，因為他們相信，保護罹患這類疾病的人，等同於積極鼓勵散播這些性病的「不道德行為」。

不過，這裡正是人獸同源學觀點能助一臂之力的地方。看到這些疾病發生在動物身上，讓我們認識到傳染就是傳染——跟引進的途徑沒有關聯。想到染上披衣菌的人會讓我們不以為然或尷尬臉紅，但想到染上披衣菌的無尾熊卻可能讓我們感到無比同情，或至少是無動於衷。我們多半不會用一隻無尾熊的性傾向評斷牠。減少對性病的汙名化，有助於改善性病的治療。

採取演化的態度有可能激發臨床對策。如同前面曾提到，研究感染的歷史，能讓流行病學家在識別那些已準備好跳到其他傳播途徑上的病菌時，擁有搶先起步的優勢。就像某些「好」菌能維持腸道健康，也許有「好」菌是透過性行為傳播，卻能維持生殖器官的健康。

最後，研究動物性病能啟發我們，超越原本從這些病菌造成不孕和死亡的角度來看待這類疾病。性接觸感染雖然只能從顯微鏡裡看見，卻在演化生物學上扮演了極為巨大的角色。雖然無尾熊山姆因披衣菌而喪命，但是牠的所有性伴侶卻未必都落得同樣的命運。事實上，儘管牠們的性行為毫無防護措施，在場者均可自由參加，但是有一小部分的無尾熊卻從來沒有感染過披衣菌。遺傳變異讓牠們能抵抗感染。每一次卵與精子的相遇都會創造出全新且獨特的遺傳物質組合。每隔一陣子，擁有那樣新組合的生物會得到抵抗感染的優勢。這就是為什麼雖然「人類免疫缺乏病毒」對絕大多數人類而言既棘手又致命，研究人員卻發現，約有百分之一的人類（主要是瑞典人）似乎對這種病免疫。[5]

在無性繁殖的族群中，族群成員都帶有完全相同的基因，只要遇上單一種病毒、細菌、黴菌或寄生蟲，就能將整個族群消滅淨盡。可是，當族群中的每個個體各自擁有略為不同的遺傳組成，某些成員能存活下來的機率就會急遽增加。沒有別的行為能像有性生殖這麼可預期且有效地提供多樣性。

對演化生物學家、傳染性疾病專家和性生活活躍的人來說，以上的說法中也包含了一個重要的反諷。如今人類致力於保護自己不受性所害；但是在演化的進程中，保護我們的卻正是性本身。

❺ 最近有個透過遺傳物質對抗「人類免疫缺乏病毒」（HIV）感染的戲劇性病例：一個患有愛滋病的美國人定居於德國時，又罹患白血病。為了治療他的白血病，這位「柏林病患」接受了骨髓移植，捐贈者的 CCR5 分子的基因編碼帶有突變。由於 CCR5 通常位在細胞的表面，被愛滋病毒用來當做進入並感染細胞的「大門」。因此，假如 CCR5 故障了（也就是發生突變），愛滋病毒也就無從入侵。帶有這種突變的人根本不會感染「人類免疫缺乏病毒」。這種遺傳缺失主要發生在歐洲人身上。據估計，約有百分之一的北歐後裔能完全免於愛滋感染，而瑞典人是最有可能受到保護的一群。有種理論指出，這類突變最初在斯堪地那維亞半島形成，後來隨著維京人逐漸往南移動。

第11章

離巢獨立：動物的青春期與成長的冒險

在南加州海岸線的一段彎曲處，懷藏了一整片柔軟的白沙，適合全家人在沙灘上玩。浪頭閃爍著微光。陽光溫暖宜人。合適放風箏、帶著海洋氣息的微風一陣陣吹拂過沙丘，讓空中的一群海鳥輕鬆地滑翔越過打在沙灘上的和緩碎浪。

開始吧。在孩子身上塗抹厚厚一層的防曬用品。強迫他們穿上游泳衫（譯注：swim shirts，一種寬鬆的上衣，長短袖皆有。主要目的是在使用防曬用品外，增添另一層物理性防護）。提醒他們待在視野範圍內。可是在他們飛快奔跑，讓浮板在背後不停彈跳，一路衝進水中之前，我得先警告你一件事。不過幾英里外，從舊金山南部延伸到法拉隆群島（Farallon Islands）的這片水域當中，有個地方被海獺研究人員稱為「死亡三角」（Triangle of Death）。

大白鯊在冰冷的水域中來回巡行。瘋狗浪、激流和變化莫測的底流迅速掠過這片海濱。貧瘠的海底無法支持植物生長，所以它缺乏能提供掩蔽、保護作用的大海帶林；無論你更往北或更往南走，其他海岸區域都有成片的大海帶林，唯獨這裡沒有。這片水域深處充滿了高於尋常密度的弓漿蟲（*Toxoplasmosis gondii*），這是一種令人害怕，能引發傳染病的微生物，通常會在一些貓的排泄物和未煮熟的肉品當中發現其蹤跡。

你不會在這片危險的水域看見母海獺，小海獺也不會上那兒去。強勢的成熟公海獺深明事理，知道不該冒險進入這片水域，所以鮮少這麼做。就連受僱於美國地質調查所，利用無線電追蹤海獺行蹤的潛水員都拒絕潛入這片凶險的水域。

儘管鯊魚攻擊和原因不明的失蹤在這裡見怪不怪，但還是有一型大無畏的海獺經常短暫造訪死亡三角。牠們是青春期的公海獺，海獺世界裡的玩命之徒。

動物青春期這概念可能會讓你大吃一驚，就像它帶給我的衝擊那樣。我們無疑都見識過剛剛脫離幼犬期、身材瘦長的年輕犬隻，還沒辦法讓自己不太純熟的運動技能配得上那些尺寸過大的腳掌。不過，青少年生活當中的那些戲劇性事件、笨拙與危險似乎是人類所獨有。假如你把青少年無與倫比的能耐——他們能用特異的翻白眼傷害自己的父母，或用陰鬱懶散的模樣毀了一張全家合照——和青春期連結在一起，沒錯，它可能是獨一無二的。不過，雖然細節可能不盡相同，一件更廣泛的事實將人類青少年與絕大多數的其他動物連結在一起。他們全都必須經歷一段緊張不安的過渡時期：一段夾在脫離成人照料與蛻變為成人之間的時期。[1]

我們通常稱青春期為青少年時期，原因很明顯，因為這個過渡時期差不多符合人類壽命當中的那個片段。在其他動物身上，從孩童逐漸轉變為成人的時期可能從家蠅的一週左右到大象的十五

[1] 親代扶養在不同種生物間有多種不同形式。人類採用的形式也能在許多鳥類、哺乳動物和其他動物身上看見。對魚類與其他卵生動物而言，則是透過提供保護塗層、巢穴，或營養豐富的卵達成親代投資，因為牠們產卵後就會棄之不顧。昆蟲也採行類似的策略。

年，長短不一。對錦花鳥（zebra finch）來說，青春期從牠們孵化後的四十天起，持續大約兩個月的時間。就綠猴（vervet monkey）而言，這趟旅程始於牠們待在母猴身邊，直到自己成為母親（或父親）為止，為時大約四年。就連低等的單細胞草履蟲（paramecia）也有青春期——一眨眼就會不小心錯過在短短的十五到二十四小時內，牠們的細胞核和原生質如同行為一樣產生的變化。

醫師應付處於這段時期獨特且傷腦筋的麻煩人物的手法，就跟我們處理特別複雜的器官或疾病一樣——創造一個新的科別。「青春期醫學」（adolescent medicine）迎合這個尷尬的族群：負責診治那些已經長大，不適合再看小兒科，卻又還沒準備好踏入內科的病患。它處理青春期的荷爾蒙變化和性慾初萌帶來的生理挑戰。在這個新生領域執業的開業醫師無不時時留心，不容一長串讓人膽破心驚的威脅接近這些年輕人：交通事故、性病、酗酒、吸毒、重大外傷、未成年懷孕、約會強暴、憂鬱症和自殺。我們多半會將青春期與行為改變聯想在一塊，但是近來的研究常聚焦在大腦變化，希望有助於解釋那些行為——包括樂於冒險、尋求感官刺激，以及想方設法要融入群體的那種難以壓抑的強烈欲望。

當然，所有動物在穿越這段歷程，帶領牠們從性徵尚未成熟、脆弱的孩童變成有能力繁殖、發育完成的成人，各有不同的事要學習。以人類為例，那些要學的事包括了更進階的語言技巧和批判性思考。不過，有一種特質能貫穿不同物種（從禿鷹到捲尾猴，乃至於大學新鮮人），用以定義青春期。這是一段他們在冒險中學習，難免犯錯的時光。

青春的勇氣

一項驚人且令人沮喪的事實是，光是身為人類青少年（尤其是男孩），就是件非常危險，往往稍有不慎就會丟了小命的事。在美國，孩童一旦活過嬰兒期和學步早期，大多數會度過一段相對安全的短暫時光，直到他們滿十三歲為止。❷然而從那一刻起，死亡率會陡然攀升，主要多是因為重大外傷。美國疾病管制局（CDC）指出，「十二到十九歲青少年，歲數每增加一歲，死亡率就會跟著提高。這種模式在男性身上尤其強烈。」等到二十五歲左右，在青春期十分常見的致命外傷比率會逐漸減少。成年後，主要的健康風險多為癌症、心臟毛病，以及其他長期疾病。

這些清楚不過的統計數字跟動物世界的死亡趨勢很相似。根據加州戴維斯分校生物學家，也是《鳥類與哺乳動物對抗掠食者的防衛手段》（*Antipredator Defenses in Birds and Mammals*）一書作者提姆・卡柔（Tim Caro）指出，「年輕（動物）死於掠食者摧殘的比率遠高於成年者。」死亡率在仔獸熬過早期挑戰後會逐漸降低。不過，當動物的身體成長茁壯，開始發生變化時，危險也有類似的進展。想像一頭青春期疣豬沒有母親保護，第一次外出覓食的情況。由於牠缺乏完整的防衛獠牙與厚實毛髮等裝備，也還沒有發展出成年疣豬跑得比掠食者快又遠的那種耐力，因此，假如一頭獵豹襲擊牠，牠的存活機會可能很低。因為牠們跑得不夠快、飛得不夠高，無法像成年疣豬那樣巧

---

❷在世界各地，人類嬰兒期是格外危險的時期。同樣地，動物新生兒的死亡率也比較高，死因主要是被捕食、挨餓，或意外受傷。

妙利用其他方法擊退威脅，所以比成年疣豬更常淪為掠食者的腹中佳餚。由於經驗不足，牠們容易誤判情勢，不慎闖入險地。

當然，一般說來，現代人類青少年不會像我們遠古的祖先被山獅或其他飢餓的掠食者獵捕，但在許多國家中，青少年死於一種不同致命威脅的比例特別高：汽車。疾病管制局指出，在美國，十二到十九歲年齡群之中有百分之三十五的死因是交通事故。

其他突發、暴力的死因也深深威脅青少年。根據世界衛生組織指出，人際暴力衝突每天奪走上百條十到二十四歲年輕人的性命。此外，槍擊意外、自殺、殺人、溺水、火燒、墜樓和戰爭，也是全球青春期人類的頭號殺手。[3]

成人對這類行為知道得一清二楚，所以在立法與理應有遠見的親職策略中，這一點被奉為圭臬。這就是為什麼你在二十五歲前比較難租到車、年輕駕駛人的汽車保險費率比較高，以及設定合法飲酒年齡與合法駕駛年齡的原因。某些州和場所會規定同一時間一輛汽車可乘坐幾個青少年。紐澤西州禁止所有青少年，而不只是駕駛人，在車內使用電子設備。此外還要求他們必須在車牌左上角貼上一小塊鮮紅色的長方形標籤，清楚表示他們是年輕的駕駛人。

某些父母偏好自行控管孩子的安全，設立宵禁，在自家客廳塞滿吸引青少年的誘餌——電玩主機、垃圾食物，甚至酒精飲料。這一派的想法認為，「如果他要喝酒，我寧願他安全地在自家喝。」

接著還有所謂的「選擇」派。有一派青少年風險管理策略的核心主張，聚焦在教導青少年做出「聰明的選擇」。但是大量的新神經學研究顯示，在這個年紀，愛冒險並不是一種「選擇」。青春期的大腦發生了巨大的變化，讓衝動的行為壓過審慎的克制。轉變中的青少年對新奇事物總是興奮又激動，他們會受到同儕團體的吸引，且比成人更熱衷於尋找方法刺激感官，情緒反應也比較極端。

請放心，假如青春期的大鼠會開車，牠們也會被收取超高的保險費率。來自羅馬高等健康研究所（Istituto Superiore di Sanità）的研究者讓一群混合了不同年齡的大鼠走迷宮，而迷宮的終點放著一份美味的零食。為了拿到這份獎勵，這些大鼠必須快跑過一片狹窄的木板，它高懸在一個開放空間，旁邊沒有任何保護的側牆。

有一半的受試大鼠完全拒絕進入迷宮的那一區，而另一半膽敢挑戰的，都是青春期的大鼠。沒有幼鼠或年長的大鼠想冒這個險。

青春期的大鼠還展現出其他幾個常見的行為。置身新環境時，牠們的焦慮程度低於其他年齡群；牠們對於接近不熟悉的物體表現得比較衝動；牠們不只對新奇的東西感興趣，深受吸引，還會主動尋找新鮮事。

同樣的，當靈長類學者把陌生的物品擺在綠猴附近，青春期的綠猴是最快衝過去研究的一群。不管那些物品是單純中性的（例如一個紙箱），不尋常但沒有威脅性的（比如用燈泡和金屬箔絲裝飾的一棵樹），或者帶有某種程度的危險（像是一隻假的毛蜘蛛或填充蛇玩偶），青春期的綠猴都

❸人類免疫缺乏病毒（HIV）和愛滋病在有些地區是所有年齡層的頭號死因。

是最熱切地接近、用手勢比畫、發出警告叫聲，以及嘗試去觸摸的一群。

即使得冒著相當大的人身風險，青春期的動物似乎還是很喜愛探索新事物。成年前的錦花鳥會接近人類，甚至停在人類伸出來的手指上，此時，成年的錦花鳥早就飛走了；在成長過渡期的海獺開始冒險進入新的地盤，像是死亡三角。動物行為學家與人類神經學家都同意，不管在人類或非人類動物身上，這種突然降低恐懼門檻都源自特定的大腦變化。

換個方式來說：愛冒險是正常的。

而且那不只是正常，還是不可或缺的，因為它能產生非常特殊的作用。舉例而言，為了獨立生存，動物需要知道如何辨認出掠食者。雖說發現威脅的能力在某種程度上是天生的，但那能力的有些部分必須在青春期才學得到。對動物來說，孫子兵法說的「知彼」包括了研究敵人如何嗅聞、躲藏、奔跑和攻擊。而獲得這種知識的一個重要方法，就是挨近敵人，觀看行動中的牠。

想要了解掠食者，一種看似自尋死路、實則非常有效的方法是，直接朝對方奔馳、游去或飛去……然後存活下來。加大戴維斯分校的生物學家卡柔在《鳥類與哺乳動物對抗掠食者的防衛手段》中寫道，「年輕的動物看見掠食者時，可能會趨前接近，查看對方，也許藉此認識到牠的特性，包括牠的動機與行為。」

就拿湯姆森瞪羚（Thomson's gazelles）為例，未成熟的湯姆森瞪羚時常緩步走向四處覓食的獵豹與獅子，而不是見到牠們就躲起來。有時候，這些年輕瞪羚會尾隨牠們的獵人一小時或更久的時間，彷彿這些大貓才是獵物。而且驚人的是，這些計畫被打亂的掠食者常常會偷偷摸摸地溜走，不過，如果這些青春期瞪羚還沒看夠或聞夠這頭某天可能會試圖殺了自己的生物，就不會放對方走。

儘管如此，這種行為是要以生命做為代價的。根據劍橋大學在坦尚尼亞進行的一項研究指出，每四百一十七次接近掠食者的行動當中，會有一隻好奇的年輕瞪羚死於大貓的獠牙下（相較於每五千隻成年瞪羚才有一隻喪命）。動物行為學家口中的「掠食者偵察」（predator inspection）廣泛見於孔雀魚、海鷗，以及其他魚類與鳥類。雖然掠食者偵察往往會持續到成年後，但是這種學習始自動物的青春期，只不過，沒有經驗會讓這件事變得更加危險。

幸運的是，人類不是唯一一種成年者會向年輕一輩示範說明的動物。研究人員稱一種廣為鳥類、魚類和哺乳動物採用的普遍教學技巧為「群體攻擊」（mobbing）。它是指一整群的動物（包括有經驗的成年者和成長中的青少年）成群行動，同時還發出威嚇性的聲音，可以脅迫獵食者轉向他處另覓食物。群體攻擊是一種有效的禦敵策略。不過，加大戴維斯分校的動物行為專家茱蒂・史坦普（Judy Stamps）指出，它還有另外一種重要、但經常被忽略的功能。

「群體攻擊是一種讓整個群體牢記『某種危險事物就在附近』的方法，」她告訴我。「假如整個群體製造出響亮的吵鬧聲，那有助於年輕動物記住掠食者的模樣。」她繼續說道，群體攻擊也比單獨偵察要來得安全。因為年輕的動物「不善於躲避掠食者」。在成年者領導的群體保護下朝危險移動，能提供年輕者一種既安全又富教育性的近距離觀察機會。

當年我唸高中時，曾經歷一場標準的成年禮：上駕訓課。幾十年後，操控方向盤、掃描路況、打方向燈等身體技能，已深植在我的肌肉記憶中，我真的已經想不起來當年曾經學過這些事。不過，駕訓課程的某個部分還烙印在我心中。和加州世世代代的新手駕駛一樣，我被要求觀看一部名為《紅色瀝青》（*Red Asphalt*）的宣導影片。這是由加州高速公路巡警局（California Highway

Patrol）製播的影片，內容全是車禍發生後的血淋淋景象。鮮血汩汩流進排水溝中；不自然地彎曲的人體躺在車底下；摩托車騎士的斷肢殘臂血肉模糊地散落在路面上。在加州以外地區度過年少時光的駕駛人可能還記得被其他宣導影片嚇得魂飛魄散的經驗，譬如《最後的舞會》（*The Last Prom*）特寫路旁那朵被壓壞並沾滿鮮血的胸花，或是片名充滿警告意味的《輪下悲劇》（*Wheels of Tragedy*）、《機械化的死亡》（*Mechanized Death*）、《高速公路瀕死掙扎》（*Highways of Agony*）等。

幾十年來，這些電影被用以恫嚇青少年。儘管從動物行為學家的觀點來看，它們不過是成人創造的一種電影工具，迫使青少年去偵察他們的頭號殺手：汽車。

雖然由汽車造成的威脅是前所未見的，但《紅色瀝青》採用的手法則是由來已久。從述說樹林裡藏了什麼的嚇人營火故事到3D環繞音效的血腥影片，人類文化總是慣用凶殺與危險的故事來嚇人，接著說教。這套手法不僅由來已久，而且還很受歡迎。猜猜誰會受到這套手法所吸引？沒錯，就是青少年。住在好萊塢的有錢製作人理解到青少年就像年輕的動物，會成群結隊地趕著去看恐怖片和投入遊戲競賽，那是他們父母因長大而放棄的世界。迅速瞥一眼排隊等著搭可怕的雲霄飛車的長長人龍，同樣也能告訴你，是哪個年齡群會受到這種模擬危險的吸引，喜歡體驗雲霄飛車迅速俯衝時促發腎上腺素激增的化學反應。我們可能不會認為這些大眾娛樂和其他動物的禦敵策略有演化上的關聯性。可是就像成年動物用群體攻擊掠食者來教導年輕動物，成年人類會杜撰故事、拍攝電影，以及打造雲霄飛車——利用青少年與生俱來追求計畫性風險的生理渴望而大發利市。

關於威脅的學習，不只是要學正面迎擊，也包含學習何時及如何躲開它們。因為孩子不願直視他們的目光而深感挫折的父母親不妨想一想，在荒野中，目光直接交會代表的是什麼意思。它往往意謂著你被鎖定為目標了。雖然幼獸時常會凝視自己身旁的每件事物，可是青春期的動物必須知道，對上了錯誤的一雙眼眸，結果很可能會喪命。這種看向別處的反應在許多動物身上演化形成，從鼠狐猴（mouse lemur）到寶石魚（jewel fish）都是如此。盯著雞隻和蜥蜴看，會讓牠們變得定住不動。麻雀若感覺到有眼光落在自己身上，就會迅速飛走。動物出現逃避眼神凝視（gaze aversion）的行為始自從幼兒到成年間的過渡時期。相關的研究顯示，人類則是在青春期前與青春期時會開始大量出現這種反應。

雖然年輕動物正在學習如何保持警戒，但是牠們偶爾會過度敏感，在什麼也沒有的情況下認定有威脅存在。某些動物會對每一個樹葉沙沙作響、隱隱約約的影子，或奇怪的氣味產生過度反應。我曾經親眼目睹一群大約三十頭的海獺被一陣響亮的喧鬧聲嚇了一大跳，最後證明那是個假警報。當那些受到驚嚇的動物忙著逃到潟湖的另一頭時，那些青春期的海獺一馬當先地躍入海中，用全速抄近路逃走。而那些從容不迫地殿後，小心保持自己頭部乾燥的，都是跟真實危險有過較多交手經驗的成年海獺。

為了測試自己的危險偵測技能，經驗不足但急於學習的綠猴、海狸和草原土撥鼠（prairie dog）時常會大喊大叫出不必要的警戒叫聲。群體中的年長者對這些年輕成員的鬼吼鬼叫出乎意料地寬容，多半會用讓對方安心的叫聲回應，或者乾脆忽略那些錯誤的信號。

可是，學習辨識與躲避掠食者，其實是為了絕大多數年輕動物生命中一個極為重要且更加危險的時刻做準備，那就是：離巢獨立。

許多生物的年輕成員會在青春期離開家人，有時是踏上一段短暫的發現旅程，有時則是永遠離開。離家，也就是行為學家口中的「散布」（dispersal）這個歷程，依不同種類、不同性別而有各種變化。但不論對象是一條毛毛蟲或一匹斑馬，這都是生命中無比危險的時光。

綠猴是個很有趣的例子，因為其成員的成長演變和許多年輕男人外出闖蕩、證明自己的典型人類故事很類似。這些聰明的、貓般大小的靈長動物見於非洲撒哈拉沙漠以南地區，以及加勒比海群島的聖啟斯島（St.Kitts）與巴貝多島（Barbados）。牠們有灰綠色的背毛、微白色的腹部、黑色臉孔，以及充滿靈性的棕色大眼。綠猴的童年狀況在許多人類父母聽來會覺得很耳熟。在為期大約一年的嬰兒期，幼猴會緊緊地黏著自己的母親。到了一歲的時候，幼猴的活動圈子會擴展到包括猴群中的成年成員。一歲的幼猴會不分性別地全部參與喧鬧的追逐與角力比賽。

等到牠們滿兩歲（差不多相當於人類的八到十歲），小公猴玩的遊戲會變得更加狂熱與激烈，但是小母猴不再參與那些混戰，牠們的注意力突然間被不同的娛樂吸引了過去：和剛出生的幼猴玩耍，以及理解自己所屬這個群體的社會地位階層。母綠猴不會離開自己的原生猴群。

小公猴走的則是一條不同的路。公猴必須拋下一切，另立門戶。親戚和朋友，熟悉的覓食地盤，猴群與成年成員會保護自己不受掠食者傷害……這些都得留下，得靠自己的力量出去闖天下。

可是，危險不光是來自孤立和沿路上會遇見的掠食者，也來自牠們正要踏入的社會雷區（social minefield）。牠們必須加入一個新的猴群。和接近並融入一個綠猴猴群相比，我們申請大學或爭取第一份工作的那種難受的歷程，顯得輕而易舉。全然孤單和方才獨立，這隻青春期公猴首先必須找出一群陌生的猴子。牠必須接近牠們。接著，牠必須威脅、挑戰、嘗試威嚇，而且最後還得跟那個猴群的優勢階層成年公猴打架。不過，外交手腕才是真正的關鍵。假如牠表現得太強勢，就會失去猴群中眾母猴的尊敬與容忍——那可能會使牠的努力破局，因為綠猴是母系群體，而握有真正的權力的母綠猴可不會在受到威脅時忍氣吞聲，驚嚇幼猴也是嚴格忌諱的事。因此，當這隻新來的青春期公猴試圖脅迫那些公猴時，牠同時必須對母猴施展魅力。

加大洛杉磯分校精神病學與生物行為科學系教授琳恩・費爾班克思（Lynn Fairbanks）花了三十年以上研究野生與圈養的綠猴族群。她告訴我，在這幾個星期的過渡期中，公猴承受的壓力無比沉重，然而這段時間非常關鍵。這隻年輕公猴的表現將會影響牠在猴群當中的地位，以及牠往後接近伴侶、使用食物和歇息處的權利。有趣的是，費爾班克思發現那些過渡得最成功的公猴都會展現出一種願意「冒險一試」的特殊態度。

她告訴我，在綠猴的世界裡，某種程度的衝動性是「必要的」。它會刺激公猴離家、承擔挑戰，以及冒險加入一個新猴群。

雖然大多數的綠猴移民必須勉強接受二等地位，但是那些變成猴群領袖的公猴都具備了另一種共通的特質。牠們的自以為是會在青春期強烈地展現出來，但卻不會永遠維持在最高的強度。等到牠們登上主宰地位後，牠們的衝動性會減弱到比較穩健的程度。費爾班克思寫道，她的發現支持了「青春期特有的高度衝動性並非一種病徵，而是跟日後的社會成功有關」這個看法。換句話說，你在青少年時表現得有點臭屁，並不代表你會變成一個無法無天的成人。它說不定還會把你推上更高的社會階層。

同樣地，降低風險門檻——其實是一種冒險的新樂趣——很可能會激勵差不多長大了的鳥兒離巢，驅策土狼離開共有的巢穴，敦促海豚、大象、馬和海獺進入群體，以及鼓勵人類青少年走進購物中心和大學宿舍裡。就像前面提過的，擁有一顆讓你感覺不那麼害怕的大腦，能讓你（也許是鼓勵你）正面迎戰那些對你未來的安全與成功至為關鍵的威脅和競爭者。降低恐懼、增大對新鮮事物的興趣、衝動的生物學，在許多生物身上全都管用。事實上在青春期，唯一一件比冒險還危險的事，就是不冒險。

賓漢頓的紐約州立大學（State University of New York, Binghamton）心理系教授琳達・史匹爾（Linda Spear）著有《青春期的行為神經科學》（*The Behavioral Neuroscience of Adolescence*）一書，她同意這個看法。在研究其他生物與人類神經學的那些年，她觀察到「特定年齡的行為特徵」。她解釋道，雖然我們注意到的是發生在人類「文化」這個脈絡中的行為，但青春期的轉變具有生物學的基礎，而且它「深植在我們過去的演化中」。

換句話說，我們觀察到人類青少年獨有的行為，其實可能有共有的生理機能在起作用。但無可否認地，人類在增強危險這件事情上確實匠心獨具。當一隻青春期的大鼠或綠猴衝動地冒出想要探索新鮮事的念頭時，不會同時間還駕駛一輛兩噸重的休旅車，上頭載滿了他的朋友。一頭瞪羚因為尾隨一隻獵豹而興奮不已時，不會同時間還服用了最新的設計師藥物（譯注：designer drug，為了逃避法律管制，利用調整現成合法成癮藥物的化學結構而製成的新興毒品）。

對人類父母來說，知道大腦和身體的轉變會引發可預期的普遍行為，並不能減輕他們的擔憂，也無法緩和他們看見原本循規蹈矩的女兒或兒子在腳踝上刺青的那種苦惱，更肯定無法平息某個父母因為看似極端或不必要的危險而失去孩子的那種悲痛。不過，若不只是將青春期的衝動當成常態，更視之為生理與演化的必然，也許能讓那些糊塗的行為變得稍微能夠忍受些。

青春的衝撞

死亡三角南方幾英里外，接近莫斯蘭丁（Moss Landing）發電廠與沼澤附近，有一處掩蔽的潟湖。獨木舟新手來這裡練習划槳。生態旅遊者可以搭乘露天遊艇觀賞港灣海豹與鵜鶘。不過最吸引遊客目光的，是一群五十頭左右的海獺在這片平靜的水域從容地漂浮、理毛、覓食、睡覺，以及偶爾扭打。

在某個多雲的八月清晨，我和吉娜・班投（Gena Bentall）觀察著這群莫斯蘭丁海獺。班投是蒙特雷灣水族館（Monterey Bay Aquarium）「海獺研究與保育計畫」（Sea Otter Research and Conservation Program）的研究生物學家，她花了數千個小時記錄這些海洋哺乳動物的行為。當她飼養的小獵犬哈利從她開的載貨卡車後方觀看我們的舉動時，班投和我討論著這個海獺群體最特殊的特點：全都是公的。牠們的年齡老少不一，從毛色油亮微黑的青少年到毛色灰白的成熟大人，這些公海獺運用莫斯蘭丁的這處地方做為中途停留的休息區。牠們沿著加州海岸游了漫長距離去交配、探索其他地盤或挑戰其他同性後，公海獺會游進莫斯蘭丁潟湖。有些在此地長住，有些只在夜裡才會現身。對有些海獺來說，這個莫斯蘭丁群體是個非全日的庇護所：食物充足無虞，掠食者數量極少，幾乎沒有職責。這是一處能讓這些有強烈領域意識的雄性能暫時捨棄領域意識，而年輕雄性能向長者學習的場所。這個群體散發的悠閒同志情誼讓我想起男性更衣間——一處讓成長中男子與成熟男人聚集、修容、吃喝、午睡、社交和比賽的地方，在這裡，誰也不必為了女性爭風吃醋。

青春期的雄性海豚、大象、獅子、馬，以及許多靈長動物的青少年，會在離開出生地到創立自己的家庭這段期間，加入像這樣的所謂「單身漢俱樂部」（bachelor group）。

以青春期的非洲象為例，牠們會利用這類場合與和自己年齡相當的其他公象切磋過招，為「兩雄對決的儀式性習慣做法」預做準備。根據英國布里斯托大學（University of Bristol）的兩位生物學家凱特・艾凡斯（Kate E. Evans）和史蒂芬・哈里斯（Stephen Harris）指出，青春期對這些年輕的厚皮動物來說是「重要的學習時期」，這是個從「具有高度結構性的種畜群（breeding herd）」轉變為「更具流動性的成年公象社會體系」。公象彼此間的假意對戰，是青春期公象決定誰在那一刻占上風，藉以學習「公象社會」規則的方式。

相較於年長公象群體，年輕公象組成的群體格外友善；牠們會用鼻管交纏、搧動耳朵、象吼及開心地排糞等身體姿勢跟彼此打招呼。班投則登記了海獺群類似的招呼行為，包括推擠、撫摸、用鼻子擦拱和嗅聞彼此。公野馬與斑馬也會在牠們離開自己的原生馬群後，大約二或三歲時，移居到成員全為雄性的群體中；牠們則是用打鬧和戲鬧式撒尿來團結彼此。[4]

艾凡斯和哈里斯認出在青春期象群當中有個值得注意的闖入者：成年的公象。不過，這些年輕公象並沒有將這些年長公象視為不受歡迎的監護人，反而似乎喜歡有牠們在身旁。艾凡斯和哈里斯寫道，這些年長公象會扮演導師的角色，與這些年輕公象交際往來，幫助牠們學會「不必擺出競爭的威脅姿態，也能成為舉足輕重的雄性」。[5]他們也指出，在某些案例中，這些成熟公象的出現似乎抑制了年輕象群中受到睪固酮驅使的好戰狀況。

海獺的單身漢俱樂部也包括不同年紀的公海獺。雖然班投沒有臆測年長雄性的出現是否影響了年輕雄性的荷爾蒙表現，但她說莫斯蘭丁的年輕海獺一開始能到這處隱密的潟湖，就是跟隨著一頭較年長的公海獺才找到的。

對加州兀鷲（California condor）而言，在將這個瀕危物種從滅絕邊緣拉回來這件事情上，導師扮演了很關鍵的角色。一九八二年，這種巨大鳥類在全世界只剩二十二隻，生物學家採取緊急措施，加速育種計畫。透過小心蒐集剛生下來的蛋，科學家開始建立起一個圈養的族群。到了一九九二年，野生動物保育小組已經準備好將這些兀鷲重新引入牠們在加州紅木林與山區的自然棲地。

可是他們遇上了一個沒有料想到的問題。他們以幾年前成功重新引入北美遊隼（peregrine falcon）的釋放計畫做為範本。在那個釋放計畫中，生物學家放出大量剛會飛的雛鳥（fledgling）——已經長得夠強壯，能飛，但尚未性成熟的雛鳥，這些雛鳥正處在從仍需父母照料轉變為有能力供養自己的過渡期間。這些轉變中的青春期遊隼很順利地遷進附近區域，而且沒過多

---

❹ 母野馬也會離開自己的原生馬群——也許出於自己的選擇，或是被自己的父親逐出馬群。儘管如此，這些成年前的母馬並不會形成全為母馬的群體，而是設法融入附近的馬群。由於牠們是最後加入馬群的成員，所以地位也最低。

❺ 在成年公象群中，因顯著增多的睪固酮分泌而造成危險行為的這個惡名昭彰時期被稱為「狂暴期」（musth）。狂暴期的生理特徵包括從眼睛旁邊的顳腺分泌出惡臭、柏油般泥狀物的顳腺液。年輕的公象有可能經歷「甜蜜狂暴期」（honey musth），這是成年狂暴期登場前比較溫和的序幕，此時分泌的顳腺液顏色較淡，味道略帶甜味。

久便開始彼此交配，使得整個族群逐漸恢復生機。

沒想到兀鷲的狀況完全不同。

洛杉磯動物園「加州兀鷲繁殖計畫」（California Condor Propagation Program）的主持人麥可・克拉克（Michael Clark）向我說明，加州兀鷲不像遊隼那樣獨居且不需要導師指引，而是極端社會性的動物。牠們在成長過程中會經歷很長的成年前階段。牠們會在那個時期透過模仿與榜樣，學會複雜的兀鷲習俗，包括從覓食與進食到休息與築巢等一切事物。這個學習歷程的重要關鍵在於和不同年齡的成員一起過群體生活，在此，年輕的兀鷲能觀察年長導師的作為，並且加以模仿。由於這批早期的兀鷲雛鳥是在保溫箱裡孵化，由人類撫養長大，所以牠們沒有這種經驗。釋放這些社會化不足的成年前雛鳥，創造出克拉克口中的「《蒼蠅王》（*Lord of the Flies*）情境」。缺乏經驗的雛鳥獨立無助地來到外面的世界，完全不知道自己該做些什麼。有些雛鳥以垃圾為食，結果因為營養失調與中毒而生病；有些雛鳥不夠聰明，選擇停在電線桿上，結果觸電致死；許多雛鳥在釋放地點徘徊不去，後來才慢慢遷入新的地區。然而，最辛酸的莫過於因為缺乏能幹的成年領導者帶領，有些雛鳥竟跟隨任何會飛的東西走，管它是老鷹或滑翔翼。有隻年輕兀鷲在一天內從大峽谷飛到懷俄明州，因為牠忠實地追隨一個錯誤的導師，結果在一天將盡時，來到離家千里遠的地方。[6]

團體生活為動物提供許多長期的好處。但是有時候將個別青少年拉進團體當中的，卻是短期的大腦報償。耶魯大學心理學系教授艾倫・凱茲丁（Alan Kazdin）同時也是耶魯教養中心與孩童行為門診中心（Parenting Center and Child Conduct Clinic）的主任，他告訴我，研究顯示，光是坐在同齡同儕的旁邊和他們一起從事活動，就能活化多巴胺與其他跟報償有關的神經化學物質通道。

「有同儕在身邊是一種獎勵，身邊少了同儕，感覺完全相反。這能說明你家十四歲小孩在家裡的乖戾、喜怒無常、心不在焉的行為。」他在《石板》（*Slate*）線上雜誌挖苦地寫道。

儘管單身漢俱樂部的現象遍存於許多物種之中，青春期動物所組成的團體可未必永遠只有單一性別。轉變中的信天翁會在長出飛羽到開始建立自己家庭中間的這幾個月，形成名叫「聯歡」（gam）的兩性混合團體，異性之間往來，卻不會交配。錦花鳥也會聚集成混合兩性的同儕團體。公鳥會調整牠們唱給母鳥聽的求偶歌曲，同時練習唱得比其他公鳥動聽。年輕的公鳥與母鳥會一起用嘴喙理毛；有時這個團體會解散，讓這些年輕鳥兒能飛回父母的巢穴討食物吃——許多人類父母對這個傾向應該不陌生。

古代的青少年也會形成團體。一群恐龍化石在蒙古某處九千萬年前的湖積層被發現。牠們的年紀全都在一到七歲間——距離該種恐龍的性成熟期（通常出現在十歲）還有幾年的時間。古生物學家認為，這些兩足行走的植食性恐龍可能沒有成年者監督，牠們形成社交性群體，一起四處流浪。

粉紅鮭（pink salmon）的成長也完全沒有父母警惕的眼神守護。孵化後沒有幾天，牠們便會離開自己出生的砂礫巢穴，在黑暗的掩護下，開始往下游的外海移動。然而，在潛入北太平洋的遼闊

---

❻ 感謝洛杉磯動物園、聖地牙哥動物園暨野生動物公園，以及墨西哥的查普爾提佩克動物園（Chapultepec Zoo），加州兀鷲的復育從那些早期日子開始到今日已有了長足的進展。人工飼育的兀鷲雛鳥如今能在混齡的團體中接觸到成年導師，在準備釋放前也會得到充分的社會化教導。現今野生的加州兀鷲族群數目大約有兩百隻，分布的地點遍及加州、亞歷桑那州，以及下加利福尼亞（Baja California）的北部。

水域之前，這些年輕的鮭魚會在出海口附近平靜的淺水水域停留一兩個星期。也就是在這個安全的環境中，這些成年前的鮭魚開始理解如何維持魚群隊形游泳。首先，牠們會三三兩兩集合成群。幾天之後，群體成員會變成五或六條，到最後，結合成一個很大的隊形。牠們的每日課表跟人類青少年的極為類似。早上與下午都待在魚群中。夜晚來臨時這些團體會解散，然後個別漂浮在水面附近，直到第二天早上再度集合為止。當這些鮭魚學習魚群隊形變換及其魚類生活的規矩時，牠們也同時理解到自己在整個鮭魚社會階層中的位置。少了成年鮭魚示範理想行為，這些年輕鮭魚靠著天生本能和不斷摸索去找出如何得到最佳的進食地點，以及確保自己成年後的優勢地位。我從來沒想過魚類需要學習「成群游動」（schooling）這種極具代表性的同步游泳隊形，或是某條魚會比其他魚兒更擅長這種技能。

成群游動、成群移動、成群飛行——隸屬於某個群體且在群體中移動——提供脫離嬰幼兒時期的個體適當的保護。群體代表著更多警戒、更多雙眼睛、更多聲音能發出危險警報。可是，這是有代價的。個體聚集在一起形成一個群體，就必須學習不引人注目。一隻魚鰭伸向某個古怪方向；整個群體向右急轉時，卻出現一個向左急轉；當所有同伴都換上灰色外觀時，唯獨一個亮出白毛或白羽——任何奇特或突出的表現，都會讓這隻動物在掠食者眼中變得無比顯眼。青春期的這堂交融協調課程，對動物未來的生活大大有用。

我們人類不會成群游動、成群移動，或成群飛行。但也許假如我們夠仔細去聆聽人類青少年想要融入的要求，就能聽見某種演化歷史的微弱回聲指出惹人注目會招來危險。也許這意指在父母責備孩子極度渴望「跟對潮流的」耐吉運動鞋或牛仔褲是虛榮拜金，或是過度從眾而予以駁回之前，他們應該考慮一個不同的觀點：青少年想要融入群體的強大驅動力，可能代表了某種珍貴且遠古的保護性演化遺跡。

無論是莫斯蘭丁的海豹突然爆發混戰扭打時間，或坦尚尼亞的大猩猩在一場抓鬼遊戲中彼此互毆，或粉紅鮭學習成群游動，同儕團體給予青春期動物練習社交行為與評估自己在群體中所處位置的機會。就像高中學生摸清楚自己究竟是運動員和啦啦隊員，是沉溺戲劇的愛好者還是數學競賽高手，動物也會經歷類似的分類過程。牠們對自己將要參與的競賽和所屬社群形成某種想法、知道融入要付出什麼代價，以及成為贏家又要付出什麼代價。

不過，群體也有棘手的對立面。雖然它們可以是安全、愉快和必要的，但同儕團體可不是個被動的庇護所，單純庇護年輕的人和動物，直到他們準備好踏入成年的世界。群體是複雜的社會實驗室，是讓年輕動物練習成年行為的場所。而且對社會性動物，尤其是長壽的社會性動物而言，牠們最想弄清楚的一件最重要的事，就是社會地位。

有時候，青春期動物得面對的最大風險並非來自外部的掠食者，而是來自內部的成員。蘇珊・裴瑞（Susan Perry）寫了一本很有趣的書，記述她在哥斯大黎加的森林中研究捲尾猴的那段歲月。裴瑞在這部名為《操縱的猴子》（*Manipulative Monkeys*）的書中寫道，「捲尾猴的主要死因是與其他捲尾猴發生衝突。」競爭的幫派會競相爭奪地盤、伴侶，以及各種資源，多數的這類暴力都可歸因於此。但是同儕團體也會造成其他獨特的危險。牠們會用激將、哄騙與羞辱個別動物的手法，讓對方去做牠們自己落單時絕對不會做的事。她告訴我，她曾觀察到幾隻擁有「很高的社會智力」與

「高明的交際能力」的捲尾猴在加入某個單身漢俱樂部後，其行為便淪為激烈的蓄意破壞與暴力行為。

她特別追蹤一隻捲尾猴——這隻年輕的猴子叫做「小精靈」（Gizmo），牠加入了一個由年輕的公捲尾猴組成的幫派，裴瑞的研究小組稱這個幫派為「迷失男孩」。身為一隻年輕的猴子，小精靈表現出適當的社會順從，而且看似正朝一個雖然並不傑出，但卻穩定的捲尾猴群生活邁進。可惜在牠脫離童年後，小精靈開始受到危險處境的吸引。小精靈受到牠衝動的哥哥慫恿，經常與體型較大、年紀較長的公捲猴發生口角，最後總是落得一頓痛打。

當小精靈身上的傷疤與碎裂的骨頭愈來愈多時，牠所屬的幫派開始吸引新成員加入。很快地，成員總數達到八名，每個成員身上的打架傷疤和失敗的求愛記錄一個比一個多。情況迅速失控。牠們不斷流浪，恐嚇附近的鄰居，一直無法順利在一個混合性別、混合不同年齡的穩定家族群體中安頓下來。當裴瑞跟我談起迷失男孩，她的口氣就像是束手無策的高中老師，只能悲傷地看著自己的某些學生在不知不覺間陷入青少年犯罪中。

「牠們的問題在於，」裴瑞說，「牠們的成員數目實在太多了。其他的捲尾猴群看見一次有八隻年輕公猴想要加入，就會嚴肅地反對牠們遷入。」裴瑞強調，全雄性群體的移居是一個正常且必要的生命階段——沒有保證安全的做法，然而牠們全都必須經歷這件事。迷失男孩這個案例最引人注目的是，由於牠們的群體過大，而被卡在過渡階段。受到捲尾猴社會的排擠，小精靈最後以被社會遺棄者的身分死亡，永遠沒有機會在較大的社群當中爬上有用的社會地位。

同樣的事也發生在人類青少年身上。「違法與犯罪行為……較可能發生在青春期的群體中，而非他們成年後。」天普大學（Temple University）的青春期專家勞倫斯・史坦堡（Laurence Steinberg）這樣寫道。飲酒、危險駕駛、危險性行為——這些在青少年團體當中全都更流行、更危險，且更有可能發生。

無論是動物或人類，依附錯誤的一伙人或與錯誤的一幫人糾纏不清，都會帶來致命的結果。

青春的印記

在二〇一〇年九月，雷蒙・闕思（Raymond Chase）、寇迪・巴客（Cody J. Barker）、威廉・盧卡斯（William Lucas）、賽司・華爾胥（Seth Walsh）、泰勒・克萊門悌（Tyler Clementi）和艾許・布朗（Asher Brown）等六名青少年，全都因相同死因而喪命。雖然他們的年紀從十三到十九歲不等，住在不同州，但他們的死亡有一個悲傷的共同點貫串：這六個孩子全都在遭到霸凌後自殺身亡。

他們的死亡被加進二〇一〇年全美數千名青少年自裁的名單中。自殺是青春期人類的重大健康威脅。在全美八到二十四歲國民當中，它是第三大最常見死因。

就像自殺的成人，動手結束自己生命的青少年通常患有隱晦的精神疾病，尤其是憂鬱症或消沉抑鬱的心境。然而，青春期情緒速寫中有個常見的面向可能會使這個年齡群的人特別容易自盡：他們與日俱增的衝動。一個衝動的青少年若能取得可以自毀的實體凶器與藥學武器，就會把一個棘手的困境變成一個致命的處境。

心理解剖（psychological autopsy，在自殺發生後，由精神科醫師進行大量的面談與調查，以找出死者的心理狀態）顯示，觸動青少年自殺的原因，在不同案例中竟然非常類似。首先是失落，諸如密友或家人的死，或是摯友搬家，這對只有寥寥幾個朋友的青少年打擊尤其重大；其次是拒絕，像是遭到女友或男友回絕；最後還有深刻的難堪，像是被踢出某個團隊、重要的考試沒過關、遭受老師公開的羞辱訓斥。

失落，拒絕，深刻的難堪。這些能觸發人類自殺的經驗也會發生在動物群體中。只不過動物行為學家給它們取了不同的名字，叫做：孤立、排斥、順從，以及姑息。連同失落、拒絕、深刻的難堪，這些詞彙混合描述了促成動物群體中社會地位消長變化的複雜反應與行為。

決定地位與維持地位，占據了社會性動物群體中絕大多數的活動。居優勢地位的動物對群體中低階層成員的攻擊似乎很常見，包括海獺、海鳥、狼與黑猩猩等動物都是如此。而且社會階層是經常不斷變動的，高居頂端的位置永遠都不牢靠。許多動物行為學家指出，找低階層成員的麻煩是優勢地位動物展現並維護其優勝者身分的一種公開、有用的方式。儘管不是每隻動物都能成為領袖，但置身最高位階能帶來重要的好處，通常包括對伴侶、食物地盤和棲身之所的專屬控制權。

在人類社會，我們無時不刻都能看見居優勢地位者攻擊低階層成員，但是我們使用「霸凌」（bullying）這個比較口語的詞彙來描述這個恃強欺弱的現象。多年來，我們總是說這些惡霸沒有安全感，這些孩子對自己「感覺很差」。我們相信，找別人的碴能短暫提高他們的自尊。可是近來的研究指出，一般說來，這些惡霸的自我感覺相當良好。他們的自尊好得很，根本沒有問題。事實上，這些惡霸往往穩坐在社會食物鏈的頂端，被跟班、野心勃勃的人，以及沉默的旁觀者所包圍，那些人很高興自己不在惡霸的炮火攻擊範圍內。

假如動物和人類的霸凌有某些共通的目的，那可能會是：展現力量與優勢，以及給任何想要挑戰現況者一個殺雞儆猴的教訓。這個跨物種的觀點讓我們對惡霸為什麼時常來自人類社會階層頂部，而非底部，有更深入的了解。

動物也能幫助我們了解這些人類惡霸是怎麼選擇他們的受害者？在某些動物群體中，與眾不同會讓個體變得更容易受到攻擊。

跟動物掠食者一樣，人類惡霸會不時尋找受霸凌者和群體之間的不同之處。在北美，惡霸攻擊的常見對象之一是承認自己是（或被認為是）同性戀者的男孩。事實上，那六樁發生在二〇一〇年九月的自殺事件除了事件發生的月份和年份外，還有另外一個共通之處。這六個青少年全都是在因為看起來像同性戀者而被人不斷騷擾後，結束了自己的生命。

究竟動物間發生過多少真正的「霸凌」，實在很難說得精準。假如我們將霸凌定義為優勢動物對低階層動物的攻擊行為，那麼數量應該相當多。野生動物學家和獸醫師經常將結果沒有發生嚴重傷害的雄性對雄性鬥毆歸類為「鬧著玩」。確實，當你觀察一群年輕動物混戰式的遊戲，無論你觀察的對象是海獺、海豚、馬、捲尾猴、兀鷲、幼貓或幼犬，「打打鬧鬧」和「霸凌」之間的界限也許並不清楚。正如同人類父母未必分辨得出是不是霸凌，我們看見動物群體中的某些「作勢攻擊」或「假戰鬥」，也許比我們原先以為的更激烈且更懷有惡意。

在動物之間，同儕的壓迫有時來自手足的尖牙利爪。英國牛津的生物學家提姆・克拉頓—卜洛克（Tim H. Clutton-Brock）在他發表於《自然》的文章〈動物社會裡的虐待〉（*Punishment in Animal Societies*）中描述霸凌對藍腳鰹鳥（blue-footed booby）造成的衝擊。藍腳鰹鳥通常一窩會生兩顆蛋。第一顆孵化的蛋多半是手足間強勢的那一個，牠會欺壓第二個出生的手足，透過啄和推擠強烈展現自己的權威。就算較年輕的雛鳥後來體型大過牠專橫跋扈的手足，牠們這種早期建立的巢內優勢支配關係仍會持續終生。

近來，生物學家在另一種鳥，那斯卡鰹鳥（Nazca booby）身上調查恃強欺弱的習性有沒有可能跨越世代而被傳播開來。他們注意到，當這些太平洋海鳥的鳥父母離家覓食，沒有血源關係的年長雛鳥會飛到別人家沒有防衛的巢穴，欺負裡頭的雛鳥。這些體型較大的雛鳥會用自己的橘黑色嘴喙抓住年幼雛鳥的脖子和頭部，使勁用力擠壓，而被欺負的小雛鳥則是逆來順受地忍耐，將自己的嘴喙藏在毛茸茸的胸膛裡。生物學家觀察到一個特別有意思的欺凌模式：小時候最常被攻擊的雛鳥，長大後最有可能會去攻擊其他雛鳥。這些太平洋海鳥可說是大自然中「受害者變成加害者」的範例。

人類憂鬱症和霸凌的關聯也許只會對衝動的青少年帶來獨特的危險性。然而，動物若對於被找碴做出無言、順從，甚至於消沉沮喪的反應，其實反而可能會讓某些動物的處境變得比較安全。在一場跨越社會階級的暴力衝突中，輸家可能夠聰明，懂得該要撤退，而不是硬要碰碰運氣，再次上場挑戰。為數眾多的動物研究清楚顯示，不甘於認輸求饒會導致優勢的一方升高攻擊強度。

雖然每一部牽涉到霸凌的電影與漫畫總會以受害者抵抗還擊收場，而且往往還能打倒惡霸，但是這類復仇幻想通常不會在動物世界中實現。偷偷溜走到其他地方舔舐自己的傷口，或者設法另覓其他路線，避免再遇到對方，這往往會比跑回去與同一個惡霸再三打鬥要合理得多了。

對照動物與人類的行為，並不能「解決」或「糾正」複雜的人類社會互動問題（比如霸凌）。

不過，抱持著跨物種的態度，也許能指引我們該從哪裡著手尋找對策。

就我們所知，當一隻沒有防衛的海鳥受到虐待、一隻不受歡迎的綠猴被猴群放逐，或一隻好奇的年輕海獺在第一次獨自外出覓食時喪生，牠們的父母幾乎不會為此流淚——也許只有那個透過雙筒望遠鏡觀察這些動物的田野生物學家會為牠們掬一把同情淚。不過，親代撫育確實存在各種生物身上。無論是一條盲鰻在一窩蛋上分泌一層保護黏液，接著便游開，或是一頭黑猩猩向一隻年輕黑猩猩示範用白蟻釣魚的技巧，所有的動物父母都會關心牠們轉變中的子女進展得順不順利。

就算等到子女的年紀夠大，能獨自生活與繁衍，某些動物在牠們有能力自食其力後，仍舊會得到父母的照料。譬如克氏長臂猿（Kloss's gibbon）的父母會協助保衛孩子的地盤，直到牠能找到伴侶為止。三趾樹獺（three-toed sloth）的母親就像食葉的樹棲版直升機父母（譯注：helicopter parents，指父母像直升機一樣在孩子身邊盤旋，時時刻刻關切孩子的需求，為孩子解危，過度干預孩子的成長），會空出自己地盤的一小塊，以協助自己的孩子展開牠的成年生活。

當然，青春期的獨角鯨、園丁鳥或海獺的父母和牠們互動的方式，和人類父母的手法大不相同——無論你的風格是日本的賢妻良母、俄羅斯的英勇媽媽，或北美的虎媽。大腦、社會結構、發展、基因和環境全都不同，所屬物種也不同。不過，從人獸同源學的角度思考家長的身分這件事，倒是揭露了一項深植於所有物種的父母身上的事實：父母的基因能否順利傳承下去，得視其子女能否存活且成功繁衍後代而定。

對某些運氣很差的人類父母而言，青春期的冒險與衝動可能會導致悲劇的發生。太早接觸酒精與毒品，會讓他們的孩子踏上傷害、意外死亡與成癮之路。此外，他們的孩子必須通過的社會雷區，可能會造成以嚴重憂鬱症或自殺形式出現的傷亡。

假如你已為人父母，當你嘗試壓抑因孩子錯過宵禁遲歸使你怒氣爆發時，這種知識無法縮小梗在你喉嚨中的那份不快；當你忍不住動手撥開你家青春期孩子臉上那一綹遮住眼睛的頭髮時，它可能無法讓你住手；當你打開一封包含你家孩子大學入學考試成績的電子郵件時，它恐怕無法平息你加速的心跳；當你家孩子在運動比賽中的最後幾秒獲得勝利，它也不大可能鎮住你口中發出不由自主的興奮尖叫。

不過，當你發現自己因為青春期孩子的行為、外貌或前途而情緒激動時，一個跨物種的建議也許能讓你省下一趟看精神科治療師的安排。與其怪罪「文化」，或在你的早期童年經驗中尋找讓你反應過度的源頭，不如花一點時間仔細凝視被遺留在演化時間軸上的東西，然後想想你養育子女的遠古動物根源。

此外，羅伯的兒子，查理的故事或許能增強你的信心。十六歲那年，查理看似走上了歧途。他覺得學校課業很無聊，也找不到唸書的動力，成績因此徘徊在退學邊緣。老師惋惜他缺乏專注；他們說除非那個課題是他感興趣的，否則他連碰都不想碰。雪上加霜的是，查理喜歡追求冒險：開快車兜風和標靶射擊。等到查理好不容易上了大學，抽菸喝酒成了他在同儕間的註冊商標。

羅伯非常絕望。他多次設法讓他兒子能夠開始認真面對自己的課業和二十歲以後的人生。他組合了一個「緊急應變計畫」，想挽救他兒子的未來。在某個軟弱卻值得懷念的時刻，他告訴查理：「你會讓自己和所有的家人蒙羞。」

不過，別為查理擔心。他並沒有為自己的冒險、叛逆、拒絕接受這世界是長輩告訴他的那個模樣而付出太多代價。事實上，他充分利用自己特立獨行的天性，創造出科學史上最有名的一份成就。這個成熟的查理就是查理・達爾文（Charles Darwin），後來他甚至原諒了父親當年嚴厲的管教，說：「我的父親是我所知最和藹可親的人，我全心全意敬愛他。當年他說出這些話的時候，想必是非常生氣。」

以下事實或許能讓現代父母稍為寬心——大多數青少年都能順利度過青春期，或許帶點小瘀青，受到些許羞辱，但是他們在接下來的旅程上會變得更加強壯。

畢竟，大多數的捲尾猴不會和幫派一同浪跡天涯，然後孤獨終老。大多數鮭魚會弄明白該怎麼成群游動；大多數綠猴會順利進入一個新猴群；大多數瞪羚會學會遠離獅子，並繼續生兒育女。還有，大多數加州海獺能存活下去，而且將死亡三角遠遠地拋在腦後。

第12章

人獸同源學

一九九九年的夏天，當紐約市皇后區（Queens）附近出現了歪歪斜斜地飛行的數百隻烏鴉，然後突然暴斃在人行道上，崔西・麥克納瑪拉（Tracey McNamara）不禁感到一陣惡寒。很少會有單一物種染病後突然相繼死亡，而附近的其他動物卻安然無恙。幾個星期後，布隆克斯動物園（Bronx Zoo）中由她負責照料的外來鳥類開始大批死亡。麥克納瑪拉心裡清楚，某種禽鳥殺手正逍遙法外。如果她不能迅速找出凶手，這個惡徒會將動物園裡的整個鳥類族群全部消滅，不留活口。

麥克納瑪拉是布隆克斯動物園的獸醫師暨病理學主任，她立刻著手做兩件事。身為一個負責的員工，她打電話給紐約州野生動物保育官員，向他們通報在布隆克斯動物園出現了某種令人擔憂的致命傳染疾病。

可是麥克納瑪拉也是個正經嚴肅的皇后區在地人，擁有康乃爾博士學位，以及多年在顯微鏡底下鑑別組織的經驗，對鳥類疾病見多識廣。秉持著一股特立獨行的性情與一份對精采醫學謎團的熱愛，她展開了自己的調查。凝視著放大的載玻片直到深夜，身旁擺滿瓶瓶罐罐的兩棲動物和外來爬行動物真菌的標本，麥克納瑪拉尋找著線索，試圖解開是什麼殺死她的鳥兒這個謎團。有件事非常明顯。這個凶手動作敏捷，無情冷酷——使受害鳥類的大腦無法正常運作，並且摧毀其他器官。牠們死於腦部大量出血及心臟受損。這強烈指向由某種病毒引起的腦炎（encephalitis，大腦發炎）。但會是哪種病毒呢？

麥克納瑪拉知道她有三個重大嫌疑犯：會引起新城病（Newcastle disease）、禽流感（avian influenza）和東方馬腦炎（eastern equine encephalitis, EEE）的病毒，這三種病毒全都以攻擊鳥類而醜名遠播。由於時間緊迫，麥克納瑪拉開始逐一排除嫌犯。新城病和禽流感具有高度感染性，透過動物間的傳播，它們可以立即消滅鄰近的成群飛禽。但是它們不可能是犯人，因為動物園中的外來紅鸛和老鷹已經奄奄一息，可是兒童動物區的雞隻和火雞都平安無事。麥克納瑪拉將新城病和禽流感從名單上畫掉。這麼一來只剩下東方馬腦炎。可是麥克納瑪拉很清楚，動物園中的鴯鶓（emu）沒有生病。健康的鴯鶓似乎可以排除東方馬腦炎；這種跟鴕鳥長得很像的大型鳥類特別容易受到這種病毒的攻擊，假如凶手真是東方馬腦炎，鴯鶓肯定會展現出病徵。畫掉三個選項後，麥克納瑪拉手上的嫌犯一個也不剩。

它必須是一個不同的致病原，一種不是透過鳥傳鳥散布的病毒。那時，麥克納瑪拉突然想到蚊子。兒童動物區在太陽下山前就閉館，而且會在太陽高高升起後才開館。在黎明與黃昏這兩個蚊子主要的進食時間，此區的雞隻和火雞都安全地待在館內。然而，紅鸛、鸕鶿（cormorant）和貓頭鷹這些外來鳥類卻命在旦夕，因為牠們在動物園閉園後仍待在戶外。這可不是個令人欣慰的領悟。假如蚊子真的正在散播這種傳染病，不管它是什麼，鳥類都不會是唯一處境危險的動物。任何能提供蚊子大餐的溫血動物（像是犀牛、斑馬和長頸鹿）全都有危險了。這一瞬間，麥克納瑪拉有種不祥的體悟，那就是紐約地區的人類也將大禍臨頭。

時間來到八月下旬。大約一週左右之前，紐約附近的急診室醫師開始追蹤一種突然發生在年長者身上的神祕疾病。它看似是神經方面的疾病：病患會出現高燒、虛弱和精神紊亂的狀況。有些病患的大腦出現腫脹——腦炎。當患者人數達到四人時，某家皇后區醫院的傳染病專員發出了警報，於是位在亞特蘭大的疾病管制局（CDC）派出一組流行病學家前往調查。因為出現了腦炎，疾管局也想到了「蚊子是病媒」。其中一位研究人員這麼寫道，「假如你在夏末發現腦炎，就必須考慮病毒可能透過蚊子加以傳播。」這一年對這些昆蟲吸血者來說是很理想的一年。又長又乾的春季結束後，大量的雨水和高度的濕氣創造出孕育蚊群大爆發的理想條件。

過了幾天，針對病患的脊髓液進行了某些測試後，疾管局官員得意洋洋地宣告他們已經解開謎團。它是聖路易腦炎（St. Louis encephalitis, SLE）。這種攻擊大腦的疾病會讓它的受害者，尤其是年長者，產生從高燒到脖子僵硬，甚至死亡的結果。這種病沒有疫苗，而且雖然它常見於美國南部與中西部，但自從一九七〇年代起便已在東岸絕跡。紐約市長魯迪・朱利安尼（Rudy Giuliani）迅速提出一份預算達六百萬美元的滅蚊計畫，內容包括發放免費的驅蟲劑、宣傳小冊，還有一架直升機負責將馬拉松（malathion，一種強力殺蟲劑）灑遍紐約市的每個角落與其驚恐的居民身上。

那原本該是整個事件的結局。只不過，這個聖路易腦炎的診斷有個大問題。身為獸醫師，麥克納瑪拉對它知之甚詳。引發聖路易腦炎的病毒是透過蚊子叮咬受到感染的鳥，接著再叮咬人，才讓人染上聖路易腦炎。可是鳥類通常不會因為染上聖路易腦炎而發病，也多半不會死於聖路易腦炎。鳥類不過是帶原者、中間人。麥克納瑪拉後來到加州波莫那的健康科學西部大學（Western University of Health Sciences）擔任病理學教授，當我前往該校拜訪她的時候，她對此直言不諱。

「動物園裡有很多桶死鳥，」她告訴我。「它不可能是聖路易腦炎。」她解釋說，雖然當時疾管局已經準備要結案了，但是她忍不住認為那些死鳥和那些病人之間必定有所關聯。而且她知道自己必須與時間賽跑。她的禽鳥死亡數目正在快速攀升，尤其是動物園中的紅鸛池周邊。假如沒有人正確辨認出這名殺手，那麼不只動物園會失去園中絕大多數的禽鳥，而且人類會對錯誤的疾病發動一場徒勞無功的公衛戰役。緊接著，又有兩名病患因而喪生。

一直到夏天結束前，麥克納瑪拉不斷推敲著街頭鳥群之死、動物園禽鳥之死和人類死於可能是聖路易腦炎，這三者間有什麼可能的關係存在。勞動節那個週末是個極限。她的鳥群遭到嚴重蹂躪；在很短的時間內，她接二連三地折損了一隻鸕鶿、三隻紅鸛、一隻雪鴞、一隻亞洲雉，以及一隻白頭海鵰。又有一名人類染上聖路易腦炎——在布魯克林區（Brooklyn）。這個傳染病已經散播到一個新的行政區。麥克納瑪拉停止遵循官方規程，決定自己打電話到疾管局去。她願意分享她手上的那些毛茸茸的屍體，以及這段時間以來她在實驗室裡蒐集到的所有成果。據她表示，她已經「為他們排除了嫌疑慣犯」——包括聖路易腦炎。

麥克納瑪拉原以為提供她的數據組會得到對方的感激，因此她對於接下來發生的一切毫無心理準備。在簡短地交換資訊後（她稱之為「降格遷就」），與她交談的這名疾管局官員很明白地告訴她，疾管局還是會繼續維持原本的判定。她可以把她的鳥兒和她的關切留給自己。因為疾管局解決的是人，而不是動物的疫情爆發。麥克納瑪拉對於猛然甩上的門感到驚訝不解（她說那位官員竟然掛斷她的電話），而且對於她再次致電時得到的回絕與冷落感到困惑不已。

麥克納瑪拉，以及當時整個紐約的動物與人類的健康，全都成了存在醫學界與公衛界中心的那種分化對立虛偽的受害者。獸醫師和醫師鮮少站在平等的地位與彼此溝通。

在她位於布隆克斯動物園的實驗室中，麥克納瑪拉被死亡鳥屍與垂死的人類報告團團包圍，但是人類醫療機構中似乎沒有人願意聆聽，麥克納瑪拉尖銳地感受到人獸之間的鴻溝。她失意洩氣，卻決心要揭開這個致命的謎團；她著手與其他的管道聯絡。她將感染的鳥類組織樣本送到美國農業部（USDA）位在愛荷華州的一間實驗室。在威斯康辛州的另一間不同實驗室檢驗了鳥類組織，確定並非感染聖路易腦炎。

接著，那間愛荷華州的實驗室找到了某個非常決定性但令人恐懼的東西，麥克納瑪拉說，它讓她「寒毛直豎」。不管這個致病原是什麼，它的直徑只有四十奈米長。而那可能代表它是一種黃病毒（flavivirus），與黃熱病（yellow fever）和登革熱（dengue fever）有關。處理黃病毒需要特殊的防護衣、圍堵與處置措施，這些在她先前於自己的實驗室中處理這些樣本時，一樣也沒做。「那天晚上，」她告訴我，「我回到家便提筆寫下遺囑。」那間農業部的實驗室通知了疾管局這項最新發現，但疾管局依舊令人洩氣地毫無反應。

幾天後的某日清晨兩點，麥克納瑪拉在床上坐起來。她突然明白自己必須怎麼做了。她需要一間具備更高程度的生物安全管制的實驗室。這間實驗室裡的病理學家見多識廣，對各式各樣的傳染媒介物具有豐富的經驗。「那時我靈光一現，」麥克納瑪拉告訴我，「我必須打電話給軍方。」第二天早上，她打電話懇求位於馬里蘭州狄崔克堡（Fort Detrick）的美國陸軍傳染病實驗室能夠看一眼這些樣本。在四十八小時內，以麥克納瑪拉稱之為「科學界的最佳方式」合作，這間陸軍實驗室確認了麥克納瑪拉的猜疑。這不是聖路易腦炎。它是一種黃病毒。

這個病毒原來是一種由蚊子傳播的病原體，過去從未在美國被發現——事實上是從未在整個西半球出現過。這個病毒叫做西尼羅病毒（West Nile virus）。在那時候，疾管局官員終於承認自己錯了。他們撤銷先前的聖路易腦炎判斷，同時宣告西尼羅病毒抵達北美海岸這個令人不安的歷史性時刻。這個病原體迅速跨越整個北美洲，在二〇〇三年抵達加州。如今，每年春夏它都會隨著那年的飢餓蚊群在美國、加拿大和墨西哥重新浮上水面。

人畜共通傳染病的預防

假如當年人類醫療機構願意在一開始就聆聽一個獸醫師的意見，很難說有多少性命能因此獲救。一九九九年的西尼羅病毒大流行奪走了七條人命，而且造成六十二個確認病例的腦炎病變。自從它首次出現後，一般相信它造成將近三萬人生病，且有超過一千人因而死亡。此外也造成許多動物傷亡：有數千隻野生與外來鳥類，以及相當數量的馬兒，無聲無息且未被數算過地死於這種病毒手中。

不過，這個錯誤的判斷是美國公衛界的一個轉捩點。在一份提交給國會的報告中詳細描述了疫情爆發後一年的狀況，國會總審計局（U.S. General Accounting Office，如今已更名為政府責任署〔Government Accountability Office〕）承認，這個經驗能「做為教訓的來源」，讓公衛官員在處理「成因不明」的危機時更有準備（這份報告的日期恰好是九一一恐怖攻擊事件發生前一年，它也指出這個西尼羅病毒事件足以做為如何防範生物恐怖攻擊的範本）。

塞在那些行禮如儀地呼籲各政府機關間應有更充分溝通旁邊的，是當時相當惹人注目的提議：「獸醫學界不應被忽略。」疾病管制局注意到政府責任署的呼籲，在二〇〇六年創建了一個新的部門：全國人畜共通、病媒感染、腸道傳染疾病防治中心（National Center for Zoonotic, Vector-Borne, and Enteric Diseases）。這個單位負責監控食物安全與生物恐怖攻擊，值得注目且具有象徵意味的是，其負責人是由一位獸醫師，而非一位醫師出任（短短幾年之後，這個羽翼未豐的單位又被併入一個名為「全國新興暨人畜共通傳染疾病防治中心」〔National Center for Emerging and Zoonotic Infectious Diseases〕的更大單位中）。

美國及世界各國的其他團體也開始採取更加跨物種的觀點，賞鳥人、獵人、徒步旅行者與野外地質學家全都被邀請上傳他們遇見的生病或死亡的動物到網路追蹤系統上，以便監控野生鳥類與其他動物傳播的疾病。賓州大學的獸醫學院與醫學院長久以來便有密切往來，康乃爾大學和塔弗茲大學也是如此。金絲雀資料庫（Canary Database）以眾所周知的煤礦哨兵（金絲雀，canary）及耶魯醫學院院本部所在地地名（加那利，Canary）來命名，它是人畜共通傳染病（zoonoses，指那些從動物傳染給人的疾病，像是西尼羅病毒和禽流感）、可能的生物恐怖攻擊、內分泌干擾物質與家庭毒物（比如鉛和殺蟲劑）的資訊集散中心。美國國際開發總署（U.S. Agency for International Development, USAID）注入數億美元到新興流行性威脅計畫（Emerging Pandemic Threats program）中。這項計畫有一個宗旨說得再明白不過：「瞄準起於動物但可能威脅人類健康的新興疾病的源頭，提早採取行動因應或阻止它發生。」[1]

約娜・馬傑特（Jonna Mazet）是加大戴維斯分校的獸醫師，負責管理美國國際開發總署那項計畫的「預測」（PREDICT）方案。她擁有可以說是最令人卻步的工作：她像是中情局官員監控恐怖活動那樣，仔細檢查來自亞馬遜、剛果盆地、恆河平原和東南亞的全球熱點「病毒的喋喋不休」。「我們不知道外面有什麼疾病，」馬傑特說，「因此，我們……必須嘗試趕在它四處飛散，造成下一波大流行之前，找出那個未知的病原體。有些人稱呼我們是病毒獵人。」

然而，就算有來自全世界許多國家的政府及國際慈善團體的資金援助，投入預防疾病爆發與投入疾病爆發後應急分配兩者間的落差仍十分龐大。「過去二十年來，超過兩千億美元的經費被投入因應疾病的爆發，」瑪格莉特・帕帕歐紐（Marguerite Pappaioanou）表示。她是流行病學家、獸醫師，也是美國獸醫學院協會（American Association of Veterinary Medical Colleges）前執行董事。「無疑地，錢就在那裡。問題是我們要把錢花在哪裡？」換句話說，如果一盎司的預防確實值得一

---

❶ 這項計畫凝聚了來自學術機構、政府單位與私人企業的力量，包括：加大戴維斯分校獸醫學院、野生動物保育協會（Wildlife Conservation Society）、生態健康聯盟（EcoHealth Alliance）、史密森尼學會（Smithsonian Institution）、全球病毒預策行動組織（Global Viral Forecasting）、發展更新公司（Development Alternatives Inc.）、明尼蘇達大學（University of Minnesota）、塔弗茲大學、培訓和資源集團（Training and Resources Group）、生態與環境公司（Ecology and Environment Inc.）、世界衛生組織、聯合國糧農組織（United Nations Food and Agriculture Organization）、世界動物衛生組織（World Organization for Animal Health, OIE）、FHI-360、疾管局，以及農業部。它被細分為四個方案：「預測」（監控從高風險野生動物身上浮現的傳染媒介物），「鑑別」（發展一套強健的實驗室網絡），「預防」（專注於行為改變溝通，幫助大眾避免會導致動物傳染疾病給人的高風險行為），以及「應對」（在發展中國家展開家庭計畫服務並改善生育健康）。

磅重的治療，那麼強化這些方案不只能大幅減少患者受苦與死亡，也能節省金錢開銷。

可是在過去幾年來，有一小群、但人數逐漸成長的獸醫師與醫師已經領悟到，無論病患是動物或人類，其健康有賴於開啟常設的、雙向的對話與意見交換。我們不需將雙方的合作留待政府的政策制定者與學術機構來安排——雖然他們的工作非常重要。我們可以在日常診療中採取多物種的（也就是人獸同源學的）態度，治療所有動物（包括人類在內）共有的疾病。

這類的努力可以是非常低科技且來自民間的。近來，格瑞那達（Grenada）島上有個三年級的獸醫學系學生為附近的貓狗開設了一間免費疫苗注射診所。有一天，一個當地的女人忿忿不平地質問，為什麼動物能夠得到免費的健康照護，但人卻得要自己照顧自己？這個名叫布列塔妮・金（Brittany King）的學生知道自己沒有好答案，但足智多謀的她開始著手創立一間共同健康診所（One Health clinic）。她從附近一所醫學院招募學生來幫忙，並且開始舉辦活動，提供人類免費的視力、聽力、血壓和乳房檢查，同時間提供動物疫苗注射、傷口治療、除蟲與修剪趾甲等服務。這些學生發送介紹常見的人畜共通傳染疾病的傳單，並且鼓勵眾人守望相助，在觀察到自家動物出現相關症狀時及時通報。

在麻州的塔弗茲有個計畫，將患有類似心臟疾病的孩童與狗兒配成對，藉以幫助開導病童與其擔心的父母。同樣的，裝有人工尾鰭的海豚溫特（Winter）是二〇一一年的電影《重返海豚灣》（*Dolphin Tale*）片中描述的主角，牠鼓舞了無數裝有人工義肢的孩童。

我自己的人獸同源學旅程則徹底改變了我的行醫及授課方式。我和獸醫學界的先驅與領袖史蒂芬・艾亭格（Stephen Ettinger）聯手，為加大洛杉磯分校醫學系學生開設了一門比較心臟病學的課程。最近，我的心臟科同事和我坐在台下，專心聆聽艾亭格以前的一個學生陳述一樁攸關生死的心律不整案例。這是醫師會很喜愛的那種醫學之謎，其中的樂趣跟閱讀一章阿圖・葛文德（Atul Gawande）寫的書或觀賞一集精采的《怪醫豪斯》不相上下。只不過在這個迷人的案例中，病患是一隻名叫莎士比亞的混種洛威拿。對於這位四腳病患，我們從實驗室檢驗到藥物治療所依據的診斷策略，全都跟我們會向患有類似疾病的人類病患建議的完全相同。

此外，在加大戴維斯分校獸醫學院的教職員，以及洛杉磯動物園的多位獸醫師協助下，我在二〇一一年於加大洛杉磯分校醫學院主辦了一場會議，讓照顧患有相同疾病的不同物種病患的醫師和獸醫師齊聚一堂。有超過兩百位來自人獸兩方的醫師和學生與會，上午在加大洛杉磯分校聆聽動物與人類病患染上腦瘤、分離焦慮、萊姆病（Lyme disease）和心臟衰竭的情形。下午則是在洛杉磯動物園進行「現場訪視」，讓獸醫師和醫師能就動物病患的狀況交換意見：一頭犀牛罹癌後逐漸恢復健康，一頭獅子從幾乎致命的心臟病中被搶救回來，一隻禿鷹正在對抗鉛中毒，一隻猴子正在接受糖尿病治療。

你可以說今日醫學最叫人興奮的新想法之一，是我們祖先認為理所當然，而我們卻不知怎地忘了的事——人類和動物會罹患相同的疾病。透過並肩努力，醫師和獸醫師也許能解決、治療並且治癒所有物種的病患。

畢竟，透過遺傳與演化的連貫性去觀看這個世界，會讓人產生某種肅然起敬的感受——遺傳與演化的連貫性幾乎可算是生物學的統一場論。它提醒我們與動物共有的困境；它能使我們變得更有同理心，還能拓展我們的思維能力。

而且它能讓我們生活得更安全。預防醫學不只適用於人類。保持動物健康最終也能幫助人類保持健康。若能意識到這些重要的關聯性，就能讓我們準備好面對與對抗下一波傳染病。

在西尼羅病毒襲擊紐約十年後，全世界的公衛系統都被動員起來對抗另一種人畜共通傳染病：豬流感（swine flu），又名H_1N_1。[2]在報導這場二〇〇九年大流行的諸多頭版頭條新聞中，有條新聞是個令人不安的事實。在它巡迴全球的感染旅程中，這個「人類」流感病毒竟然從豬流感病毒與禽流感病毒當中得到了某些遺傳物質。

儘管這條新聞也許會讓一般大眾嚇一大跳，但是獸醫師和醫師一點也不驚訝。流行性感冒病毒是聲名狼藉的變形病原體。它們能輕易地突變，這就是為什麼每一年都有新流感疫苗問世——每一個都是前一個主題的變奏。不過，流感病毒還有另外一個花招。如果有兩個不同的病毒株（比方說豬和人的）發現它們在同一時間據有你身體中的同一個細胞，它們可以實實在在地彼此交換某幾段遺傳密碼。一個全新的混種病毒就此產生。

獸醫師很明白（但醫師或許不清楚）的是，除了豬和鳥之外，那些流感病毒還悄悄潛行在許多動物族群中。狗、鯨、貂和海豹的特定病毒株全都已經被找出來了。只要一有機會，它們就會和人類病毒株混合。雖然截至我撰寫本書時，這些易變的病毒尚未跨越進入人類群體中，但它們還是受到獸醫流行病學家的嚴密追蹤與監控。

這場二〇〇九年的豬流感爆發絕不會是從叢林、工廠化農場、海灘、自家後院的餵鳥器……，也許甚至是狗屋和垃圾桶浮現的這片疾病汪洋的最後一波浪潮。二〇〇五年的禽流感恐慌，二〇〇三年的嚴重急性呼吸道症候群（severe acute respiratory syndrome, SARS）恐慌，同一年猴痘（monkeypox）爆發流行，一九九六年的伊波拉（Ebola）病毒擔憂，還有一九八〇年代晚期橫掃英國的狂牛病（mad cow）恐懼——奇特的人畜共通傳染病一點也不新奇。想想某個大型的傳染性殺手，而它可能是人畜共通的，透過其他動物傳播或窩藏。瘧疾、黃熱病、人類免疫缺乏病毒、狂犬病、萊姆病、弓漿蟲、沙門氏菌、大腸桿菌（*E. coli*）——這些全都是始自動物，接下來卻跳進我們族群中的疾病。某些透過昆蟲（如跳蚤、蜱與蚊子）傳染給我們，其他則是在排泄物與生肉中四處移動。在某些案例中，致病原會離開它們的動物傳染窩，突變、演化成特別為人傳人而量身訂做的超級病菌。

在二〇〇六年汙染了嫩菠菜，奪走三條北美人的性命，使得超過兩百人生病的大腸桿菌，其源頭竟是野地裡野豬的排泄物。一種名為Q熱（Q fever）的人畜共通傳染病在二〇〇〇年代晚期曾重創荷蘭，造成一場史上最猛烈的疫病爆發。[3]有十三人死亡，上千人因染上這種細菌性傳染病而覺得不舒服，它從附近農場受感染的山羊傳染散播給人。

動物疾病在沒有惡意或蓄意的協助下，獨自在人類之間旅行所造成的威脅，就夠讓人緊張不安

❷ 事實上，豬流感始於人類。是我們把它傳染給豬，因此，嚴格說來它是所謂的「人源性人畜共通傳染病」（reverse zoonosis）。但是因為它在旅行經過鳥類族群後，又透過豬隻傳染給人，所以也被認定是一種人畜共通傳染病。

❸ Q代表的是「問號」，因為這種疾病第一次在一九三〇年代發生時，它的成因始終是個謎。雖然後來分離出貝氏考克斯菌（*Coxiella burnetii*）細菌，但這個名字早已經深植人心了。

的了。可是，就像我們害怕鬆散的蘇聯核武有一天可能會落入恐怖分子手中，人畜共通傳染病也有可能會被故意用來對付人類。根據疾病管制局指出，在六大「造成國家安全危機」的生物體中，有五種本是動物疾病，包括：炭疽病（anthrax）、肉毒中毒（botulism）、鼠疫（plague）、兔熱病（tularemia）和病毒性出血熱（viral hemorrhagic fever）。[4]

在沒有生物能真正隔離存在，而疾病散播的速度跟噴射機飛行速度一樣快的世界裡，你我都是金絲雀，而整個地球就是我們的煤礦場。任何物種都可以是危險的哨兵——但前提是健康照護的專業人員必須時時刻刻注意各種跡象。[5]

我們與動物的關聯悠久且深刻。從身體到行為，從心理到社會，形成了我們日常生存奮鬥的基礎。無論醫師和病患，都需要讓思考跨越病床，延伸至農家庭院、叢林、海洋和天空。因為這個世界的健康命運並不只是取決於我們人類如何過活，而是由這星球上的所有病患如何生活、成長、罹病與痊癒來決定。

❹ 名單上的第六種媒介物天花（smallpox）透過全球性疫苗注射計畫已被連根拔除，完全消滅。有部分是因為它並非人畜共通傳染病，而且它也沒有動物傳染窩。

❺ 在二〇〇七年三月，美國的家庭寵物發出了警報聲。當家犬與家貓開始生病，且大量死於腎衰竭，獸醫師對此嚴加譴責。問題出在汙染的寵物食品，導致全美各地大量召回被汙染的產品。結果發現是中國的小麥麩質製造商在他們的產品中添加了化學物質三聚氰胺（melamine），以提高檢驗出的蛋白質濃度，並將這種小麥麩質賣給寵物食品製造商。由於得到獸醫師的預先警告，美國食品安全與公共衛生官員迅速對人類食物供應訂立出嚴格的三聚氰胺檢驗標準（不幸的是，中國官員並沒有及時訂立同樣的標準，否則數百名中國嬰兒就能免於受苦。在某些案例中，有些中國嬰兒甚至因為喝了受到三聚氰胺汙染的嬰兒配方奶粉而被奪走了性命）。

對於不是傳染性的威脅，動物也能扮演哨兵的角色。虐待動物與虐童、家庭暴力有非常強烈的連結關係。例如，英國警方發現，當某個家庭被懷疑有虐童行為時，首先通常會先接到虐待動物的通報。虐待動物，尤其是虐待貓，強烈預示了未來的反社會行為與對他人的暴力行為。梅麗莎・綽林格（Melissa Trollinger）在一篇探討虐待動物與虐待人類的關聯性的文章中詳述，連續殺人狂「傑佛瑞・達莫（Jeffrey Dahmer）、亞伯特・德薩佛（Albert DeSalvo，『波士頓勒人魔』）、泰德・邦迪（Ted Bundy）和大衛・柏考維茲（David Berkowitz，『山姆之子』）全都承認曾在年輕時切斷動物的四肢、把動物釘在尖樁上、折磨與殺害動物」。

致謝

多虧了一路上有數百位獸醫師、野生動物學家和醫師的慷慨支援與直率分享，人獸同源學這項計畫案（包括本書、研討會，以及研究提案）方能順利推展進行。我們非常感謝每一位醫師與博士撥出時間與我們分享這些精采絕倫的知識，不僅熱情款待我們，同時還心胸開闊地欣然接受「人獸同源學」這個想法。我們想感謝以下獸醫學界領袖的特別鼓舞：史蒂芬・艾亭格（Stephen Ettinger）、克提思・岸（Curtis Eng）、派翠西亞・康拉德（Patricia Conrad）、雪柔・史考特（Cheryl Scott），同時也要感謝以下諸位獸醫師：梅麗莎・貝恩（Melissa Bain）、史蒂芬・巴叟得（Stephen Barthold）、菲利普・柏格曼（Philip Bergman）、羅柏・柯力普雪姆（Robert Clipsham）、薇齊・柯萊德（Vicki Clyde）、麗莎・康提（Lisa Conti）、麥克・柯蘭菲爾德（Mike Cranfield）、彼得・狄金森（Peter Dickinson）、尼可拉斯・多德曼（Nicholas Dodman）、克絲汀・吉拉帝（Kirsten Gilardi）、卡蘿・葛雷澤（Carol Glazer）、莉亞・葛力爾（Leah Greer）、卡爾・希爾（Carl Hill）、瑪麗卡・卡強尼（Malika Kachani）、蘿拉・康恩（Laura Kahn）、布魯斯・卡普蘭（Bruce Kaplan）、馬克・吉投森（Mark Kittleson）、琳達・駱溫史坦（Linda Lowenstine）、羅傑・馬爾（Roger Mahr）、約娜・馬傑特（Jonna Mazet）、莉塔・麥瑪納蒙（Rita McManamon）、法蘭克林・麥米倫（Franklin McMillan）、崔西・麥克納瑪拉（Tracy McNamara）、丹・穆凱希（Dan Mulcahy）、黑黎・莫菲（Hayley Murphy）、蘇珊・莫瑞（Suzan

Murray）、菲利浦・納爾遜（Phillip Nelson）、派翠西亞・歐森（Patricia Olson）、班尼・歐斯本（Bennie Osburn）、瑪格莉特・帕帕歐紐（Marguerite Pappaioanou）、喬安娜・保羅–莫菲（Joanne Paul-Murphy）、保羅・派翁（Paul Pion）、艾德華・鮑爾斯（Edward Powers）、瑪莉・洛許（E. Marie Rush）、凱瑟琳・蘇茲納（Kathryn Sulzner）、珍・賽克斯（Jane Sykes）、莉紗・泰爾（Lisa Tell）、艾倫・魏得納（Ellen Weidner）、凱特・威廉斯（Cat Williams），以及珍娜・韋恩（Janna Wynne）。

對於許多人類醫學界與科學界先進的支持與睿智忠告，我們銘感五內：雅典娜・艾克提皮斯（C. Athena Aktipis）、艾倫・布蘭達（Allan Brandt）、約翰・柴爾德（John Child）、安德魯・卓烈斯勒（Andrew Drexler）、史蒂芬・杜比聶特（Steven Dubinett）、詹姆士・艾寇諾姆（James Economou）、保羅・芬恩（Paul Finn）、愛倫・佛格曼（Alan Fogelman）、派翠西亞・甘茲（Patricia Ganz）、阿圖・葛文德（Atul Gawande）、邁可・吉特林（Michael Gitlin）、彼得・葛魯克曼（Peter Gluckman）、大衛・賀博（David Heber）、史帝夫・海門（Steve Hyman）、伊蘭娜・庫汀斯基（Ilana Kutinsky）、安德魯・賴（Andrew Lai）、約翰・陸易斯（John Lewis）、梅琳達・龍格克（Melinda Longaker）、麥可・龍格克（Michael Longaker）、安曼・馬哈金（Aman Mahajan）、藍道夫・內斯（Randolph Nesse）、克萊兒・帕諾吉安（Claire Panosian）、尼爾・帕克（Neil Parker）、尼爾・蘇賓（Neil Shubin）、史帝芬・史登斯（Stephen Stearns）、夏莉・史提曼–寇比特（Shari Stillman-Corbitt）、詹・緹理旭（Jan Tillisch）、尤金・華盛頓（A. Eugene Washington）、詹姆士・魏思（James Weiss）和道格拉斯・翟普思（Douglas Zipes）。某些團體也

提供了我們使用其資源的機會，並且給予我們建議：大猿健康計畫（Great Ape Health Project）、美國動物園獸醫師協會（American Association of Zoo Veterinarians）、加州大學戴維斯分校獸醫學院、健康科學西部大學獸醫學院、美國國家演化綜合研究中心（National Evolutionary Synthesis Center）、加大洛杉磯分校大衛葛芬醫學院（David Geffen School of Medicine at UCLA）、加大洛杉磯分校附設醫院心臟科、健康一體計畫（One Health Initiative）和健康一體委員會（One Health Commission）。

我們非常感謝許多朋友和同事花時間、費心力閱讀本書部分章節或全書：桑雅・波雷（Sonja Bolle）敏銳的編輯天賦撮合我們齊心為這個計畫努力；丹尼爾・布朗姆斯坦（Daniel Blumstein）的專業知識與親切給予我們許多支持與信心。此外，我們也很感謝大衛・巴隆（David Baron）、柏克赫德・畢爾革（Burkhard Bilger）、愛蜜莉・畢樂（Emily Beeler）、克里斯・波納（Chris Bonar）和麥可・吉瑟（Michael Gissler），他們的洞見與親切的建議大大改善了本書的手稿。我們還想要特別感謝史蒂芬尼・布朗森（Stephanie Bronson）、蘇珊・丹尼爾斯（Susan Daniels）、貝絲・傅立曼（Beth Friedman）、艾利克・平克特（Eric Pinckert）、艾力克・魏納（Eric Weiner）、黛柏拉・藍道（Deborah Landau）和凱薩琳・哈林嫩（Kathleen Hallinan）。

本書有幸得到多位不同領域、學識淵博的專家協助仔細閱讀個別章節，因而大幅提升了本書內容的豐富度與正確性。這些專家包括：卡利耶南・許夫庫瑪（Kalyanam Shivkumar）、馬克・厲文（Mark Litwin）、湯姆・克立茨那（Tom Klitzner）、黛勃拉・克拉考（Deborah Krakow）、葛瑞格・奉埃羅（Greg Fonarow）、蘿瑞・紐曼（Laraine Newman）、馬克・史可蘭斯基（Mark

Sklansky）、凱文・夏農（Kevin Shannon）、蓋瑞・席勒（Gary Schiller）、阿迪思・莫（Ardis Moe）、丹尼爾・尤司藍（Daniel Uslan）、馬克・狄安通尼歐（Mark D’ Antonio）、麥可・史綽博（Michael Strober）和羅柏・葛拉斯曼（Robert Glassman）。

我們也很感謝為第一屆人獸同源學會議孜孜不倦地工作的所有小組成員，是你們讓會議大獲成功：朱利歐・羅培茲（Julio Lopez）、辛西雅・鍾（Cynthia Cheung）、凱特・康（Kate Kang）、衛斯理・傅立曼（Wesley Friedman）和瑪芮迪絲・麥斯特思（Meredith Masters）。同時也要感謝柴克睿・拉比若夫（Zachary Rabiroff）、布里特妮・安茲曼（Brittany Enzmann）和喬登・柯爾（Jordan Cole）在研究上的支援。

此外，我們衷心感謝克諾夫（Knopf）出版社的喬丹・帕夫林（Jordan Pavlin），她是出色的編輯，在本書創作的每個階段都大力積極支持，用她豐富的經驗、可靠的編輯技藝、耐心、熱情與遠見呵護本書（還有我們）。在此也要特別感謝她的兩位助理，卡洛琳・布里客（Caroline Bleeke）和萊絲莉・列文（Leslie Levine）的體貼與熱情。謝謝克諾夫出版社的保羅・波嘎茲（Paul Boggards）、蓋布里歐・布魯克斯（Gabrielle Brooks）和黎娜・卡卓里茨蓋亞（Lena Khidritskaya）的創意與幹勁；謝謝區普・齊德（Chip Kidd）為本書設計了美麗的封面；當然還要感謝克諾夫出版社的整個製作團隊對於細節的堅持與注意。

當蒂娜・班奈特（Tina Bennett）成為我們的文學經紀人後，意想不到的幸運降臨在我們身上。蒂娜才華洋溢又善於鼓舞人、心思敏捷、應對得體、風趣橫生，真正是這一行的佼佼者，而詹克洛與奈斯比特（Jaklow and Nesbit）的其他出色團隊成員史蒂芬妮・寇紛（Stephanie Koven）和史威特拉娜・卡茲（Svetlana Katz）也是個中好手。

我們要特別感謝蘇珊・關（Susan Kwan）接下整理與組織附注、參考書目與網站的繁雜任務，她也一肩挑起絕大部分手稿的事實查證工作。蘇珊直覺過人、富有創意且機智善應變，有幸能和她一起工作是我們的殊榮。她大大改善了文字的可讀性，但倘若本書內容有任何謬誤，那自然是我們的責任。

最後，若非我們的家人寬容，本書根本沒有機會誕生。謝謝他們一直以來的鼓勵和貢獻，還有在晚餐對話中忍受話題總是在昆蟲交配或心臟窘迫不適的細節上打轉。凱瑟琳想要感謝安德魯與艾瑪・鮑爾斯（Andrew and Emma Bowers）、亞瑟與戴安・席維斯特（Arthur and Diane Sylvester）、凱玲・麥卡提（Karin McCarty）和瑪裘莉・鮑爾斯（Marjorie Bowers）。芭芭拉想要感謝柴克瑞、珍妮佛和查理・霍洛維茲（Zachary, Jennifer, and Charlie Horowitz）、愛朵與喬瑟夫・納特森（Idell and Joseph Natterson）、卡拉與保羅・納特森（Cara and Paul Natterson），以及艾咪與史提夫・柯羅爾（Amy and Steve Kroll）。

文獻資料

本書匯集了許多不同領域的大量資料，為了方便讀者查閱，我們將這些資料分成兩大類。

有關書中特定段落文字的出處，請參見以下資料。

至於塑造我們的研究、激發我們思考的書籍、期刊文章、通俗報導及訪談等完整的參考書目，請參見 www.zoobiquity.com。

第 1 章　當怪醫豪斯遇上怪醫杜立德

頁10　科技期刊《自然》（Nature）便刊登了一篇相關文章：A. M. Narthoorn, K. Van Der Walt, and E. Young, “Possi- ble Therapy for Capture Myopathy in Captured Wild Animals,” Nature 274 (1974): p. 577.

頁10　一種名為「章魚壺心肌症」（takotsubo cardiomyopathy）的症候群：K. Tsuchihashi, K. Ueshima, T. Uchida, N. Oh-mura, K. Kimura, M. Owa, M. Yoshiyama, et al., “Transient Left Ventricular Apical Bal- looning Without Coronary Artery Stenosis: A Novel Heart Syndrome Mimick- ing Acute Myocardial Infarction,” Journal of the American College of Cardiology 38 (2001): pp. 11–18 ; Yoshiteru Abe, Makoto Kondo, Ryota Matsuoka, Makoto Araki, et al., “Assessment of Clinical Features in Transient Left Ventricular Apical Bal- looning,” Journal of the American College of Cardiology 41 (2003): pp. 737–42.

頁10　這種特殊的疾病：Kevin A. Bybee and Abhiram Prasad, “Stress- Related Cardiomyopathy Syndromes,” Circulation 118 (2008): pp. 397–409.

頁11　可是，最值得注意的是：Scott W. Sharkey, Denise C. Winden- burg, John R. Lesser, Martin S. Maron, Robert G. Hauser, Jennifer N. Lesser, Tammy S. Haas, et al., “Natural History and Expansive Clinical Profile of Stress (Tako-Tsubo) Cardiomyopathy,” Journal of the American

College of Cardiology 55 (2010): p. 338.

頁12　美洲豹會得乳癌：Linda Munson and Anneke Moresco, “Comparative Pathology of Mammary Gland Cancers in Domestic and Wild Animals,” Breast Disease 28 (2007): pp. 7–21.

頁12　動物園裡的犀牛：Robin W. Radcliffe, Donald E. Paglia, and C. Guillermo Couto, “Acute Lymphoblastic Leukemia in a Juvenile Southern Black Rhinoceros,” Journal of Zoo and Wildlife Medicine 31 (2000): pp. 71–76.

頁12　從企鵝到水牛：E. Kufuor-Mensah and G. L. Watson, “Malignant Melanomas in a Penguin (Eudyptes chrysolophus) and a Red-Tailed Hawk (Buteo jamaicensis),” Veterinary Pathology 29 (1992): pp. 354–56.

頁12　非洲西部低地大猩猩：David E. Kenny, Richard C. Cambre, Thomas P. Alvarado, Allan W. Prowten, Anthony F. Allchurch, Steven K. Marks, and Jeffery R. Zuba, “Aortic Dissection: An Important Cardiovascular Disease in Captive Gorillas (Gorilla gorilla gorilla),” Journal of Zoo and Wildlife Medicine 25 (1994): pp. 561–68.

頁13　我得知澳洲的無尾熊：Roger William Martin and Katherine Ann Han- dasyde, The Koala: Natural History, Conservation and Management, Malabar: Krieger, 1999: p. 91.

頁14　大約在一、兩個世紀前：Robert D. Cardiff, Jerrold M. Ward, and Stephen W. Bar- thold, “ ‘One Medicine—One Pathology’: Are Veterinary and Human Pathology Prepared? ” Laboratory Investigation 88 (2008): pp. 18–26.

頁14　在動物醫學和人類醫學之間：Joseph V. Klauder, “Interrelations of Human and Veterinary Medicine: Discussion of Some Aspects of Comparative Dermatology,” New England Journal of Medicine 258 (1958): p. 170.

頁14　「莫里爾贈地法案」：U.S. Code, “Title 7, Agriculture; Chapter 13, Agricultural and Mechanical Colleges; Subchapter I, College-Aid Land Appropriation,” last modified January 5, 2009, accessed October 3, 2011. http://www.law.cornell.edu/uscode/pdf/uscode07/lii_usc_TI_07_CH_13_SC_I_SE_ 301.pdf.

頁15　一位名叫羅傑・馬爾：Roger Mahr telephone interview, June 23, 2011.

頁15　發生於一九六〇年代的：UC Davis School of Veterinary Medicine, “Who Is Calvin Schwabe?,” accessed October 3, 2011. http://www.vetmed.ucdavis.edu/onehealth/about/schwabe.cfm.

頁16　「健康一體」高峰會：One Health Commission, “One Health Summit,” November 17, 2009, accessed October 4, 2011. http://www.onehealthcommission.org/summit.html.

頁17　人類並不喜歡：Charles Darwin, Notebook B: [Transmutation of Species]: 231, The Complete Work of Charles Darwin Online, accessed October 3, 2011. http://darwin-online.org.uk.

頁18　章魚和種馬有時會自殘：Greg Lewbart, Invertebrate Medicine, Hoboken: Wiley-Blackwell, 2006: p. 86.

頁18　野外的黑猩猩：Franklin D. McMillan, Mental Health and Well-Being in Animals, Hoboken:

Blackwell, 2005.

頁18　精神科醫師治療強迫症患者：Karen L. Overall, “Natural Animal Models of Human Psychiatric Conditions: Assessment of Mechanism and Validity,” Progress in Neuropsychopharmacology and Biological Psychiatry 24 (2000): pp. 727–76.

頁19　如果黛安娜王妃或安潔莉娜・裘莉：BBC News, “The Panorama Interview,” November 2005, accessed October 2, 2011. http://www.bbc.co.uk/news/special/politics97/diana/panorama.html; “Angelina Jolie Talks Self-Harm,” video, 2010, retrieved October 2, 2011, from http://www.youtube.com/watch?v=IW1Ay4u5JDE; Angelina Jolie, 20/20 interview, video, 2010, retrieved October 3, 2011, from http://www.youtube.com/watch?v=rfzPhag_09E&feature=related.

頁19　對於有癮頭的人：Ronald K. Siegel, Intoxication: Life in Pursuit of Artificial Paradise, New York: Pocket Books, 1989.

頁19　可是那些顯然出於悲痛：McMillan, Mental Health.

頁20　不久前，古生物學家：Houston Museum of Natural Science, “Mighty Gorgosaurus, Felled By . . . Brain Cancer? [Pete Larson],” last updated August 13, 2009, accessed March 3, 2012. http://blog.hmns.org/?p=4927.

頁24　科技期刊《自然》在二〇〇五年：Chimpanzee Sequencing and Analysis Consortium, “Initial Sequence of the Chimpanzee Genome and Comparison with the Human Genome,” Nature 437 (2005): pp. 69 –87.

頁24　「深同源性」：Neil Shubin, Cliff Tabin, and Sean Carroll, “Fossils, Genes and the Evolution of Animal Limbs,” Nature 388 (1997): pp. 639 –48.

頁27　蟑螂幫忙解決了：TED, “Robert Full on Engineering and Revolution,” filmed February 2002, accessed October 3, 2011. http://www.ted.com/talks/robert_full_on_engineering_and_evolution.html.

第2章　心臟的假動作：為什麼我們會暈倒

頁30　儘管看起來沒什麼：Heart Rhythm Society, “Syncope,” accessed October 2, 2011. http://www.hrsonline.org/patientinfo/symptomsdiagnosis/fainting/.

頁30　急診室處理暈倒病例：“National Hospital Ambulatory Medical Care Survey: 2008 Emergency Department Summary Tables,” National Health Statistics Ambulatory Medical Survey 7 (2008): pp. 11, 18.

頁30　大約有三分之一的成人：Blair P. Grubb, The Fainting Phenomenon: Understanding Why People Faint and What to Do About It, Malden: Blackwell-Futura, 2007: p. 3.

頁31　從莎士比亞：Kenneth W. Heaton, “Faints, Fits, and Fatalities from Emotion in Shakespeare’ s Characters: Survey of the Canon,” BMJ 333 (2006): pp.1335–38.

頁31　由於這種叫做血管迷走神經性昏厥：Army Casualty Program, “Army Regulation 600-8-1,” last modified April 30, 2007, accessed September 20, 2011. http://www.apd.army.mil/pdffiles/r600_8_1.pdf.

頁31　此外，每個產科醫師都知道：Edward T. Crosby, and Stephen H. Halpern, "Epidural for Labour, and Fainting Fathers," Canadian Journal of Anesthesia 36 (1989):p. 482.

頁33　只要環顧任何一位獸醫師：Wendy Ware, "Syncope," Waltham/OSU Symposium: Small Animal Cardiology 2002, accessed February 20, 2009. http://www.vin.com/proceedings/Proceedings.plx?CID =WALTHAMOSU2002 &PID =2992.

頁33　野生動物獸醫師：Personal correspondence between authors and wildlife veterinarians.

頁33　「凝塊製造」假說：Paolo Alboni, Marco Alboni, and Giorgio Beterorelle, "The Origin of Vasovagal Syncope: To Protect the Heart o tion? " Clinical Autonomic Research 18 (2008): pp. 170 –78.

頁34　完完全全失去了知覺：George L. Engel and John Romano, "Studies of Syncope: IV. Biologic Interpretation of Vasodepressor Syncope," Psychosomatic Medicine 29 (1947): p. 288.

頁34　不只全身發抖：Ibid.

頁35　土撥鼠、兔子、幼鹿和猴子：Norbert E. Smith and Robert A. Woodruff, "Fear Bradycardia in Free-Ranging Woodchucks, Marmota monax," Journal of Mammalogy 61 (1980): p. 750.

頁35　柳雷鳥、凱門鱷、貓、松鼠：Ibid.

頁35　但等我深入研究後：Nadine K. Jacobsen, "Alarm Bradycardia in White-Tailed Deer Fawns (Odocoileus virginianus)," Journal of Mammalogy 60 (1979): p. 343.

頁36　動物和人類暈倒的情形：J. Gert van Dijk, "Fainting in Animals," Clinical Autonomic Research 13 (2003): p. 247–55.

頁36　有個研究指出：Alan B. Sargeant and Lester E. Eberhardt, "Death Feigning by Ducks in Response to Predation by Red Foxes (Vulpesfulva)," American Midland Naturalist 94 (1975): pp. 108–19.

頁36　在一九四一年：UCSB Department of History, "Nina Morecki: My Life, 1922–1945," accessed August 25, 2011. http://www.history.ucsb.edu/projects/holocaust/NinasStory/letter02.htm.

頁36　從二次大戰期間的：Anatoly Kuznetsov, Babi Yar: A Document in the Form of a Novel, New York: Farrar, Straus and Giroux, 1970 ; Mark Obmascik, "Columbine—Tragedy and Recovery: Through the Eyes of Survivors," Denver Post, June 13, 1999, accessed September 12, 2011. http://extras.denverpost.com/news/shot0613a.htm.

頁37　迷走神經性昏厥：Tim Caro, Antipredator Defenses in Birds and Mammals, Chicago: University of Chicago Press, 2005.

頁37　強暴犯罪防治教育者：Illinois State Police, "Sexual Assault Information," accessed September 6, 2011. http://www.isp.state.il.us/crime/assault.cfm.

頁37　他們表示，無法反擊時：David H. Barlow, Anxiety and Its Disorders: The Nature and Treatment of Anxiety and Panic, New York: Guilford, 2001: p. 4; Gallup, Gordon G., Jr. "Tonic Immobility," in Comparative Psychology: A Handbook, edited by Gary Greenberg, 780.

London: Rutledge, 1998.

頁37　雌性食蟲虻：Göran Arnqvist and Locke Rowe, Sexual Conflict, Princeton: Princeton University Press, 2005.

頁38　許多酷刑受害者的敘述：Karen Human Rights Group, "Torture of Karen Women by SLORC: An Independent Report by the Karen Human Rights Group, February 16, 1993," accessed September 30, 2011. http://www.khrg.org/khrg93/93_02_16b.html; Inquirer Wire Service, "Klaus Barbie: Women Testify of Torture at His Hand," Philadelphia Inquirer, March 23, 1987, accessed September 3, 2011. http://writing.upenn.edu/~afilreis/Holocaust/barbie.html; Human Rights Watch, "Egypt: Impunity for Torture Fuels Days of Rage," January 31, 2011, accessed September 30, 2011. http://www.hrw.org/news/2011/01/31/egypt-impunity-torture-fuels-days-rage.

頁38　研究白尾鹿：Aaron N. Moen, M. A. DellaFera, A. L. Hiller, and B. A. Buxton, "Heart Rates of White-Tailed Deer Fawns in Response to Recorded Wolf Howls," Canadian Journal of Zoology 56 (1978): pp. 1207–10.

頁38　在波斯灣戰爭期間：I. Yoles, M. Hod, B. Kaplan, and J. Ovadia, "Fetal ' Fright-Bradycardia' Brought On by Air-Raid Alarm in Israel," International Journal of Gynecology Obstetrics 40 (1993): p. 157.

頁39　那一夜，在台拉維夫：Ibid., pp. 157–60.

頁39　有些專家相信：David A. Ball, "The crucifixion revisited," Journal of the Mississippi State Medical Association 49 (2008): pp. 67–73.

頁40　獵物為了不讓自己：Caro, Antipredator Defenses.

頁40　不過，當圖麗魚承受極大壓力：Stéphan G. Reebs, "Fishes Feigning Death," howfishbehave.ca, 2007, accessed September 12, 2011. http://www.howfishbehave.ca/pdf/Feigning%20death.pdf.

頁41　這種名為「勞倫氏壺腹」：David Hudson Evans and James B. Clairborne, The Physiology of Fish, Zug, Switzerland: CRC Press, 2005.

頁41　魚類的心臟：Karel Liem, William E. Bemis, Warren F. Walker Jr., and Lance Grande, Functional Anatomy of the Vertebrate: An Evolutionary Perspective, 3rd ed., Belmont, CA: Brooks/Cole, 2001.

頁41　富豪汽車公司：Tom Scocca, "Volvo Drivers Will No Longer Be Electronically Protected from Ax Murderers Lurking in the Back Seat," Slate.com, July 22, 2010, accessed October 2, 2011. http://www.slate.com/content/slate/blogs/scocca/2010/07/22/volvo_drivers_will_no_longer_be_electronically_protected_from_ax_murderers_lurking_in_the_back_seat.html.

頁43　常見於鹿群與瞪羚：Caro, Antipredator Defenses.

頁43　野生動物學家稱這類：Ibid.

第3章 猶太人、美洲豹與侏羅紀癌症：古老病症的新希望

頁45 每年死於心臟疾病：Centers for Disease Control and Prevention, "Achievements in Public Health, 1900–1999: Decline in Deaths from Heart Disease and Stroke—United States, 1900–1999," MMWR Weekly 48 (August 6, 1999): pp. 649–56.

頁45 從一九四八年起："Framingham Heart Study," accessed October 7, 2011. http://www.framinghamheartstudy.org/.

頁46 他在二〇一二年開始：Morris Animal Foundation, "Helping Dogs Enjoy a Healthier Tomorrow," accessed September 28, 2011. http://www.morrisanimalfoundation.org/our-research/major-health-campaigns/clhp.html.

頁47 完整的犬基因圖譜：Kerstin Lindblad-Toh, Claire M. Wade, Tarjei S. Mikkelsen, Elinor K. Karlsson, David B. Jaffe, Michael Kamal, Michele Clamp, et al., "Genome Sequence, Comparative Analysis and Hap otype Structure of the Domestic Dog," Nature 438 (2005): pp. 803–19.

頁47 當我拍撫著泰莎：Linda Hettich interview, Anaheim, CA, June 12, 2010.

頁50 抽菸、日曬、飲酒過量及肥胖：National Toxicology Program, U.S. Department of Health and Human Services, "Substances Listed in the Twelfth Report on Carcinogens," Report on Carcinogens, Twelfth Edition (2011): pp. 15–16, accessed October 7, 2011. http://ntp.niehs.nih.gov/ntp/roc/twelfth/ListedSubstancesKnown.pdf.

頁51 既然環境中有這麼多毒素：Kathleen Sebelius, U.S. Department of Health and Human Services Secretary, 12th Report on Carcinogens, Washington, DC : U.S. DHHS (June 10, 2011), accessed October 7, 2011. http://ntp.niehs.nih.gov/ntp/roc/twelfth/roc12.pdf; National Toxicology Program, "Substances Listed," pp. 15–16.

頁51 想要從決斷力：Charles E. Rosenberg, "Disease and Social Order in America: Perceptions and Expectations," in "AIDS: The Public Context of an Epidemic," Milbank Quarterly 64 (1986): p. 50.

頁52 奇妙的是，許多犬隻癌症：David J. Waters, and Kathleen Wildasin, "Cancer Clues from Pet Dogs: Studies of Pet Dogs with Cancer Can Offer Unique Help in the Fight Against Human Malignancies While Also Improving Carc for Man' s Best Friend," Scientific American (December 2006): pp. 94–101.

頁52 當貓咪出現發燒與黃疸症狀：American Association of Feline Practitioners, "Feline Leukemia Virus," accessed December 19, 2011. http://www.vet.cornell.edu/fhc/brochures/felv.html; PETMD, "Lymphoma in Cats," accessed December 19, 2011. http://www.petmd.com/cat/conditions/cancer/c_ct_lymphoma#.Tu_RQ1Yw28B.

頁52 當貓咪飼主發現自己寵物：Giovanni P. Burrai, Sulma I. Mohammed, Margaret A. Miller, Vincenzo Marras, Salvatore Pirino, Maria F. Addis, and Sergio Uzzau, "Spontaneous Feline Mammary Intraepithelial Lesions as a Model for Human Estrogen Receptor and Progesterone

Receptor-Negative Breast Lesions," BMC Cancer 10 (2010): p. 156.

頁52 由於家兔年紀大了：Daniel D. Smeak and Barbara A. Lightner, "Rabbit Ovariohysterectomy," Veterinary Educational Videos Collection from Dr. Banga' s websites, accessed April 1, 2012. http//video.google.com/videoplay?docid=5953436041779809619.

頁53 長尾鸚鵡容易在：M. L. Petrak and C. E. Gilmore, "Neoplasms," in Diseases of Cage and Aviary Birds, ed. Margaret Petrak, pp. 606–37. Philadelphia: Lea & Febiger, 1982.

頁53 動物園獸醫師曾：Luigi L. Capasso, "Antiquity of Cancer," International Journal of Cancer 113 (2005): pp. 2–13 ; , S. V. Machotka and G. D. Whitney, "Neoplasms in Snakes: Report of a Probable Mesothelioma in a Rattlesnake and a Thorough Tabulation of Earlier Cases," in The Comparative Pathology of Zoo Animals, eds. R. J. Montali and G. Migaki, pp. 593–602. Washington, DC: Smithsonian Institution Press, 1980.

頁53 曬傷被認為是讓淺色馬：University of Minnesota Equine Genetics and Genomics Laboratory, "Gray Horse Melanoma," accessed October 7, 2011. http://www.cvm.umn.edu/equinegenetics/ghmelanoma/home.html.

頁53 儘管這種「灰馬的黑色素瘤」：Gerli Rosengren Pielberg, Anna Golovko, Elisabeth Sundström, Ino Curik, Johan Lennartsson, Monika H. Seltenhammer, Thomas Druml, et al., "A Cis-Acting Regulatory Mutation Causes Premature Hair Graying and Susceptibility to Melanoma in the Horse," Nature Genetics 40 (2008): pp. 1004– 09 ; S. Rieder, C. Stricker, H. Joerg, R. Dummer, and G. Stranzinger, "A Comparative Genetic Approach for the Investigation of Ageing Grey Horse Melanoma," Journal of Animal Breeding and Genetics 117 (2000): pp. 73–82 ; Kerstin Lindblad-Toh telephone interview, July 28, 2010.

頁53 那頭犀牛身上的癌細胞：Olsen Ebright, "Rhinoceros Fights Cancer at LA Zoo," NBC Los Angeles, November 17, 2009, accessed October 14, 2011. http://www.nbclosangeles.com / news /local /Los-Angeles-Zoo-Randa-Skin-Cancer-70212192.html.

頁53 牛的雙眼周圍那圈：W. C. Russell, J. S. Brinks, and R. A. Kainer, "Incidence and Heritability of Ocular Squamous Cell Tumors in Hereford Cattle," Journal of Animal Science 43 (1976): pp. 1156–62.

頁53 用加熱到華氏三百：I. Yeruham, S. Perl, and A. Nyska, "Skin Tumours in Cattle and Sheep After Freeze- or Heat-Branding," Journal of Comparative Pathology 114 (1996): pp. 101– 06.

頁54 迫使美國參議員泰德・甘迺迪：Stephen J. Withrow and Chand Khanna, "Bridging the Gap Between Experimental Animals and Humans in Osteosarcoma," Cancer Treatment and Research 152 (2010): pp. 439–46.

頁54 然而一頭來自冰島的虎鯨：M. Yonezawa, H. Nakamine, T. Tanaka, and T. Miyaji, "Hodgkin' s Disease in a Killer Whale (Orcinus orca)," Journal of Comparative Pathology 100 (1989): pp. 203– 07.

頁54 奪走蘋果共同創辦人：G. Minkus, U. Jütting, M. Aubele, K. Rodenacker, P. Gais, W. Breuer, and W. Hermanns, "Canine Neuroendocrine Tumors of the Pancreas: A Study Using Image Analysis

Techniques for the Discrimination of the Metastatic Versus Nonmetastatic Tumors," Veterinary Pathology 37 (1997): pp. 138–145; G. A. Andrews, N. C. Myers III, and C. Chard-Bergstrom, "Immunohistochemistry of Pancreatic Islet Cell Tumors in the Ferret (Mustela putorius furo)," Veterinary Pathology 34 (1997): pp. 387–93.

頁54　世界各地的野生海龜：Denise McAloose and Alisa L. Newton, "Wildlife Cancer: A Conservation Perspective," Nature Reviews: Cancer 9 (2009): p. 521.

頁54　生殖器癌在海洋：Ibid.

頁54　俗稱「塔斯馬尼亞惡魔」：R. Loh, J. Bergfeld, D. Hayes, A. O' Hara, S. Pyecroft, S. Raidal, and R. Sharpe, "The Pathology of Devil Facial Tumor Disease (DFTD) in Tasmanian Devils (Sarcophilus harrisii)," Veterinary Pathology 43 (2006): pp.890 –95.

頁54　罹癌致死也阻礙了瀕臨絕種：McAloose and Newton, "Wildlife Cancer," pp. 517–26.

頁55　所以對植物來說：The Huntington Library, Art Collection, and Botanical Gardens, "Do Plants Get Cancer? The Effects of Infecting Sunflower Seedlings with Agrobacterium tumefaciens," accessed October 7, 2011. http://www.huntington.org/uploadedFiles/Files/PDFs/GIB-DoPlantsGetCancer.pdf; John H.Doonan and Robert Sablowski, "Walls Around Tumours—Why Plants Do Not Develop Cancer," Nature 10 (2010): pp. 794–802.

頁55　三千五百年前：James S. Olson, Bathsheba' s Breast: Women, Cancer, and History. Baltimore: Johns Hopkins University Press, 2002.

頁55　對古代人而言：Ibid.

頁55　他們詳細診察了來自英國：Mel Greaves, Cancer: The Evolutionary Legacy, Oxford: Oxford University Press, 2000; Capasso, "Antiquity of Cancer," pp. 2–13.

頁55　一九九七年：Kathy A. Svitil, "Killer Cancer in the Cretaceous," Discover Magazine, November 3, 2003, accessed May 24, 2010. http://discovermagazine.com/2003/nov/killer-cancer1102.

頁56　隨著腫塊逐漸長大：Ibid.

頁56　其他古生物腫瘤學家：B. M. Rothschild, D. H. Tanke, M. Helbling, and L. D. Martin, "Epidemiologic Study of Tumors in Dinosaurs," Naturwissenschaften 90 (2003): pp. 495–500.

頁56　在匹茲堡大學：University of Pittsburgh Schools of the Health Sciences Media Relations, "Study of Dinosaurs and Other Fossil Part of Plan by Pitt Medical School to Graduate Better Doctors Through Unique Collaboration with Carnegie Museum of Natural History," last updated February 28, 2006, accessed March 2, 2012. http://www.upmc.com/MediaRelations/NewsReleases/2006/Pages/StudyFossils.aspx.

頁57　至於可信的癌症轉移證據：Bruce M. Rothschild, Brian J. Witzke, and Israel Hershkovitz, "Metastatic Cancer in the Jurassic," Lancet 354 (1999): p.398.

頁57　大約六千五百萬年前：G. V. R. Prasad and H. Cappetta, "Late Cretaceous Selachians from India and the Age of the Deccan Traps," Palaeontology 36 (1993): pp. 231–48.

頁57　離子化的輻射：Tom Simkin, “Distant Effects of Volcanism—How Big and How Often? ” Science 264 (1994): pp. 913–14.

頁57　蘇鐵和針葉樹：Rothschild et al., “Epidemiologic Study,” pp. 495–500; Dolores R. Piperno and Hans-Dieter Sues, “Dinosaurs Dined on Grass,” Science 310 (2005): pp. 1126–28.

頁58　變成大自然中一種統計的必然性：Greaves, Cancer.

頁59　賓州大學的基因組學研究人員：John D Nagy, Erin M. Victor, and Jenese H. Cropper, “Why Don’ t All Whales Have Cancer? A Novel Hypothesis Resolving Peto’ s Paradox,” Integrative and Comparative Biology 47 (2007): pp. 317–28.

頁59　大型生物似乎不像小型生物：R. Peto, F. J. C. Roe, P. N. Lee, L. Lev y, and J. Clack, “Cancer and Ageing in Mice and Men,” British Journal of Cancer 32 (1975): pp. 411–26.

頁61　一項瑞典的研究指出：Patricio Rivera, “Biochemical Markers and Genetic Risk Factors in Canine Tumors,” doctoral thesis, Swedish University of Agricultural Sciences, Uppsala, 2010.

頁61　動物園獸醫師指出：Linda Munson and Anneke Moresco, “Comparative Pathology of Mammary Gland Cancers in Domestic and Wild Animals,” Breast Disease 28 (2007): pp. 7–21.

頁62　專門生產乳汁的乳牛：Munson and Moresco, “Comparative Pathology,” pp. 7–21.

頁63　比方某些野生蝙蝠：Xiaoping Zhang, Cheng Zhu, Haiyan Lin, Qing Yang, Qizhi Ou, Yuchun Li, Zhong Chen, et al. “Wild Fulvous Fruit Bats (Rousettus leschenaulti) Exhibit Human-Like Menstrual Cycle,” Biology of Reproduction 77 (2007): pp. 358–64.

頁63　在此我得先釐清：Christie Wilcox, “Ocean of Pseudoscience: Sharks DO get cancer!” Science Blogs, September 6, 2010, accessed October 13, 2011. http://scienceblogs.com/observations/2010/09/ocean_of_pseudoscience_sharks.php.

頁64　全球約有百分之二十的人類：World Health Organization, “Viral Cancers,” Initiative for Vaccine Research, accessed October 7, 2011. http://www.who.int/vaccine_research/diseases/viral_cancers/en/index1.html.

頁64　已證實EB病毒：S. H. Swerdlow, E. Campo, N. L. Harris, E. S. Jaffe, S. A. Pileri, H. Stein, J. Thiele, et al., World Health Organization Classification of Tumours of Haematopoietic and Lymphoid Tissues, Lyon: IARC Press, 2008; Arnaud Chene, Daria Donati, Jackson Orem, Anders Bjorkman, E. R. Mbidde, Fred Kironde, Mats Wahlgren, et al., “Endemic Burkitt’ s Lymphoma as a Polymicrobial Disease: New Insights on the Interaction Between Plasmodium Falciparum and Epstein-Barr Virus,” Seminars in Cancer Biology 19 (2009): pp. 411–420.

頁64　一九八二年：Daniel Martineau, Karin Lemberger, André Dallaire, Phillippe Labelle, Thomas P. Lipscomb, Pascal Michel, and Igor Mikaelian, “Cancer in Wildlife, a Case Study: Beluga from the St. Lawrence Estuary, Québec, Canada,” Environmental Health Perspectives 110 (2002): pp. 285–92.

頁65　動物甚至能事先向我們預警：Peter M. Rabinowitz, Matthew L. Scotch, and Lisa A. Conti, “Animals as Sentinels: Using Comparative Medicine to Move Beyond the Laboratory,”

Institute for Laboratory Animal Research Journal 51 (2010): pp. 262–67.

頁65　根據世界衛生組織的定義：World Health Organization, "Viral Cancers."

頁66　儘管早在三十多年前：Gina M. Ylitalo, John E. Stein, Tom Hom, Lyndal L. Johnson, Karen L. Tilbury, Alisa J. Hall, Teri Rowles, et al., "The Role of Organochlorides in Cancer-Associated Mortality in California Sea Lions," Marine Pollution Bulletin 50 (2005): pp. 30–39; Ingfei Chen, "Cancer Kills Many Sea Lions, and Its Cause Remains a Mystery," New York Times, March 4, 2010, accessed March 8, 2010. http://www.nytimes.com/2010/03/05/science/05sfsealion.html.

頁67　例如一項犬隻鼻竇癌的研究：Peter M. Rabinowitz and Lisa A. Conti, Human-Animal Medicine: Clinical Approaches to Zoonoses, Toxicants and Other Shared Health Risks, Maryland Heights, MO: Saunders, 2010 : p. 60.

頁67　在家犬身上也能看見：Ibid.

頁67　曾在越南服役的軍犬：Ibid.

頁67　貓也能扮演哨兵的角色：Ibid.

頁67　那些人犬病症沒有重疊的地方：Melissa Paoloni and Chand Khanna, "Translation of New Cancer Treatments from Pet Dogs to Humans," Nature Reviews: Cancer 8 (2008): pp. 147–56.

頁68　但是除了把牠們當成：Ibid.; Chand Khanna, Kerstin Lindblad-Toh, David Vail, Cheryl London, Philip Bergman, Lisa Barber, Matthew Breen, et al., "The Dog as a Cancer Model," letter to the editor, Nature Biotechnology 24 (2006): pp. 1065–66; Melissa Paoloni telephone interview, May 19, 2010, and Philip Bergman interview, Anaheim, CA, June 10, 2010.

頁68　目前絕大多數的癌症研究：Ira Gordon, Melissa Paoloni, Christina Mazcko, and Chand Khanna, "The Comparative Oncology Trials Consortium: Using Spontaneously Occurring Cancers in Dogs to Inform the Cancer Drug Development Pathway," PLoS Medicine 6 (2009): p. e1000161.

頁68　兩者的癌症細胞：Ibid.

頁68　這種嶄新的方法：George S. Mack, "Cancer Researchers Usher in Dog Days of Medicine," Nature Medicine 11 (2005): p. 1018; Gordon et al., "The Comparative Oncology Trials"; Paoloni interview; National Cancer Institute, "Comparative Oncology Program," accessed October 7, 2011. https://ccrod.cancer.gov/confluence/display/CCRCOPWeb/Home.

頁69　今日醫師用來拯救罹患骨肉瘤：Withrow and Khanna, "Bridging the Gap," pp. 439–46.; Steve Withrow telephone interview, May 17, 2010.

頁70　正如主導犬隻基因組定序計畫：Lindblad-Toh interview; Lindblad-Toh et al., "Genome Sequence," pp. 803–19.

頁70　德國狼犬可能罹患：Paoloni and Khanna, "Translation of New Cancer Treatments," pp. 147–56.

頁70　不過，不會出現癌症之處：Ibid.

頁71　從很多方面來看：Philip Bergman interview, Orlando, FL, January 17, 2010; Bergman interview, June 10, 2010.

頁72　這是普林斯頓俱樂部：Bergman interview, January 17, 2010.

頁72　他問道：「狗兒也會得黑色素瘤嗎？」：Bergman interview, January 17, 2010; Bergman interview, June 10, 2010; Jedd Wolchok telephone interview, June 29, 2010.

頁73　這兩種疾病根本：Bergman interview, January 17, 2010; Bergman interview, June 10, 2010; Wolchok interview.

頁73　這種療法稱為：Bergman interview, January 17, 2010.

頁74　這項療法牽涉到將人類DNA：Philip J. Bergman, Joanne McKnight, Andrew Novosad, Sarah Charney, John Farrelly, Diane Craft, Michelle Wulderk, et al., "Long-Term Survival of Dogs with Advanced Malignant Melanoma After DNA Vaccination with Xenogeneic Human Tyrosinase: A Phase I Trial," Clinical Cancer Research 9 (2003): pp. 1284–90.

頁74　梅里亞集團在二〇〇九年：Merial Limited, "Canine Oral Melanoma and ONCEPT Canine Melanoma Vaccine, DNA," Merial Limited Media Information, January 17, 2010.

頁75　每回我說這個故事：Bergman interview, January 17, 2010.

頁75　將無名氏病患所捐贈的：Wolchok interview.

頁75　目前是由小鼠：Ibid.

第4章　性高潮：人類性行為的動物指南

頁76　蘭斯洛度過了：Authors' tour of UC Davis horse barn, Davis, CA, February 12, 2011; Janet Roser telephone interview, August 30, 2011.

頁78　大多數人認為種馬：Sandy Sargent, "Breeding Horses: Why Won't My Stallion Breed to My Mare," allexperts.com, July 19, 2009, accessed February 18, 2011. http://en.allexperts.com/q/Breeding-Horses-3331/2009/7/won-t-stallionbreed.htm.

頁78　就算是和活生生：Katherine A. Houpt, Domestic Animal Behavior for Veterinarians and Animal Scientists, 5th ed., Ames, IA: Wiley-Blackwell, 2011: pp. 117–21.

頁78　較低的地位與非自願：Ibid., pp. 91–93；Edward O. Price, "Sexual Behavior of Large Domestic Farm Animals: An Overview," Journal of Animal Science 61 (1985): pp. 62–72.

頁78　痛苦、恐懼和困惑：Jessica Jahiel, "Young Stallion Won't Breed," Jessica Jahiel's Horse-Sense, accessed February 18, 2011. http://www.horse-sense.org/archives/2001027.php.

頁79　只要花點時間：Marlene Zuk, Sexual Selections: What We Can and Can't Learn About Sex from Animals, Berkeley: University of California Press, 2003；Tim Birkhead, Promiscuity: An Evolutionary History of Sperm Competition, Cambridge, MA: Harvard University Press, 2002；Olivia Judson, Dr. Tatiana's Sex Advice to All Creation: The Definitive Guide to the Evolutionary Biology of Sex, New York: Henry Holt, 2002.

頁79　然而種馬專家知道：Katherine A. Houpt, Domestic Animal Behavior for Veterinarians and

Animal Scientists, 5th ed., Ames, IA: Wiley-Blackwell, p. 119.

頁80　地球上最早的單細胞：Matt Ridley, The Red Queen: Sex and the Evolution of Human Nature, New York: Harper Perennial, 1993.

頁81　史上最古老：David J. Siveter, Mark D. Sutton, Derek E. G. Briggs, and Derek J. Siveter, "An Ostracode Crustacean with Soft Parts from the Lower Silurian," Science 302 (2003): pp. 1749–51.

頁81　在它被發現：Jason A. Dunlop, Lyall I. Anderson, Hans Kerp, and Hagen Hass, "Palaeontology: Preserved Organs of Devonian Harvestmen," Nature 425 (2003): p. 916.

頁81　並不是所有的體內授精：Birkhead, Promiscuity, p. 95.

頁81　古生物學家運用：Discovery Channel Videos, "Tyrannosaurus Sex: Titanosaur Mating," Discovery Channel, accessed October 7, 2011. http://dsc.discovery.com/videos/tyrannosaurus-sex-titanosaur-mating.html.

頁82　如今，地球上存在著：Nora Schultz, "Exhibitionist Spiny Anteater Rev als Bizarre Penis," New Scientist, October 26, 2007, accessed February 8, 2011. http://www.newscientist.com/article/dn12838-exhibitionist-spiny-anteater.

頁82　但阿根廷湖鴨：Kevin G. McCracken, "The 20-cm Spiny Penis of the Argentine Lake Duck (Oxyura vittata)," The Auk 117 (2000): pp. 820–25.

頁82　儘管擁有八十四公分：Birkhead, Promiscuity, p. 99.

頁82　這項殊榮由學名：Christopher J. Neufeld and A. Richard Palmer, "Precisely Proportioned: Intertidal Barnacles Alter Penis Form to Suit Coastal Wave Action," Proceedings of the Royal Society B 275 (2008): pp. 1081–87.

頁82　好幾種海洋扁蟲：Birkhead, Promiscuity, p. 98.

頁82　有些種類的蛇：Ibid.

頁82　至於昆蟲的雄性：David Grimaldi and Michael S. Engel, Evolution of the Insects, New York: Cambridge University Press, 2005: p. 135.

頁83　例如，磷蝦的性冒險：So Kawaguchi, Robbie Kilpatrick, Lisa Roberts, Robert A. King, and Stephen Nicol. "Ocean-Bottom Krill Sex," Journal of Plankton Research 33 (2011): pp. 1134–38.

頁83　大多數鳥類在演化長河中：Birkhead, Promiscuity, p. 95.

頁83　儘管藤壺通常：Ibid.

頁83　自從兩億年前：Diane A. Kelly, "Penises as Variable-Volume Hydrostatic Skeletons," Annals of the New York Academy of Sciences 1101 (2007): pp. 453–63.

頁83　許多雄性的蝙蝠：D. A. Kelly, "Anatomy of the Baculum-Corpus Cavernosum Interface in the Norway Rat (Rattus norvegicus) and Implications for Force Transfer During Copulation," Journal of Morphology 244 (2000): pp. 69–77; correspondence with Diane A. Kelly.

頁84　一串粗厚的組織：Birkhead, Promiscuity, p. 97.

頁84　而人類則是和：Kelly, "Penises," pp. 453–63; Kelly, "The Functional Morphology of Penile

Erection: Tissue Designs for Increasing and Maintaining Stiffness," Integrative and Comparative Biology 42 (2002): pp. 216–21; Kelly, "Expansion of the Tunica Albuginae During Penile Inflation in the Nine-Banded Armadillo (Dasypus novemcinctus)," Journal of Experimental Biology 202 (1999): pp. 253–65.

頁84　如同麻州大學：Kelly telephone interview; Kelly, "Penises," pp. 453–63 ; Kelly, "Functional Morphology," pp. 216–21; Kelly, "Expansion," pp. 253–65.

頁84　一切要從那毫無生氣：Ion G. Motofei and David L. Rowland, "Neurophysiology of the Ejaculatory Process: Developing Perspectives," BJU International 96 (2005): pp. 1333–38; Jeffrey P. Wolters and Wayne J. G. Hellstrom, "Current Concepts in Ejaculatory Dysfunction," Reviews in Urology 8 (2006): pp. S18–25.

頁84　放鬆的指令來自：Motofei and Rowland, "Neurophysiology," pp. 1333–38; Wolters and Hellstrom, "Current Concepts," pp. S18–25.

頁85　接下來是一項關鍵：Motofei and Rowland, "Neurophysiology," pp. 1333–38 ; Wolters and Hellstrom, "Current Concepts," pp. S18–25.

頁85　為了保護陰莖在：Kelly, "Penises," pp. 453–63.

頁85　凱立說，這跟河豚：Ibid.

頁85　根據一項研究：R. Brian Langerhans, Craig A. Layman, Thomas J. DeWitt, and David B. Wake, "Male Genital Size Reflects a Tradeoff Between Attracting Mates and Avoiding Predators in Two Live-Bearing Fish Species," Proceedings of the National Academy of Sciences 102 (2005): pp. 7618–23.

頁86　從此回不去的臨界點：W. P. de Silva, "ABC of Sexual Health: Sexual Variations," BMJ 318 (1999): pp. 654–56.

頁86　但是所有的雄性哺乳動物：Kelly, "Penises," pp. 453–63.

頁86　而且今日人類男性：Phillip Jobling, "Autonomic Control of the Urogenital Tract," Autonomic Neuroscience 165 (2011): pp. 113–126.

頁86　腦電波圖：Harvey D. Cohen, Raymond C. Rosen, and Leonide Goldstein, "Electroencephalographic Laterality Changes During Human Sexual Orgasm," Archives of Sexual Behavior 5 (1976): pp. 189–99.

頁86　許多男人描述自己：James G. Pfaus and Boris B. Gorzalka, "Opioids and Sexual Behavior," Neuroscience & Biobehavioral Reviews 11 (1987): pp. 1–34 ; James G. Pfaus and Lisa A. Scepkowski, "The Biologic Basis for Libido," Current Sexual Health Reports 2 (2005): pp. 95–100.

頁87　如果你是巴西聖保羅：Kenia P. Nunes, Marta N. Cordeiro, Michael Richardson, Marcia N. Borges, Simone O. F. Diniz, Valbert N. Cardoso, Rita Tostes, Maria Elena De Lima, et al., "Nitric Oxide–Induced Vasorelaxation in Response to PnTx2–6 Toxin from Phoneutria nigriventer Spider in Rat Cavernosal Tissue," The Journal of Sexual Medicine 7 (2010): pp. 3879 –88.

頁88　當好色的種馬：Houpt, Domestic Animal Behavior, p. 114; Roser interview.

頁89　公馬：Houpt, Domestic Animal Behavior, p. 10; L. E. L. Rasmussen, "Source and Cyclic Release Pattern of (Z)-8-Dodecenyl Acetate, the Pre-ovulatory Pheromone of the Female Asian Elephant," Chemical Senses 26 (2001): p. 63.

頁89　這條大腦與身體溝通：Edwin Gilland and Robert Baker, "Evolutionary Pat- terns of Cranial Nerve Efferent Nuclei in Vertebrates," Brain, Behavioral Evolution 66 (2005): pp. 234–54.

頁90　公豪豬會在交尾前：Uldis Roze, The North American Porcupine, 2nd edition. Ithaca, NY: Comstock Publishing, 2009: pp. 135–43, 231.

頁90　公山羊會在自己臉上：Edward O. Price, Valerie M. Smith, and Larry S. Katz, "Stimulus Condition Influencing Self-Enurination, Genital Grooming and Flehmen in Male Goats," Applied Animal Behaviour Science 16 (1986): pp. 371–81.

頁90　公麋鹿也會在發情季節：Dale E. Toweill, Jack Ward Thomas, and Daniel P. Metz, Elk of North America: Ecology and Management, Mechanicsburg, PA: Stackpole Books, 1982.

頁90　求愛的雌螯蝦：Fiona C. Berry and Thomas Breithaupt, "To Signal or Not to Signal? Chemical Communication by Urine-Borne Signals Mirrors Sexual Conflict in Crayfish," BMC Biology 8 (2010): p. 25.

頁90　公劍尾魚的尿液：Gil G. Rosenthal, Jessica N. Fitzsimmons, Kristina U. Woods, Gabriele Gerlach, and Heidi S. Fisher, "Tactical Release of a Sexually-Selected Pheromone in a Swordtail Fish," PLoS One 6 (2011): p. e16994.

頁91　例如，許多母猴與母猿：C. Bielert and L. A. Van der Walt, "Male Chacma Baboon (Papio ursinus) Sexual Arousal: Mediation by Visual Cues from Female Conspecifics," Psychoneuroendocrinology 7 (1986): pp. 31–48 ; Craig Bielert, Letizia Girolami, and Connie Anderson, "Male Chacma Baboon (Papio ursinus) Sexual Arousal: Studies with Adolescent and Adult Females as Visual Stimuli," Developmental Psychobiology 19 (1986): pp. 369–83.

頁91　在測試情境中：E. B. Hale, "Visual Stimuli and Reproductive Behavior in Bulls," Journal of Animal Science 25 (1966): pp. 36–44.

頁91　摩洛哥的研究人員：Adeline Loyau and Frederic Lacroix, " atching Sexy Displays Improved Hatching Success and Offspring Growth Through Maternal Allocation," Proceedings of the Royal Society of London B 277 (2010): pp. 3453–60.

頁92　同樣地，專業豬隻繁殖者：Price, "Sexual Behavior," p. 66.

頁93　母赤羚鳴嘯：Bruce Bagemihl, Biological Exuberanc : Animal Homosexuality and Natural Diversity, New York: St. Martin's, 1999.

頁93　一項迷人的研究：Dana Pfefferle, Katrin Brauch, Michael Heistermann, J. Keith Hodges, and Julia Fischer, "Female Barbary Macaque (Macaca sylvanus) Copulation Calls Do Not Reveal the Fertile Phase but Influence Mating Outcome," Proceedings of the Royal Society of London B 275 (2008): pp. 571–78.

頁93　公牛聽見預錄的：Houpt, Domestic Animal Behavior, p. 100.

頁93　可是這種生理機能：Wolters and Hellstrom, “Current Concepts,” pp. S18–25; Arthur L. Burnett telephone interview, April 5, 2011; Jacob Rajfer telephone interview, April 29, 2011.

頁93　約莫五百年前：I. Goldstein, “Male Sexual Circuitry. Working Group for the Study of Central Mechanisms in Erectile Dysfunction,” Scientific American 283 (2000): pp. 70 –75.

頁94　全球每十個男人：Minnesota Men’s Health Center, P.A., “Facts About Erectile Dysfunction,” accessed October 8, 2011. http://www.mmhc-online.com/articles/impotency.html.

頁94　根據約翰霍普金斯大學：Burnett interview.

頁94　環尾狐猴通常：Lisa Gould telephone interview, April 5, 2011.

頁96　只要占支配地位的公羊：Price, “Sexual Behavior,” pp. 62–72; Houpt, Domestic Animal Behavior, p. 110.

頁96　在鳥類、爬蟲類及哺乳動物：Nicholas E. Collias, “Aggressive Behavior Among Vertebrate Animals,” Physiological Zoology 17 (1944): pp. 83–123; Houpt, Domestic Animal Behavior, pp. 90–93.

頁96　某些男人在壓力下：Rajfer interview.

頁97　根據約翰霍普金斯大學：Burnett interview.

頁97　一個能快速騎乘：Lawrence K. Hong, “Survival of the Fastest: On the Origin of Premature Ejaculation,” Journal of Sex Research 20 (1984): p. 113.

頁97　人類男性平均：Chris G. McMahon, Stanley E. Althof, Marcel D. Waldinger, Hartmut Porst, John Dean, Ira D. Sharlip, et al., “An Evidence-Based Definition of Lifelong Premature Ejaculation: Report of the International Society for Sexual Medicine (ISSM) Ad Hoc Committee for the Definition of Premature Ejaculation,” The Journal of Sexual Medicine 5 (2008): pp. 1590 –1606.

頁98　加拉巴戈群島：Martin Wikelski and Silke Baurle, “Pre-Copulatory Ejaculation Solves Time Constraints During Copulations in Marine Iguanas,” Proceedings of the Royal Society of London B 263 (1996): pp. 439–44.

頁98　加大洛杉磯分校泌尿科醫師：Rajfer interview.

頁99　獸醫師不需要這類：Mary Roach, Bonk: The Curious Coupling of Science and Sex, New York: Norton, 2008; Zuk, Sexual Selections; Birkhead, Promiscuity; Judson, Dr. Tatiana’s Sex Advice ; Sarah Blaffer Hrdy, Mother Nature : Maternal Instincts and How They Shape the Human Species. New York: Ballantine, 1999.

頁99　紅毛猩猩會用樹木：Judson, Dr. Tatiana’s Sex Advice, p. 246; Naturhistorisk Museum, “Homosexuality in the Animal Kingdom,” accessed October 8, 2011. http://www.nhm.uio.no/besok-oss/utstillinger/skiftende/againstnature/gayanimals.html.

頁100　盲蛛會吐出兩條：Ed Nieuwenhuys, “Daddy-longlegs, Vibrating or Cellar Spiders,” accessed October 14, 2011. http://ednieuw.home.xs4all.nl/Spiders/Pholcidae/Pholcidae.htm.

頁100　飼養家畜的農夫：Houpt, Domestic Animal Behavior, pp. 102, 119, 129.

頁100　在蝙蝠與豪豬：Min Tan, Gareth Jones, Guangjian Zhu, Jianping Ye, Tiyu Hong, Shanyi Zhou, Shuyi Zhang, et al., “Fellatio by Fruit Bats Prolongs Copulation Time,” PLoS One 4 (2009): p. e7595.

頁100　長久以來，雄性對雄性：Price, “Sexual Behavior,” p. 64.

頁100　貝哲米歐的書中：Bagemihl, Biological Exuberance, pp. 263–65.

頁101　洛夫加登詳述了：Joan Roughgarden, Evolution’s Rainbow: Diversity, Gender, and Sexuality in Nature and People, Berkeley: University of California Press, 2004.

頁101　瑪琳・查克和內森・貝里：Nathan W. Bailey and Marlene Zuk, “Same-Sex Sexual Behavior and Evolution,” Trends in Ecology and Evolution 24 (2009): pp. 439–46.

頁101　行為可塑性這種能力：Bagemihl, Biological Exuberance, p. 251.

頁102　一夫一妻單配制：Birkhead, Promiscuity, pp. 38–39.

頁102　運用動物行為的知識：Zuk, Sexual Selections, pp. 177–78.

頁102　對於昆蟲、蠍子：Birkhead, Promiscuity.

頁102　紐約市的臭蟲大流行：Göran Arnqvist and Locke Rowe, Sexual Conflict: Monographs in Behavior and Ecology, Princeton, NJ: Princeton University Press, 2005.

頁102　動物版的戀屍癖：C. W. Moeliker, “The First Case of Homosexual Necrophilia in the Mallard Anas platyrhynchos (Aves: Anatidae),” Deinsea 8 (2001): pp. 243–47; Irene Garcia, “Beastly Behavior,” Los Angeles Times, February 12, 1998, accessed December 20, 2011. http://articles.latimes.com/1998/feb/12/entertainment/ca-18150.

頁102　與近親及未成熟：Carol M. Berman, “Kinship: Family Ties and Social Behavior,” in Primates in Perspective, 2nd ed., eds. Christina J. Campbell, Agustin Fuentes, Katherine C. MacKinnon, Simon K. Bearder, and Rebecca M. Strumpf, p. 583. New York: Oxford University Press, 2011; Raymond Obstfeld, Kinky Cats, Immortal Amoebas, and Nine-Armed Octopuses: Weird, Wild, and Wonderful Behaviors in the Animal World, New York: HarperCollins, 1997: pp. 43–47; Ridley, The Red Queen, pp. 282–84 ; Judson, Dr. Tatiana’s Sex Advice, pp. 169–86.

頁103　交配中的雄性多半：Birkhead, Promiscuity.

頁103　即便對人類之外的動物：Zuk, Sexual Selections.

頁103　性行為意外的生理副作用：Anders Ågmo, Functional and Dysfunctional Sexual Behavior: A Synthesis of Neuroscience and Comparative Psychology, Waltham, MA: Academic Press, 2007. Kindle edition: iii.

頁104　那種渴望交配的表情：Houpt, Domestic Animal Behavior, p. 8.

頁105　人家說我們：Boguslaw Pawlowski, “Loss of Oestrus and Concealed Ovulation in Human Evolution: The Case Against the Sexual-Selection Hypothesis,” Current Anthropology 40 (1999): pp. 257–76.

頁105　女性排卵時：Geoffrey Miller, Joshua M. Tybur, and Brent D. Jordan, “Ovulatory Cycle Effects on Tip Earnings by Lap Dancers: Economic Evidence for Human Estrus?” Evolution and Human Behavior 27 (2007): pp. 375–81; Debra Lieberman, Elizabeth G. Pillsworth, and Martie G. Haselton, “Kin Affiliation Across the Ovulatory Cycle: Females Avoid Fathers When Fertile,” Psychological Science (2010): doi: 10.1177/0956797610390385; Martie G. Haselton, Mina Mortezaie, Elizabeth G. Pillsworth, April Bleske-Rechek, and David A. Frederick, “Ovulatory Shifts in Human Female Ornamentation: Near Ovulation, Women Dress to Impress,” Hormones and Behavior 51 (2007): pp. 40 –45.

頁105 男性認為排卵中的女性：Miller, Tybur, and Jordan, “Ovulatory Cycle Effects,” pp. 375–81.

頁105 大學學齡的女孩：Lieberman, Pillsworth, and Haselton, “Kin Affiliation.”

頁105 就肉體而言，女性：Barry R. Komisaruk, Carlos Beyer-Flores, and Beverly Whipple, The Science of Orgasm, Baltimore: Johns Hopkins University Press, 2006.

頁105 在胚胎發展過程中：Kenneth V. Kardong, Vertebrates: Comparative Anatomy, Function, Evolution, 4th ed., New York: Tata McGraw-Hill, 2006: pp. 556, 565; Balcombe, Jonathan, Pleasure Kingdom: Animals and the Nature of Feeling Good, Hampshire, UK: Palgrave Macmillan, 1997.

頁105 快速檢視動物性徵後：Stefan Anitei, “The Largest Clitoris in the World,” Softpedia, January 26, 2007, accessed October 14, 2011. http://news.softpedia.com/news/The-Largest-Clitoris-in-the-World-45527.shtml; Balcombe, Pleasure Kingdom.

頁106 據估計，全球所有女性：Jan Shifren, Brigitta Monz, Patricia A. Russo, Anthony Segreti, and Catherine B. Johannes, “Sexual Problems and Distress in United States Women: Prevalence and Correlates,” Obstetrics & Gynecology 112 (2008): pp. 970 –78.

頁106 全世界約有四分之一的女性：J. A. Simon, “Low Sexual Desire—Is It All in Her Head? Pathophysiology, Diagnosis and Treatment of Hypoactive Sexual Desire Disorder,” Post-graduate Medicine 122 (2010): pp. 128–36; S. Mimoun, “Hypoactive Sexual Desire Disorder, HSDD,” Gynécologie Obstétrique Fertilité 39 (2011): pp. 28–31; Anita H. Clayton, “The Pathophysiology of Hypoactive Sexual Desire Disorder in Women,” International Journal of Gynecology and Obstetrics 110 (2010): pp. 7–11.

頁106 性慾低落和性慾減退障礙：Clayton, “The Pathophysiology,” pp. 7–11; Santiago Palacios, “Hypoactive Sexual Desire Disorder and Current Pharmacotherapeutic Options in Women,” Women’s Health 7 (2011): pp. 95–107.

頁107 醫師會運用心理治療：Clayton, “The Pathophysiology,” pp. 7–11; Palacios, “Hypoactive Sexual Desire Disorder,” pp. 95–107.

頁107 伴侶對彼此不滿：Ralph Myerson, “Hypoactive Sexual Desire Disorder,” Healthline : Connect to Better Health, accessed October 8, 2011. http://www.healthline.com/galecontent/hypoactive-sexual-desire-disorder.

頁107 我問珍娜・羅瑟博士：Roser interview.

頁108 母鼠會抓、咬：James Pfaus telephone interview, February 23, 2011.

頁108 昆蟲學家蘭迪・桑希爾：Randy Thornhill and John Alcock, The Evolution of Insect Mating

Systems, Cambridge: Harvard University Press, 1983: p. 469.

頁108　加拿大康寇迪亞大學：Pfaus interview.

頁109　凹背姿是一種：Donald Pfaff, Man and Woman: An Inside Story, Oxford: Oxford University Press, 2011: p. 78 ; Donald W. Pfaff, Drive : Neurobiological and Molecular Mechanisms of Sexual Motivation, Cambridge, MA: MIT Press, 1999: pp. 76–79.

頁109　根據洛克斐勒大學：D. W. Pfaff, L. M. Kow, M. D. Loose, and L. M. Flanagan-Kato, "Reverse Engineering the Lordosis Behavior Circuit," Hormones and Behavior 54 (2008): pp. 347–54; Pfaff, Drive, pp. 76–79.

頁109　竄上雌性動物的脊髓：Pfaff, Man and Woman, p. 78.

頁109　跟某些勃起現象一樣：Pfaff, Man and Woman, p. 78; Pfaff et al., "Reverse Engineering," pp. 347–54.

頁110　例如，當「後宮主人」：William F. Perrin, Bernd Wursig, and J. G. M. Thewissen, Encyclopedia of Marine Mammals, Waltham p. 394. MA: Academic Press, 2002: p. 394.

頁110　在我們從動物大腦：Pfaff, Man and Woman, p. 78.

頁110　基本、化約的原則：Pfaff, Drive, pp. 76–79.

頁110　下視丘最基本的功能：Pfaff, Man and Woman, p. 57.

頁112　足夠時間的性前戲：Houpt, Domestic Animal Behavior, p. 117.

頁112　犬隻也會在性交前：Ibid., pp. 125–27.

頁112　性慾極強的行為：Ibid., pp. 99, 117.

頁112「像頭公牛般」：Ibid., p. 99.

頁114「做出伸長的姿勢」：Masaki Sakai and Mikihiko Kumashiro, "Copulation in the Cricket Is Performed by Chain Reaction," Zoological Science 21 (2004): p. 716.

頁114　一位靈長類專家：Bagemihl, Biological Exuberance, p. 208.

頁114　如紫色法蘭絨般柔滑：Molly Peacock, "Have You Ever Faked an Orgasm?" in Cornucopia: New & Selected Poems, New York: Norton, 2002.

頁114　軟體動物、果蠅、鱒魚：Dreborg et al., "Evolution of Vertebrate Opiod Receptors," pp. 15487–92.

第5章　欣快感：追求興奮與戒除癮頭

頁116　在澳洲塔斯馬尼亞：Jason Dicker, "The Poppy Industry in Tasmania," Chemistry and Physics in Tasmanian Agriculture: A Resource for Science Students and Teachers, accessed July 14, 2010. http://www.launc.tased.edu.au/online/sciences/agsci/alkalo/popindus.htm.

頁116　這些傢伙完全不管：Damien Brown, "Tassie Wallabies Hopping High," Mercury, June 25, 2009, accessed July 14, 2010. http://www.themercury.com.au/article/2009/06/25/80825_tasmania-news.html.

頁116　就連我讀過的某篇文章：Ibid.

頁117　成癮者是一群受到：K. H. Berge, M. D. Seppala, and A. M. Schipper, "Chemical Dependency and the Physician," Mayo Clinic Proceedings 84 (2009): pp. 625–31.

頁117　美國醫界對於藥癮者：National Institutes of Health, "Addiction and the Criminal Justice System," NIH Fact Sheets, accessed October 7, 2011. http://report.nih.gov/NIHfactsheets/ViewFactSheet.aspx?csid=22.

頁118　某年二月的某一天：Emily Beeler telephone interview, October 12, 2011.

頁118　斯堪地那維亞半島的黃連雀：Ronald K. Siegel, Intoxication: Life in Pursuit of Artificial Paradise, New York: Pocket Books, 1989.

頁118　英國某個小村莊裡：Luke Salkeld, "Pictured: Fat Boy, the Pony Who Got Drunk on Fermented Apples and Fell into a Swimming Pool," MailOnline, October 16, 2008, accessed July 15, 2010. http://www.dailymail.co.uk/news/article-1077831/Pictured-Fat-Boy-pony-gotdrunk-fermented-apples-fell-swimming-pool.html.

頁119　加拿大洛磯山脈的大角羊：Siegel, Intoxication, pp. 51–52.

頁119　亞洲鴉片產區裡的水牛：Ibid., p. 130.

頁119　生活在西馬來西亞：Frank Wiens, Annette Zitzmann, Marc-André Lachance, Michel Yegles, Fritz Pragst, Friedrich M. Wurst, Dietrich von Holst, et al., "Chronic Intake of Fermented Floral Nectar by Wild Treeshrews," Proceedings of the National Academy of Sciences 105 (2008): pp. 10426–31.

頁119　若放牧的牛馬：M. H. Ralphs, D. Graham, M. L. Galyean, and L. F. James, "Creating Aversions to Locoweed in Naïve and Familiar Cattle," Journal of Range Management 50 (1997): pp. 361–66; Michael H. Ralphs, David Graham, and Lynn F. James, "Social Facilitation Influences Cattle to Graze Locoweed," Journal of Range Management 47 (1994): pp. 123–26; United States Department of Agriculture, Agricultural Research Service, "Locoweed (astragalus and Oxytropis spp.)." Last modified February 7, 2006, accessed March 9, 2010. http://www.ars.usda.gov/services/docs.htm?docid= 9948&pf=1&cg _id= 0.

頁120　德州有隻友善的可卡犬：Laura Mirsch, "The Dog Who Loved to Suck on Toads," NPR, October 24, 2006, accessed July 14, 2010. http://www.npr.org/templates/story/story.php?storyId=6376594; United States Department of Agriculture, "Locoweed."

頁120　在殖民地時期的新英格蘭：Iain Gately, "Drunk as a Skunk...or a Wild Monkey...or a Pig," Proof Blog, New York Times, January 24, 2009, accessed January 27, 2009. http://proof.blogs.nytimes.com/2009/01/24/drunk-as-a-skunk-or-a-wild-monkey-or-a-pig/.

頁120　亞里斯多德曾描述：Ibid.

頁120　顯然這項技巧：Ibid.

頁121　你也可以透過：BBC Worldwide, "Alcoholic Vervet Monkeys! Weird Nature—BBC Animals," video, 2009, retrieved October 9, 2011, http://www.youtube.com/watch?v=pSm7BcQHWXk&feature=related.

頁121　澳洲北領地的獸醫師："Dogs Getting High Licking Hallucinogenic Toads!" StrangeZoo.

com, accessed July 14, 2010. http://www.strangezoo.com/content/item/105766.html.

頁121 達爾文也曾仔細描繪：Charles Darwin, The Descent of Man, in From So Simple a Beginning: The Four Great Books of Charles Darwin, ed. Edward O. Wilson. New York: Norton, 2006: pp. 783–1248.

頁122 某些特定藥物發生作用時：Toni S. Shippenberg and George F. Koob, "Recent Advances in Animal Models of Drug Addiction," in Neuropsychopharmacology: The Fifth Generation of Progress, ed. K. L. Davis, D. Charney, J. T. Coyle, and C. Nemeroff, Philadelphia: Lippincott, Williams and Wilkins, 2002: pp. 1381–97; J. Wolfgramm, G. Galli, F. Thimm, and A. Heyne, "Animal Models of Addiction: Models for Therapeutic Strategies? " Journal of Neural Transmission 107 (2000): pp. 649–68.

頁122 蜜蜂服用了古柯鹼後：Andrew B. Barron, Ryszard Maleszka, Paul G. Helliwell, and Gene E. Robinson, "Effects of Cocaine on Honey Bee Dance Behaviour," Journal of Experimental Biology 212 (2009): pp. 163–68.

頁122 未成年的斑馬魚：S. Bretaud, Q. Li, B. L. Lockwood, K. Kobayashi, E. Lin, and S. Guo, "A Choice Behavior for Morphine Reveals Experience-Dependent Drug Preference and Underlying Neural Substrates in Developing Larval Zebrafish," Neuroscience 146 (2007): pp. 1109 –16.

頁122 甲基安非他命：Kathryn Knight, "Meth(amphetamine) May Stop Snails from Forgetting," Journal of Experimental Biology 213 (2010), i, accessed May 31, 2010. doi: 10.1242 / jeb.046664.

頁122 蜘蛛吃了從大麻："Spiders on Speed Get Weaving," New Scientist, April 29, 1995, accessed October 9, 2011. http://www.newscientist.com/article/mg14619750.500-spiders-on-speed-get-weaving.html.

頁123 含酒精飲料會使雄果蠅：Hyun-Gwan Lee, Young-Cho Kim, Jennifer S. Dunning, and Kyung-An Han, "Recurring Ethanol Exposure Induces Disinhibited Courtship in Drosophila," PLoS One (2008): p. e1391.

頁123 就連卑微的線蟲：Andrew G. Davies, Jonathan T. Pierce-Shimomura, Hongkyun Kim, Miri K. VanHoven, Tod R. Thiele, Antonello Bonci, Cornelia I. Bargmann, et al., "A Central Role of the BK Potassium Channel in Behavioral Responses to Ethanol in C. elegans," Cell 115: pp. 656–66.

頁123 無論毒物作用在齧齒動物：T. Sudhaharan and A. Ram Reddy, "Opiate Analgesics' Dual Role in Firefly Luciferase Activity," Biochemistry 37 (1998): pp. 4451–58; K. L. Machin, "Fish, Amphibian, and Reptile Analgesia," Veterinary Clinics of North American Exotic Animal Practice 4 (2001): pp. 19 –22.

頁123 鴉片受體不僅存在人類身上：Susanne Dreborg, Görel Sundström, Tomas A. Larsson, and Dan Larhammar, "Evolution of Vertebrate Opioid Receptors," Proceedings of the National Academy of Sciences 105 (2008): pp. 15487–92; Janicke Nordgreen, Joseph P.

Garner, Andrew Michael Janczak, Brigit Ranheim, William M. Muir, and Tor Einar Horsberg, “Thermonociception in Fish: Effects of Two Different Doses of Morphine on Thermal Threshold and Post-Test Behavior in Goldfish (Carassiusauratus),” Applied Animal Behaviour Science 119 (2009): pp. 101– 07; N. A. Zabala, A. Miralto, H. Maldonado, J. A. Nunez, K. Jaffe, and L. de C. Calderon, “Opiate Receptor in Praying Mantis: Effect of Morphine and Naloxone,” Pharmacology Biochemistry & Behavior 20 (1984): pp. 683–87; V. E. Dyakonova, F. W. Schurmann, and D. A. Sakharov, “Effects of Serotonergic and Opioidergic Drugs on Escape Behaviors and Social Status of Male Crickets,” Naturwissenschaften 86 (1999): pp. 435–37.

頁123　科學家已在鳥類：John McPartland, Vincenzo Di Marzo, Luciano De Petrocellis, Alison Mercer, and Michelle Glass, “Cannabinoid Receptors Are Absent in Insects,” Journal of Comparative Neurology 436 (2001): pp. 423–29 ; Osceola Whitney, Ken Soderstrom, and Frank Johnson, “CB1 Cannabinoid Receptor Activation Inhibits a Neural Correlate of Song Recognition in an Auditory/Perceptual Region of the Zebra Finch Telencephalon,” Journal of Neurobiology 56 (2003): pp. 266–74; E. Cottone, A. Guastalla, K. Mackie, and M. F. Franzoni, “Endocannabinoids Affect the Reproductive Functions in Teleosts and Amphibians,” Molecular and Cellular Endocrinology 286S (2008): pp. S41–S45.

頁124　人類的心智：Jaak Panksepp, “Science of the Brain as a Gateway to Understanding Play: An Interview with Jaak Panksepp,” American Journal of Play 3 (2010): p. 250.

頁124　潘克沙普在花了好幾十年研究：Ibid., p. 266

頁127　大多數動物受傷時：Franklin D. McMillan, Mental Health and Well-Being in Animals, Hoboken, NJ: Blackwell, 2005: pp. 6–7.

頁127　悲慘的是,在某些案例：K. J. S. Anand and P. R. Hickey, “Pain and Its Effects in the Human Neonate and Fetus,” The New England Journal of Medicine 317 (1987): pp. 1321–29.

頁128　當然，人類無法完全得知：Joseph LeDoux, “Rethinking the Emotional Brain,” Neuron 73 (2012): pp. 653–76.

頁128　情緒……受到天擇捏塑成形：Randolph M. Nesse and Kent C. Berridge, “Psychoactive Drug Use in Evolutionary Perspective,” Science 278 (1997): pp. 63–66, accessed February 16, 2010. doi: 0.1126/science.278.5335.63.

頁128　愛與恨，侵略與恐懼：E. O. Wilson, Sociobiology, Cambridge, MA: Harvard University Press, 1975.

頁129　在一九〇〇年代早期：Jill R. Lawson, “Standards of Practice and the Pain of Premature Infants,” Recovered Science, accessed December 18, 2011. http://www.recoveredscience.com/ROP_preemiepain.htm.

頁130　確實，只要仔細觀察：Brian Knutson, Scott Rick, G. Elliott Wimmer, Drazen Prelec, and George Loewenstein, “Neural Predictors of Purchases,” Neuron 53 (2007): pp. 147–56; Ethan S. Bromberg-Martin and Okihide Hikosaka, “Midbrain Dopamine Neurons Signal

Preference for Advance Information About Upcoming Rewards," Neuron 63 (2009): pp. 119–26.

頁130 從蚯蚓到靈長類動物：Nesse and Berridge, "Psychoactive Drug Use," pp. 63–66.

頁131 科學家已經在存活於：Dreborg et al., "Evolution of Vertebrate Opioid Receptors," pp. 15487–92.

頁131 和潘克沙普一同工作的：Panksepp, "Science of the Brain," p. 253.

頁131 「人腦的神經化學叢林」：Shaun Gallagher, "How to Undress the Affective Mind: An Interview with Jaak Panksepp," Journal of Consciousness Studies 15 (2008): pp. 89 –119.

頁132 濫用藥物會在大腦中：Nesse and Berridge, "Psychoactive Drug Use," pp. 63–66.

頁133 你沒辦法對拿不到的藥物：David Sack telephone interview, July 28, 2010.

頁136 每個哺乳動物的大腦：Jaak Panksepp, "Evolutionary Substrates of Addiction: The Neurochemistries of Pleasure Seeking and Social Bonding in the Mammalian Brain," in Substance and Abuse Emotion, ed. Jon D. Kassel, Washing- ton, DC: American Psychological Association, 2010, pp. 137–67.

頁137 加州穆爾帕克學院：Gary Wilson interview, Moorpark, CA, May 24, 2011.

頁137 約翰霍普金斯大學神經科學：David J. Linden, The Compass of Pleasure, Viking: 2011 (location 113 in ebook).

頁140 針對青春期的：Craig J. Slawecki, Michelle Betancourt, Maury Cole, and Cindy L. Ehlers, "Periadolescent Alcohol Exposure Has Lasting Effects on Adult Neurophysiological Function in Rats," Developmental Brain Research 128 (2001): pp. 63–72; Linda Patia Spear, "The Adolescent Brain and the College Drinker: Biological Basis of Propensity to Use and Misuse Alcohol," Journal of Studies on Alcohol 14 (2002): pp. 71–81; Melanie L. Schwandt, Stephen G. Lindell, Scott Chen, J. Dee Higley, Stephen J. Suomi, Markus Heilig, and Christina S. Barr, "Alcohol Response and Consumption in Adolescent Rhesus Macaques: Life History and Genetic Influences," Alcohol 44 (2010): pp. 67–90.

第 6 章　魂飛魄散：發生在荒野的心臟病

頁142 一九九四年一月：Jonathan Leor, W. Kenneth Poole, and Robert A. Kloner, "Sudden Cardiac Death Triggered by an Earthquake," New England Journal of Medicine 334 (1996): pp. 413–19.

頁144 每當天災發生：Laura S. Gold, Leslee B. Kane, Nona Sotoodehnia, and Thomas Rea, "Disaster Events and the Risk of Sudden Cardiac Death: A Washington State Investigation," Prehospital and Disaster Medicine 22 (2007): pp. 313–17.

頁145 後來，統計學者仔細檢視：S. R. Meisel, K. I. Dayan, H. Pauzner, I. Chetboun, Y. Arbel, D. David, and I. Kutz, "Effect of Iraqi Missile War on Incidence of Acute Myocardial Infarction and Sudden Death in Israeli Civilians," Lancet 338 (1991): pp. 660 –61.

頁145　測得危及生命的：Omar L. Shedd, Samuel F. Sears, Jr., Jane L. Harvill, Aysha Arshad, Jamie B. Conti, Jonathan S. Steinberg, and Anne B. Curtis, "The World Trade Center Attack: Increased Frequency of Defibrillator Shocks for Ventricular Arrhythmias in Patients Living Remotely from New York City," Journal of the American College of Cardiology 44 (2004): pp. 1265–67.

頁146　以一九九八年的世界盃：Paul Oberjuerge, "Argentina Beats Courageous England 4–3 in Penalty Kicks," Soccer-Times.com, June 30, 1998, accessed December 8, 2010. http://www.soccertimes.com/worldcup/1998/games/jun30a.htm.

頁146　那一天，英國各地：Douglas Carroll, Shah Ebrahim, Kate Tilling, John Macleod, and George Davey Smith, "Admissions for Myocardial Infarction and World Cup Football Database Survey," BMJ 325 (2002): pp. 21–8.

頁146　值得關注的是，足球賽中：L. Toubiana, T. Hanslik, and L. Letrilliart, "French Cardiovascular Mortality Did Not Increase During 1996 European Football Championship," BMJ 322 (2001): p. 1306.

頁146　倫敦《衛報》的體育專欄：Richard Williams, "Down with the Penalty Shootout and Let the 'Games Won' Column Decide," Sports Blog, Guardian, October 24, 2006, accessed October 5, 2011. http://www.guardian.co.uk/football/2006/oct/24/sport.comment3.

頁147　於是他們將這種疾病：K. Tsuchihashi, K. Ueshima, T. Uchida, N. Oh-mura, K. Kimura, M. Owa, M. Yoshiyama, et al., "Transient Left Ventricular Apical Ballooning Without Coronary Artery Stenosis: A Novel Heart Syndrome Mimicking Acute Myocardial Infarction," Journal of the American College of Cardiology 38 (2001): pp. 11–18 ; Yoshiteru Abe, Makoto Kondo, Ryota Matsuoka, Makoto Araki, Kiyoshi Dohyama, and Hitoshi Tanio, "Assessment of Clinical Features in Transient Left Ventricular Apical Ballooning," Journal of the American College of Cardiology 41 (2003): pp. 737–42 ; Kevin A. Bybee and Abhiram Prasad, "Stress-Related Cardiomyopathy Syndromes," Circulation 118 (2008): pp. 397–409 ; Scott W. Sharkey, Denise C. Windenburg, John R. Lesser, Martin S. Maron, Robert G. Hauser, Jennifer N. Lesser, Tammy S. Haas, et al., "Natural History and Expansive Clinical Profile of Stress (Tako-Tsubo) Cardiomyopathy," Journal of the American College of Cardiology 55 (2010): pp. 333–41.

頁148　每一年，你的心臟：Matthew J. Loe and William D. Edwards, "A Light-Hearted Look at a Lion-Hearted Organ (Or, a Perspective from Three Standard Deviations Beyond the Norm) Part 1 (of Two Parts)," Cardiovascular Pathology 13 (2004): pp. 282–92.

頁149　不幸的是，這套忠實：National Institutes of Health, "Researchers Develop Innovative Imaging System to Study Sudden Cardiac Death," NIH News—National Heart, Lung and Blood Institute, October 30, 2009, accessed October 14, 2011. http://www.nih.gov/news/health/oct2009/nhlbi-30.htm.

頁152　他在四十一歲那年：Dan Mulcahy interview, Tulsa, OK, October 27, 2009.

頁152　這個術語描述一種：Jessica Paterson, "Capture Myopathy," in Zoo Animal and Wildlife

Immobilization and Anesthesia, edited by Gary West, Darryl Heard, and Nigel Caulkett, Ames, IA: Blackwell, 2007: 115, pp. 115–21.

頁153　獸醫師將捕捉性肌病：Ibid.

頁153　用拖網在蘇格蘭外海：G. D. Stentiford and D. M. Neil, "A Rapid Onset, Post-Capture Muscle Necrosis in the Norway Lobster, Nephrops norvegicus (L.), from the West Coast of Scotland," Journal of Fish Diseases 23 (2000): pp. 251–63.

頁154　擒拿敏感的長頸鹿：Mitchell Bush and Valerius de Vos, "Observations on Field Immobilization of Free-Ranging Giraffe (Giraffa camelopardalis) Using Carfent- anil and Xylazine," Journal of Zoo Animal Medicine 18 (1987): pp. 135–40 ; H. Ebedes, J. Van Rooyen, and J. G. Du Toit, "Capturing Wild Animals," in The Capture and Care Manual: Capture, Care, Accommodation and Transportation of Wild African Animals, edited by Andrew A. McKenzie, Pretoria: South African Veterinary Foundation, 1993, pp. 382–440.

頁154　鹿、麋鹿與北美馴鹿："Why Deer Die," Deerfarmer.com: Deer & Elk Farmers' Information Network, July 25, 2003, accessed October 5, 2011. http://www.deer-library.com/artman/publish/article_ 98.shtml.

頁154　美國土地管理局：Scott Sonner, "34 Wild Horses Died in Recent NevadaRoundup, Bureau of Land Management Says," L.A. Unleashed (blog), Los Angeles Times, August 5, 2010, accessed March 3, 2012. http://latimesblogs.latimes.com/unleashed/2010/08/thirtyfour-wild-horses-died-in-recent-nevada-roundup-bureau-of-land-management-says.html.

頁154　美國海軍與海軍陸戰隊：J. A. Howenstine, "Exertion-Induced Myoglobinuria and Hemoglobinuria," JAMA 173 (1960): pp. 495–99; J. Greenberg and L. Arneson, " Exertional Rhabdomyolysis with Myoglobinuria in a Large Group of Military Trainees," Neurology 17 (1967): pp. 216–22; P. F. Smith, "Exertional Rhabdomyolysis in Naval Officer Candidates," Archives of Internal Medicine 121 (1968): pp. 313–19; S. A. Geller, "Extreme Exertion Rhabdomyolysis: a Histopathologic Study of 31 Cases," Human Pathology (1973): pp. 241–50.

頁155　無論動物或人類：Mark Morehouse, "12 Football Players Hospitalized with Exertional Condition," Gazette, January 25, 2011, accessed October 5, 2011. http://the gazette.com/2011/01/25/ui-rclease-12-football-players-in-hospital-with-undisclosed-illness/.

頁155　儘管這些例子全都是：Purdue University Animal Services, "Meat Quality and Safety," accessed October 14, 2011. http://ag.ansc.purdue.edu/meat_quality/mqf_stress.html.

頁156　動物因為被抓：Paterson, "Capture Myopathy."

頁156　加州莫哈維沙漠：Bureau of Land Management, "Status of the Science: On Questions That Relate to BLM Plan Amendment Decisions and Peninsular Ranges Bighorn Sheep," last modified March 14, 2001, accessed October 5, 2011. http://www.blm.gov/pgdata/etc/medialib//blm/ca/pdf/pdfs/palmsprings_pdfs.Par.95932cf3.File.pdf/Stat_of_Sci.pdf.

頁156　已知家兔若身處：Department of Health and Human Services, "Rabbits," accessed October

5, 2011. http://ori.hhs.gov/education/products/ncstate/rabbit.htm.

頁156 煙火的爆炸聲能使寵物：Blue Cross, "Fireworks and Animals: How to Keep Your Pets Safe," accessed November 26, 2009. http://www.bluecross.org.uk/2154–88390/fireworks-and-animals.html; Maggie Page, "Fireworks and Animals: A Survey of Scottish Vets in 2001," accessed November 26, 2009. http://www.angelfire.com/co3/NCFS/survey/sspca/scottishspca.html; Don Jordan, "Rare Bird, Spooked by Fireworks, Thrashes Itself to Death," Palm Beach Post News, January 1, 2009, accessed November 26, 2009. http://www.palmbeachpost.com/localnews/content/local_news/epaper/2009/01/01/0101deadbird.html.

頁156 在一九九〇年代中期：Associated Press, " 'Killer' Opera: Wagner Fatal to Zoo' s Okapi," The Spokesman-Review, August 10, 1994, accessed March 3, 2012. http://news.google.com/newspapers?nid=1314&dat=19940810&id=-j0xAAAAIBAJ&sjid=5AkEAAAAIBAJ&pg=3036,5879969.

頁156 響亮、駭人的噪音：World Health Organization: Regional Office for Europe, "Health Effects of Noise," accessed October 5, 2011. http://www.euro.who.int/en/what-we-do/health-topics/environment-and-health/noise/facts-and-figures/health-effects-of-noise.

頁156 發表於《職業與環境醫學期刊》：Wen Qi Gan, Hugh W. Davies, and Paul A. Demers, "Exposure to Occupational Noise and Cardiovascular Disease in the United States: The National Health and Nutrition Examination Survey 1999 –2004," Occupational and Environmental Medicine (2010): doi:10.1136/oem.2010.055269, accessed October 6, 2011. http://oem.bmj.com/content/early/2010/09/06/oem.2010.055269.abstract.

頁157 大麥町生來便具有延長症候群：W. R. Hudson and R. J. Ruben, "Hereditary Deafness in the Dalmatian Dog," Archives of Otolaryngology 75 (1962): p. 213; Thomas N. James, "Congenital Deafness and Cardiac Arrhythmias," American Journal of Cardiology 19 (1967): pp. 627–43.

頁157 溫哥華一間動物園：Darah Hansen, "Investigators Probe Death of Four Zebras at Greater Vancouver Zoo," Vancouver Sun, April 20, 2009, accessed March 3, 2012. http://forum.skyscraperpage.com/showthread.php?t=168150.

頁158 曾有賞鳥人觀察到：Jacquie Clark and Nigel Clark, "Cramp in Captured Waders: Suggestions for New Operating Procedures in Hot Conditions and a Possible Field Treatment," IWSG Bulletin (2002): 49.

頁158 不會直接威脅性命：Alain Ghysen, "The Origin and Evolution of the Nervous System," International Journal of Developmental Biology 47 (2003): pp. 555–62.

頁158 人類富有想像：Martin A. Samuels, "Neurally Induced Cardiac Damage. Definition of the Problem," Neurologic Clinics 11 (1993): p. 273.

頁159 我們知道那些：Carolyn Susman, "What Ken Lay' s Death Can Teach Us About Heart Health," Palm Beach Post, July 7, 2006, accessed October 4, 2011. http://findarticles.com/p /news-articles/palm-beach-post /mi _8163 /is _ 20060707 /ken-lays-death-teach-heart/ai_n51923077/.

頁159　確實有多項研究顯示：Joel E. Dimsdale, "Psychological Stress and Cardiovascular Disease," Journal of the American College of Cardiology 51 (2008): pp. 1237–46.

頁159　以神經系統與心臟和肺的解剖：M. A. Samuels, "Neurally Induced Cardiac Damage. Definition of the Problem," Neurologic Clinics 11 (1993): p. 273.

頁160　舉例來說，巫毒咒：Helen Pilcher, "The Science of Voodoo: When Mind Attacks Body," New Scientist, May 13, 2009, accessed May 14, 2009. http://www.newscientist.com/article/mg20227081.100-t he-science-of-voodoo-when-mind-attacks-body.html.

頁160　麻州綜合醫院：Brian Reid, "The Nocebo Effect: Placebo' s Evil Twin," Washington Post, April 30, 2002, accessed November 26, 2009. http://www.washingtonpost.com/ac2/wp-dyn/A2709-2002Apr29.

頁160　波士頓布禮根婦女醫院：Ibid.

頁161　舉例來說，夜間意外猝死症候群：Ronald G. Munger and Elizabeth A. Booton, "Bangungut in Manila: Sudden and Unexplained Death in Sleep of Adult Filipinos," International Journal of Epidemiology 27 (1998): pp. 677–84.

頁162　舉例來說，馬鈴薯的葉子：Anna Swiedrych, Katarzyna Lorenc-Kukula, Aleksandra Skirycz, and Jan Szopa, "The Catecholamine Biosynthesis Route in Potato Is Affected by Stress," Plant Physiology and Biochemistry 42 (2004): pp. 593– 600; Jan Szopa, Grzegorz Wilczynski, Oliver Fiehn, Andreas Wenczel, and Lothar Willmitzer, "Identification and Quantification of Catecholamines in Potato Plants (Solanum tuberosum) by GC-MS," Phytochemistry 58 (2001): pp. 315–20.

頁162　演化醫學專家藍道夫：Randolph M. Nesse, "The Smoke Detector Principle: Natural Selection and the Regulation of Defensive Responses," Annals of the New York Academy of Sciences 935 (2001): pp. 75–85.

頁162　被殺會大幅減少：S. L. Lima and L. M. Dill, "Behavioral Decisions Made Under the Risk of Predation: A Review and Prospectus," Canadian Journal of Zoology 68 (1990): pp. 619 –40.

頁165　在醫學界中：Wanda K. Mohr, Theodore A. Petti, and Brian D. Mohr, "Adverse Effects Associated with Physical Restraint," Canadian Journal of Psychiatry 48 (2003): pp. 330–37.

頁166　嬰兒猝死症候群：Centers for Disease Control and Prevention, "Sudden Infant Death Syndrome—United States, 1983–1994," Morbidity and Mortality Weekly Report 45 (1996): pp. 859–63; M. Willinger, L. S. James, and C. Catz, "Defining the Sudden Infant Death Syndrome (SIDS): Deliberations of an Expert Panel Convened by the National Institute of Child Health and Human Development," Pediatric Pathology 11 (1991): pp. 677–84; Roger W. Byard and Henry F. Krous, "Sudden Infant Death Syndrome: Overview and Update," Pediatric and Developmental Pathology 6 (2003): 112–27.

頁167　未滿一歲的嬰兒：National SIDS Resource Center, "What Is SIDS?," accessed October 5, 2011. http://sids-network.org/sidsfact.htm.

頁167　可能的原因眾說紛紜：Centers for Disease Control and Prevention, "Sudden Infant Death

Syndrome," pp. 859–63; Willinger, James, and Catz, "Defining the Sudden Infant Death Syndrome," pp. 677–84; Byard and Krous, "Sudden Infant Death Syndrome," pp. 112–27.

頁167 這些反射作用可能：B. Kaada, "Electrocardiac Responses Associated with the Fear Paralysis Reflex in Infant Rabbits and Rats: Relation to Sudden Infant Death," Functional Neurology 4 (1989): pp. 327–40.

頁167 人類的遠親魚類和齧齒：E. J. Richardson, M. J. Shumaker, and E. R. Harvey, "The Effects of Stimulus Presentation During Cataleptic, Restrained, and Free Swimming States on Avoidance Conditioning of Goldfish (Carassius auratus)," Psychological Record 27 (1997): pp. 63–75; P. A. Whitman, J. A. Marshall, and E. C. Keller, Jr., "Tonic Immobility in the Smooth Dogfish Shark, Mustelus canis (Pisces,Carcharhinidae)," Copeia (1986): pp. 829 –32 ; L. Lefebvre and M. Sabourin, "Effects of Spaced and Massed Repeated Elicitation on Tonic Immobility in the Goldfish(Carassius auratus)," Behavioral Biology 21 (1997): pp. 300 –5; A. Kahn, E. Rebuffat, and M. Scottiaux, "Effects of Body Movement Restraint on Cardiac Response to Auditory Stimulation in Sleeping Infants," Acta Paediatrica 81 (1992): 959–61; Laura Sebastiani, Domenico Salamone, Pasquale Silvestri, Alfredo Simoni, and Brunello Ghelarducci, "Development of Fear-Related Heart Rate Responses in Neonatal Rabbits," Journal of the Autonomic Nervous System 50 (1994): pp. 231–38.

頁168 畢爾格・卡阿達：Birger Kaada, "Why Is There an Increased Risk for Sudden Infant Death in Prone Sleeping? Fear Paralysis and Atrial Stretch Reflexes Implicated? " Acta Paediatrica 83 (1994): pp. 548–57.

頁169 有趣的是，比利時：Patricia Franco, Sonia Scaillet, José Groswaasser, and André Kahn, "Increased Cardiac Autonomic Responses to Auditory Challenges in Swaddled Infants," Sleep 27 (2004): pp. 1527–32.

第7章 肥胖星球：為什麼動物會變胖？牠們如何變瘦？

頁171 可是我人就在：American Association of Zoo Veterinarians Annual Conference with the Nutrition Advisory Group, Tulsa, OK, October 2009.

頁172 精準的數字：I. M. Bland, A. Guthrie-Jones, R. D. Taylor, and J. Hill. "Dog Obesity: Veterinary Practices' and Owners' Opinions on Cause and Management," Preventive Veterinary Medicine 94 (2010): pp. 310–15; Alexander J. German, "The Growing Problem of Obesity in Dogs and Cats," Journal of Nutrition 136 (2006): pp. 19405–65; Elizabeth M. Lund, P. Jane Armstrong, Claudia A. Kirk, and Jeffrey S. Klausner, "Prevalence and Risk Factors for Obesity in Adult Dogs from Private US Veterinary Practice," International Journal of Applied Research in Veterinary Medicine 4 (2006): pp. 177–86.

頁172 美國與澳洲的多項研究：Bland et al., "Dog Obesity"; German, "The Growing Problem," pp. 19405–65; Lund et al., "Prevalence and Risk Factors," pp. 177–86.

頁173　美國成年人的過重：Cynthia L. Ogden and Margaret D. Carroll, “Prevalence of Overweight, Obesity, and Extreme Obesity Among Adults: United States, Trends 1960–1962 Through 2007–2008,” National Center for Health Statistics, June 2010, accessed October 12, 2011. http://www.cdc.gov/nchs/data/hestat/obesity_adult_07_08/obesity_adult_07_08.pdf.

頁173　寵物身上過量：Lund et al., “Prevalence and Risk Factors”; C. A. Wyse, K. A. McNie, V. J. Tannahil, S. Love, and J. K. Murray, “Prevalence of Obesity in Riding Horses in Scotland,” Veterinary Record 162 (2008): pp. 590–91.

頁173　有些狗會被給予：Rob Stein, “Something for the Dog That Eats Everything: A Diet Pill,” Washington Post, January 6, 2007, accessed October 12, 2011. http://www.washingtonpost.com/wp-dyn/content/article/2007/01/05/AR2007010501753.html.

頁173　對於某些嚴重肥胖的狗兒：P. Bottcher, S. Kluter, D. Krastel, and V. Grevel, “Liposuction—Removal of Giant Lipomas for Weight Loss in a Dog with Severe Hip Osteoarthritis,” Journal of Small Animal Practice 48 (2006): pp. 46–48.

頁173　肥胖的家貓：Jessica Tremayne, “Tell Clients to Bite into ‘Catkins’ Diet to Battle Obesity, Expert Advises,” DVM Newsmagazine, August 1, 2004, accessed March 3, 2012. http://veterinarynews.dvm360.com/dvm/article/articleDetail.jsp?id=110710.

頁173　獸醫師也開始治療：Caroline McGregor-Argo, “Appraising the Portly Pony: Body Condition and Adiposity,” Veterinary Journal 179 (2009): pp. 158–60.

頁173　如果你曾每日記錄：Jennifer Watts interview, Tulsa, OK, October 27, 2009; CBS News, “When Lions Get Love Handles: Zoo Nutritionists Are Rethinking Ways of Feeding Animals in Order to Avoid Obesity,” March 17, 2008, accessed January 30, 2010. http://www.cbsnews.com/stories/2008/03/17/tech/main3944935.shtml.

頁173　在印第安那波里斯：Ibid.

頁174　在俄亥俄州的托雷多：Ibid.

頁174　在一九四八年到：Yann C. Klimentidis, T. Mark Beasley, Hui-Yi Lin, Giulianna Murati, Gregory E. Glass, Marcus Guyton, Wendy Newton, et al., “Canaries in the Coal Mine: A Cross Species Analysis of the Plurality of Obesity Epidemics,” Proceedings of the Royal Society B (2010): pp. 2, 3–5. doi:10.1098/rspb.2010.1980.

頁175　大型貓科動物：Joanne D. Altman, Kathy L. Gross, and S ephen R. Lowry, “Nutritional and Behavioral Effects of Gorge and Fast Feeding in Captive Lions,” Journal of Applied Animal Welfare Science 8 (2005): pp. 47–57.

頁175　我們天生就被設定成：Mark Edwards interview, San Luis Obispo, CA, February 5, 2010.

頁175　事實上，面對無限量供應：Katherine A. Houpt, Domestic Animal Behavior for Veterinarians and Animal Scientists, 5th ed., Ames, IA: Wiley-Blackwell, 2011: p. 62.

頁175　一頭擁有好記：Jim Braly, “Swimming in Controversy, Sea Lion C265 Is First to Be Killed,” Oregon-Live, April 17, 2009, accessed April 27, 2010. http://www.oregonlive.com/news/index.ssf/2009/04/swimming_in_controversy_c265_w.html.

頁176　加州外海的藍鯨體重：Dan Salas telephone interview, September 21, 2010.

頁176　在科羅拉多州洛磯山脈：Arpat Ozgul, Dylan Z. Childs, Madan K. Oli, Kenneth B. Armitage, Daniel T. Blumstein, Lucretia E. Olsen, Shripad Tuljapurkar, et al., "Coupled Dynamics of Body Mass and Population Growth in Response Environmental Change," Nature 466 (2010): pp. 482–85.

頁176　由於過去四十年來：Dan Blumstein interview, Los Angeles, CA. February 29, 2012.

頁176　布朗姆斯坦與英國倫敦：Ibid.

頁177　假如你覺得這個數字：Cynthia L. Ogden, Cheryl D. Fryar, Margaret D. Carroll, and Katherine M. Flegal, "Mean Body Weight, Height, and Body Mass Index, United States 1960–2002," Centers for Disease Control and Prevention Advance Data from Vital and Health Statistics 347, October 27, 2004, accessed October 13, 2011. http://www.cdc.gov/nchs/data/ad/ad347.pdf.

頁177　住在喀爾巴阡山脈：Eugene K. Balon, "Fish Gluttons: The Natural Ability of Some Fishes to Become Obese When Food Is in Extreme Abundance," Hydrobiologia 52 (1977): pp. 239–41.

頁177　肥胖是一種環境疾病："Dr. Richard Jackson of the Obesity Epidemic," video, Media Policy Center, accessed October 13, 2011. http://dhc.mediapolicycenter.org/video/health/dr-richardjackson-obesity-epidemic.

頁178　肥胖流行的一大問題：Ibid.

頁178　過多的糖、油脂與鹽：David Kessler, The End of Overeating: Taking Control of the Insatiable American Appetite, Emmaus, PA: Rodale, 2009.

頁180　針對近三十萬名美國醫師：Medscape News Cardiology, Cardiologist Lifestyle Report 2012," accessed March 1, 2012. http://www.medscape.com/features/slideshow/lifestyle/2012/cardiology.

頁180　演化生物學家彼得・葛魯克曼：Peter Gluckman, and Mark Hanson, Mismatch: The Timebomb of Lifestyle Disease, New York: Oxford University Press, 2006: pp. 161–62.

頁180　在乾旱的美國西部：Peter Nonacs interview, Los Angeles, April 13, 2010.

頁181　這些沙金色的齧齒動物：Ibid.

頁181　你不需要吃一大堆肉：Ibid.

頁181　演化生物學家認為：Ibid.

頁182　就連昆蟲的體脂肪：Caroline M. Pond, The Fats of Life, Cambridge: Cambridge University Press, 1998.

頁184　這是動物原本就該做的事：Mads Bertelsen interview, Tulsa, OK, October 27, 2009.

頁185　柏透森服務的動物園：Altman, Gross, and Lowry, "Nutritional and Behavioral Effects," pp. 47–57.

頁186　環境豐富化：Jill Mellen and Marty Sevenich MacPhee, "Philosophy of Environmental Enrichment: Past, Present and Future," Zoo Biology 20 (2001): pp. 211–26.

頁186　在某些案例中：Ibid.; Ruth C. Newberry, "Environmental Enrichment: Increasing the Biological Relevance of Captive Environments," Applied Animal Behaviour Science 44

(1995): pp. 229 –43.
頁186 以華盛頓特區的史密森尼：Smithsonian National Zoological Park, “Conservation & Science: Zoo Animal Enrichment,” accessed October 12, 2011. http://nationalzoo.si.edu/SCBI/AnimalEnrichment/default.cfm.
頁186 營養學家會提供：Newberry, “Environmental Enrichment.”
頁187 每年秋天：Jennifer Watts, telephone interview by Kathryn Bowers, April 19, 2010.
頁188 而每一天的生活也會：Volodymyr Dvornyk, Oxana Vinogradova, and Eviatar Nevo, “Origin and Evolution of Circadian Clock Genes in Prokaryotes,” Proceedings of the National Academy of Sciences 100 (2003): pp. 2495–500.
頁188 人類身體的所有細胞：Jay C. Dunlap, “Salad Days in the Rhythms Trade,” Genetics 178 (2008): pp. 1–13; John S. O’Neill and Akhilesh B. Reddy, “Circadian Clocks in Human Red Blood Cells,” Nature 469 (2011): pp. 498–503; John S. O’Neill, Gerben van Ooijen, Laura E. Dixon, Carl Troein, Florence Corellou, François-Yves Bouget, Akhilesh B. Reddy, et al., “Circadian Rhythms Persist Without Transcription in a Eukaryote,” Nature 469 (2011): pp. 554–58; Judit Kovac, Jana Husse, and Henrik Oster, “A Time to Fast, a Time to Feast: The Crosstalk Between Metabolism and the Circadian Clock,” Molecules and Cells 28 (2009): pp. 75–80.
頁189 所謂的高等動物：Dunlap, “Salad Days”; O’Neill and Reddy, “Circadian Clocks”; O’Neill et al., “Circadian Rhythms”; Kovac, Husse, and Oster, “A Time to Fast.”
頁189 有好幾項調查發現：L. C. Antunes, R. Levandovski, G. Dantas, W. Caumo, and M. P. Hidalgo, “Obesity and Shift Work: Chronobiological Aspects,” Nutrition Research Reviews 23 (2010): pp. 155–68 ; L. Di Lorenzo, G. De Pergola, C. Zocchetti, N. L’Abbate, A. Basso, N. Pannacciulli, M. Cignarelli, et al., “Effect of Shift Work on Body Mass Index: Results of a Study Performed in 319 Glucose-Tolerant Men Working in a Southern Italian Industry,” International Journal of Obesity 27 (2003): pp. 1353–58; Yolande Esquirol, Vanina Bongard, Laurence Mabile, Bernard Jonnier, Jean-Marc Soulat, and Bertrand Perret, “Shift Work and Metabolic Syndrome: Respective Impacts of Job Strain, Physical Activity, and Dietary Rhythms,” Chronobiology International 26 (2009): pp. 544–59.
頁189 發表於《美國國家科學院學報》：Laura K. Fonken, Joanna L. Workman, James C. Walton, Zachary M. Weil, John S. Morris, Abraham Haim, and Randy J. Nelson, “Light at Night Increases Body Mass by Shifting the Time of Food Intake,” Proceedings of the National Academy of Sciences 107 (2010): pp. 18664–69.
頁189 處於昏暗照明：Naheeda Portocarero, “Background: Get the Light Right,” World Poultry, accessed March 1, 2011. http://worldpoultry.net/background/get-the-light-right-8556.html.
頁190 研究顯示，暫時中斷：John Pavlus, “Daylight Savings Time: The Extra Hour of Sunshine Comes at a Steep Price,” Scientific American (September 2010): p. 69.
頁191 某些小型鳴鳥的腸道：Franz Bairlein, “How to Get Fat: Nutritional Mechanisms of Seasonal

Fat Accumulation in Migratory Songbirds," Naturwissenschaften 89 (2002): pp. 1–10.

頁191 等牠們增胖到足以負荷：Herbert Biebach, "Phenotypic Organ Flexibility in Garden Warblers Sylvia borin During Long-Distance Migration," Journal of Avian Biology 29 (1998): pp. 529–35; Scott R. McWilliams and William H. Karasov, "Migration Takes Gut: Digestive Physiology of Migratory Birds and Its Ecological Significance," in Birds of Two Worlds: The Ecology and Evolution of Migration, ed. Peter P. Marra and Russell Greenberg, pp. 67–78. Baltimore: Johns Hopkins University Press, 2005; Theunis Piersma and Ake Lindstrom, "Rapid Reversible Changes in Organ Size as a Component of Adaptive Behavior, Trends in Ecology and Evolution 12 (1997): pp. 134–38.

頁191 在魚、蛙和哺乳動物：John Sweetman, Arkadios Dimitroglou, Simon Davies, and Silvia Torrecillas, "Nutrient Uptake: Gut Morphology a Key to Efficient Nutrition," International Aquafeed (January–February 2008): pp. 26–30; Elizabeth Pennesi, "The Dynamic Gut," Science 307 (2005): pp. 1896–99.

頁191 包括松鼠、田鼠與小鼠：Terry L. Derting and Becke A. Bogue, "Responses of the Gut to Moderate Energy Demands in a Small Herbivore (Microtus pennsylvanicus)," Journal of Mammalogy 74 (1993): pp. 59 –68.

頁191 加大洛杉磯分校的生理學家：Pennesi, "The Dynamic Gut."

頁191 緯度似乎與哺乳動物：William Galster and Peter Morrison, "Carbohydrate Reserves of Wild Rodents from Different Latitudes," Comparative Biochemistry and Physiology Part A: Physiology 50 (1975): pp. 153–57.

頁192 在每個動物個體：Ruth E. Ley, Micah Hamady, Catherine Lozupone, Peter J. Turnbaugh, Rob Roy Ramey, J. Stephen Bircher, Michael L. Schlegel, et al., "Evolution of Mammals and Their Gut Microbes," Science 320 (2008): pp. 1647–51.

頁193 原來，我們腸道內的微生物群系：Peter J. Turnbaugh, Ruth E. Ley, Michael A. Mahowald, Vincent Magrini, Elaine R. Mardis, and Jeffrey I. Gordon, "An Obesity-Associated Gut Microbiome with Increased Capacity for Energy Harvest," Nature 444 (2006): pp. 1027–31.

頁193 肥胖者的腸道中：Ibid.

頁193 肥胖小鼠腸道：Ibid.; Matej Bajzer and Randy J. Seeley, "Obesity and Gut Flora," Nature 444 (2006): p. 1009.

頁194 先餵腸道微生物：Watts interview.

頁196 哈佛醫學社會學家尼可拉斯：Nicholas A. Christakis and James Fowler, "The Spread of Obesity in a Large Social Network over 32 Years," New England Journal of Medicine 357: pp. 370–79.

頁196 動物感染某些病毒時：Nikhil V. Dhurandhar, "Infectobesity: Obesity of Infectious Origin," Journal of Nutrition 131 (2001): pp. 2794S–97S ; Robin Marantz Henig, "Fat Factors," New York Times, August 13, 2006, accessed February 26, 2010. http://www.nytimes.com/2006/08/13/magazine/13obesity.html; Nikhil V. Dhurandhar, "Chronic Nutritional Diseases of Infectious Origin: An Assessment of a Nascent Field," Journal of Nutrition 131 (2001): pp. 2787S–88S.

頁197　昆蟲學家詹姆士：James Marden telephone interview, September 1, 2011.

頁198　脂肪留存在牠們的身體：Rudolph J. Schilder and James H. Marden, "Metabolic Syndrome and Obesity in an Insect," Proceedings of the National Academy of Sciences 103 (2006): pp. 18805–09; Rudolph J. Schilder, and James H. Marden, "Metabolic Syndrome in Insects Triggered by Gut Microbes," Journal ofDiabetes Science and Technology 1 (2007): pp. 794–96.

頁198　馬登檢查這些蜻蜓：Schilder and Marden, "Metabolic Syndrome and Obesity"; Marden interview.

頁198　然而這些寄生蟲給蜻蜓：Schilder and Marden, "Metabolic Syndrome and Obesity."

頁198　透過測量蜻蜓的肌肉：Marden interview.

頁199　牠們新陳代謝中：Ibid.

頁199　這種簇蟲感染：Schilder and Marden, "Metabolic Syndrome in Insects"; Schilder and Marden, "Metabolic Syndrome and Obesity."

頁199　有趣的是，這些寄生蟲：Marden interview; Schilder and Marden, "Metabolic Syndrome and Obesity."

頁199　蜻蜓的血液稱為血淋巴：Marden interview.

頁199　代謝症候群會增加：National Diabetes Information Clearinghouse, "Insulin Resistance and Pre-diabetes," accessed October 13, 2011. http://diabetes.niddk.nih.gov/DM/pubs/insulinresistance/#metabolicsyndrome.

頁199　不過，雖然我從來沒聽說：Justus F. Mueller, "Further Studies on Parasitic Obesity in Mice, Deer Mice, and Hamsters," Journal of Parasitology 51 (1965): pp. 523–31.

頁200　但是有兩個澳洲人：NobelPrize.org, "The Nobel Prize in Physiology or Medicine 2005: Barry J. Marshall, J. Robin Warren," Nobel Prize press release, October 3, 2005, accessed October 1, 2011. http://www.nobelprize.org/nobel_prizes/medicine/laureates/2005/press.html.

頁200　通往諾貝爾的道路：Melissa Sweet, "Smug as a Bug," Sydney Morning Herald, August 2, 1997, accessed October 1, 2011. http://www.vianet.net.au/~bjmrshll/features2.html.

頁200　回應寥寥可數：Marden interview.

頁201　代謝疾病並非只是：Penn State Science, "Dragonfly's Metabolic Disease Provides Clues About Human Obesity," November 20, 2006, accessed October 13, 2011. http://science.psu.edu/news-and-events/2006-news/Marden11-2006.htm/.

頁201　華茲決定要做個重大的改變：Watts interview.

頁203　管理員從食品雜貨商：Edwards interview.

第8章　有多痛就有多快樂：痛苦、快感和自我傷害的起源

頁205　我好擔心："Need Help with Feather Picking in Baby," African Grey Forum, board post dated Feb. 17, 2009, by andrea1981, accessed July 3, 2009. http://www.africangreyforum.com/

forum/f38/need-help-with-feather-picking-in-baby; "Sydney Is the Resident Nudist Here," African Grey Forum, board post dated April 25, 2008, by Lisa B., accessed July 3, 2009. http://www.africangreyforum.com/forum/showthread.php/389-ok-so-who-s-grey-has-plucking-or-picking-issues; "Quaker Feather Plucking," New York Bird Club, accessed July 3, 2009. http://www.lucie-dove.websitetoolbox.com/post?id=1091055; "Feather Plucking: Help My Bird Has a Feather Plucking Problem," QuakerParrot Forum, accessed July 3, 2009. http://www.quakerparrots.com/forum/indexphp?act=idx; Theresa Jordan, "Quaker Mutilation Syndrome (QMS): Part I," Winged Wisdom Pet Bird Magazine, January 1998, accessed July 3, 2009. http://www.birdsnways.com/wisdom/ww 19eiv.htm; "My Baby Is Plucking," Quaker Parrot Forum, accessed July 3, 2009. http://www.quakerparrots.com/forum/index.php?showtopic=49091.

頁205　最近牠總是邊拔毛："Feather Plucking."

頁206　它的名字說明了一切：E. David Klonsky and Jennifer J. Muehlenkamp, "Self-Injury: A Research Review for the Practitioner," Journal of Clinical Psychology: In Session 63 (2007): pp. 1045–56; E. David Klonsky, "The Function of Deliberate Self-Injury: A Review of the Evidence," Clinical Psychology Review 27 (2007): pp. 226 –39; E. David Klonsky, "The Functions of Self-Injury in Young Adults Who Cut Themselves: Clarifying the Evidence for Affect Regulation," Psychiatry Research 166 (2009): pp. 260 – 68 ; Nicola Madge, Anthea Hewitt, Keith Hawton, Erik Jan de Wilde, Paul Corcoran, Sandor Fakete, Kees van Heeringen, et al., "Deliberate Self-Harm Within an International Community Sample of Young People : Comparative Findings from the Child & Adolescent Self-harm in Europe (CASE) Study," Journal of Child Psychology and Psychiatry 49 (2008): pp. 667–77; Keith Hawton, Karen Rodham, Emma Evans, and Rosamund Weatherall, "Deliberate Self Harm in Adolescents: Self Report Survey in Schools in England," BMJ 325 (2002): pp. 1207–11; Marilee Strong, A Bright Red Scream: Self-Mutilation and the Language of Pain, London: Penguin (Non-Classics): 1999 ; Steven Levenkron, Cutting: Understanding and Overcoming Self-Mutilation, New York: Norton, 1998; Mary E. Williams, Self-Mutilation (Opposing Viewpoints), Farmington Hills: Greenhaven, 2007.

頁206　精神科醫師稱這些：Klonsky and Muehlenkamp, "Self-Injury" ; Klonsky, "The Function of Deliberate Self-Injury" ; Madge et al., "Deliberate Self-Harm" ; Hawton et al., "Deliberate Self Harm" ; Strong, A Bright Red Scream; Levenkron, Cutting; Williams, Self-Mutilation.

頁207　舉例來說，戴安娜王妃：BBC News, "The Panorama Interview," November 2005, accessed October 2, 2011. http://www.bbc.co.uk/news/special/politics97/diana/panorama.html; Andrew Morton, Diana: Her True Story in Her Own Words, New York: Pocket Books, 1992.

頁207　儘管安潔莉娜・裘莉："Angelina Jolie Talks Self-Harm," video, 2010, retrieved October 2, 2011, from http://www.youtube.com/watch?v=IW1Ay4u5JDE; Jolie, 20/20 interview, video, 2010, retrieved October 3, 2011, from http://www.youtube.com/watch?v=rfzPhag

_09E&feature=related.

頁207　克莉絲汀・蕾茜：David Lipsky, “Nice and Naughty,” Rolling Stone 827 (1999): pp. 46–52.

頁207　強尼・戴普：Chris Heath, “Johnny Depp—Portrait of the Oddest as a Young Man,” Details (May 1993): pp. 159 –69, 174.

頁207　柯林・法洛：Chris Heath, “Colin Farrell—The Wild One,” GQ Magazine (2004): pp. 233–39, 302–3.

頁208　十二歲那年：“Self Inflicted Injury,” Cornell Blog: An Unofficial Blog About Cornell University, accessed October 9, 2011. http://cornell.elliottback.com/self-inflicted-injury/.

頁208　同時他們也證實：Klonsky and Muehlenkamp, “Self-Injury.”

頁208　精神科醫師把割腕：Ibid.; Klonsky, “The Function of Deliberate Self-Injury”; Klonsky, “The Functions of Self-Injury”; Madge et al., “Deliberate Self-Harm”; Hawton et al., “Deliberate Self Harm”; Strong, A Bright Red Scream; Levenkron, Cutting; Williams, Self-Mutilation.

頁209　但事實上，男性與女性：Klonsky and Muehlenkamp, “Self-Injury,” p. 1047; Lorrie Ann Dellinger-Ness and Leonard Handler, “Self-Injurious Behavior in Human and Non-human Primates,” Clinical Psychology Review 26 (2006): pp. 503–14.

頁209　有些人會在他們離家：Klonsky and Muehlenkamp, “Self-Injury,” p. 1046.

頁209　在《精神疾病診斷與統計手冊》第四版：American Psychiatric Association, DSM-IV: Diagnostic and Statistical Manual of Mental Disorders, 4th Ed., Arlington: American Psychiatric Publishing, 1994.

頁210　對家貓來說：L. S. Saw yer, A. A. Moon-Fanelli, and N. H. Dodman, “Psychogenic Alopecia in Cats: 11 Cases (1993–1996),” Journal of the American Veterinary Medical Association 214 (1999): pp. 71–74.

頁210　這種叫做「肢端舔舐皮膚炎」：Anita Patel, “Acral Lick Dermatitis,” UK Vet 15 (2010): pp. 1–4; Mark Patterson, “Behavioural Genetics: A Question of Grooming,” Nature Reviews: Genetics 3 (2002): p. 89; A. Luescher, “Compulsive Behavior in Companion Animals,” Recent Advances in Companion Animal Behavior Problems, ed. K. A. Houpt, Ithaca: International Veterinary Information Service, 2000.

頁211　「側腹啃咬者」：Katherine A. Houpt, Domestic Animal Behavior for Veterinarians and Animal Scientists, 5th ed., Ames, IA: Wiley-Blackwell, 2011: pp. 121–22.

頁211　服務於塔弗茲大學：N. H. Dodman, E. K. Karlsson, A. A. Moon-Fanelli, M. Galdzicka, M. Perloski, L. Shuster, K. Lindblad-Toh, et al., “A Canine Chromosome 7 Locus Confers Compulsive Disorder Susceptibility,” Molecular Psychiatry 15 (2010): pp. 8–10.

頁211　究竟人類強迫症：N. H. Dodman, A. A. Moon-Fanelli, P. A. Mertens, S. Pflueger, and D. J. Stein, “Veterinary Models of OCD,” In Obsessive Compulsive Disorders, edited by E. Hollander and D. J. Stein. New York: Marcel Dekker, 1997 pp. 99–141; A. A. Moon-Fanelli and N. H. Dodman, “Description and Development of Compulsive Tail Chasing in Terriers and Response to Clomipramine Treatment,” Journal of the American Veterinary Medical

Association 212 (1998): pp. 1252–57.

頁211 相反的，所有獸醫師：Karen L. Overall and Arthur E. Dunham, "Clinical Features and Outcome in Dogs and Cats with Obsessive-Compulsive Disorder: 126 Cases (1989 –2000)," Journal of the American Veterinary Medical Association 221 (2002): pp. 1445–52; Dellinger-Ness and Handler, "Self-Injurious Behavior."

頁212 在某些案例中，尤其是鳥兒：Dan J. Stein, Nicholas H. Dodman, Peter Borchelt, and Eric Hollander, "Behavioral Disorders in Veterinary Practice: Relevance to Psychiatry," Comprehensive Psychiatry 35 (1994): pp. 275–85; Nicholas H. Dodman, Louis Shuster, Gary J. Patronek, and Linda Kinney, "Pharmacologic Treatment of Equine Self-Mutilation Syndrome," International Journal of Applied Research in Veterinary Medicine 2 (2004): pp. 90 –98.

頁212 他們稱它是：Alice Moon-Fanelli "Feline Compulsive Behavior," accessed October 9, 2011. http://www.tufts.edu/vet/vet_common/pdf/petinfo/dvm/case_march2005.pdf; Houpt, Domestic Animal Behavior, p. 167.

頁212 有些黑猩猩會為彼此：Christophe Boesch, "Innovation in Wild Chimpanzees," International Journal of Primatology 16 (1995): pp. 1–16.

頁213 日本獼猴發展出精妙：Ichirou Tanaka, "Matrilineal Distribution of Louse Egg-Handling Techniques During Grooming in Free-Ranging Japanese Macaques," American Journal of Physical Anthropology 98 (1995): pp. 197–201; Ichirou Tanaka, "Social Diffusion of Modified Louse Egg-Handling Techniques During Grooming in Free-Ranging Japanese Macaques," Animal Behaviour 56 (1998): pp. 1229 –36.

頁213 而且它在許多動物群體：Megan L. Van Wolkenten, Jason M. Davis, May Lee Gong, and Frans B. M. de Waal, "Coping with Acute Crowding by Cebus Apella," International Journal of Primatology 2 (2006): pp. 1241–56.

頁213 某些群體的黑猩猩：Kristin E. Bonnie and Frans B. M. de Waal, "Affi liation Promotes the Transmission of a Social Custom: Handclasp Grooming Among Captive Chimpanzees," Primates 47 (2006): pp. 27–34.

頁213 當社會位階較低的：Joseph H. Manson, C. David Navarrete, Joan B. Silk, and Susan Perry, "Time-Matched Grooming in Female Primates? New Analyses from Two Species," Animal Behaviour 67 (2004): p. 493–500.

頁213 這種熱帶珊瑚礁居民：Karen L. Cheney, Redouan Bshary, and Alexandra S. Grutter, "Cleaner Fish Cause Predators to Reduce Aggression Toward Bystanders at Cleaning Stations," Behavioral Ecology 19 (2008): pp. 1063–67.

頁213 科學家發現：Ibid.

頁214 貓和兔會將：Houpt, Domestic Animal Behavior, p. 57.

頁214 海獅與海豹每天：Hilary N. Feldman and Kristie M. Parrott, "Grooming in a Captive Guadalupe Fur Seal," Marine Mammal Science 12 (1996): pp. 147–53.

頁214　鳥兒會在爛泥中翻滾：Peter Cotgreave and Dale H. Clayton, "Comparative Analysis of Time Spent Grooming by Birds in Relation to Parasite Load," Behaviour 131 (1994): pp. 171–87.

頁214　由於蛇缺乏餐巾或手：Daniel S. Cunningham and Gordon M. Burghardt, "A Comparative Study of Facial Grooming After Prey Ingestion in Colubrid Snakes," Ethology 105 (1999): pp. 913–36.

頁214　梳理真的會改變我們大腦：Allan V. Kalueff and Justin L. La Porte, Neurobiology of Grooming Behavior, New York: Cambridge University Press, 2010.

頁215　就算只是撫摸動物：Karen Allen, "Are Pets a Healthy Pleasure? The Influence of Pets on Blood Pressure," Current Directions in Psychological Science 12 (2003): pp. 236–39; Sandra B. Barker, "Therapeutic Aspects of the Human-Companion Animal Interaction," Psychiatric Times 16 (1999), accessed October 10, 2011. http://www.psychiatrictimes.com/display/article/10168/54671?pageNumber=1.

頁217　結果證實痛苦與梳理都：Kalueff and La Porte, Neurobiology of Grooming Behavior; G. C. Davis, "Endorphins and Pain," Psychiatric Clinics of North America 6 (1983): pp. 473–87.

頁217　麻州的研究人員：Melinda A. Novak, "Self-Injurious Behavior in Rhesus Monkeys: New Insights into Its Etiology, Physiology, and Treatment," American Journal of Primatology 59 (2003): pp. 3–19.

頁218　獸醫師在著手治療：Sue M. McDonnell, "Practical Review of Self-Mutilation in Horses," Animal Reproduction Science 107 (2008): pp. 219–28; Houpt, Domestic Animal Behavior, pp. 121–22; Nicholas H. Dodman, Jo Anne Normile, Nicole Cottam, Maria Guzman, and Louis Shuster, "Prevalence of Compulsive Behaviors in Formerly Feral Horses," International Journal of Applied Research in Veterinary Medicine 3 (2005): pp. 20 –24.

頁219　孤立也可能導致動物：I. H. Jones and B. M. Barraclough, "Auto-mutilation in Animals and Its Relevance to Self-Injury in Man," Acta Psychiatrica Scandinavica 58 (1978): pp. 40–47.

頁219　即便是似乎想要獨處：Franklin D. McMillan, Mental Health and Well-Being in Animals, Hoboken: Blackwell, 2005: pp. 289.

頁219　許多種馬在有母馬：McDonnell, "Practical Review," pp. 219 –28；Houpt, Domestic Animal Behavior, p. 121–22.

頁219　許多種類的動物：McDonnell, "Practical Review," pp. 219–28.

頁220　稍早之前我們曾提到：Robert J. Young, Environmental Enrichment for Captive Animals, Hoboken: Universities Federation for Animal Welfare and Blackwell, 2003; Ruth C. Newberry, "Environmental Enrichment: Increasing the Biological Relevance of Captive Environments," Applied Animal Behaviour Science 44 (1995): pp. 229–43.

頁221　一九八五年，美國農業部：Jodie A. Kulpa-Eddy, Sylvia Taylor, and Kristina M. Adams, "USDA Perspective on Environmental Enrichment for Animals," Institute for Laboratory Animal Research Journal 46 (2005): pp. 83–94.

頁220　鳳凰城動物園：Hilda Tresz, Linda Ambrose, Holly Halsch, and Annette Hearsh, "Providing

Enrichment at No Cost," The Shape of Enrichment: A Quarterly Source of Ideas for Environmental and Behavioral Enrichment 6 (1997): pp. 1–4.
頁220 訓練師會提供馬兒：McDonnell, "Practical Review," pp. 219–28.
頁223 有些治療師會建議：Deb Martinsen, "Ways to Help Yourself Right Now," American Self-Harm Information Clearinghouse, accessed December 20, 2011. http://www.selfinjury.org/docs/selfhelp.htm.
頁224 一項比較各種閒暇活動：John P. Robinson and Steven Martin, "What Do Happy People Do?" Social Indicators Research 89 (2008): pp. 565–71.

第 9 章　進食的恐懼：動物王國的飲食障礙

頁228 然而，大約每兩百個美國：H. W. Hoek, "Incidence, Prevalence and Mortality of Anorexia Nervosa and Other Eating Disorders," Current Opinion in Psychiatry 19 (2006): pp. 389–94.
頁228 它的危險性出乎意料：Joanna Steinglass, Anne Marie Albano, H. Blair Simpson, Kenneth Carpenter, Janet Schebendach, and Evelyn Attia, "Fear of Food as a Treatment Target: Exposure and Response Prevention for Anorexia Nervosa in an Open Series," International Journal of Eating Disorders (2011), accessed March 3, 2012. doi: 10.1002/eat.20936.
頁228 至於知名的清除型暴食症：James I. Hudson, Eva Hiripi, Harrison G. Pope, Jr., and Ronald C. Kessler, "The Prevalence and Correlates of Eating Disorders in the National Comorbidity Survey Replication," Biological Psychiatry 61 (2007): pp. 348–58.
頁228 由於它們在全球盛行：W. Stewart Agras, The Oxford Handbook of Eating Disorders, New York: Oxford University Press, 2010.
頁228 從我診治安珀起的：Ibid.
頁229 由於飲食失調：Ibid.
頁229 受害者多半容易擔心：Walter H. Kaye, Cynthia M. Bulik, Laura Thornton, Nicole Barbarich, Kim Masters, and Price Foundation Collaborative Group, "Comorbidity of Anxiety Disorders with Anorexia and Bulimia Nervosa," The American Journal of Psychiatry 161 (2004): pp. 2215–21.
頁229 他們描述自己很享受：Agras, The Oxford Handbook.
頁233 耶魯的科學家打造出：Dror Hawlena and Oswald J. Schmitz, "Herbivore Physiological Response to Predation Risk and Implications for Ecosystem Nutrient Dynamics," Proceedings of the National Academy of Sciences 107 (2010): pp. 15503–7; Emma Marris, "How Stress Shapes Ecosystems," Nature News, September 21, 2010, accessed August 25, 2011. http://www.nature.com/news/2010 /100921/full/news.2010.479.html.
頁233 當蚱蜢因蜘蛛的出現：Dror Hawlena, telephone interview, September 29, 2010.
頁234 掠食的威脅會加速：Dror Hawlena and Oswald J. Schmitz, "Physiological Stress as a Fundamental Mechanism Linking Predation to Ecosystem Functioning," American Naturalist

176 (2010): pp. 537–56.

頁234 研究飲食障礙的精神病學家：Marian L. Fitzgibbon and Lisa R. Blackman, "Binge Eating Disorder and Bulimia Nervosa: Differences in the Quality and Quantity of Binge Eating Episodes," International Journal of Eating Disorders 27 (2000): pp. 238–43.

頁235 以某項沙鼠的研究為例：Tim Caro, Antipredator Defenses in Birds and Mammals, Chicago: University of Chicago Press, 2005.

頁235 另一項針對達爾文葉耳鼠：Ibid.

頁235 蠍子也會對：Ibid.

頁235 已知明亮光線療法：Masaki Yamatsuji, Tatsuhisa Yamashita, Ichiro Arii, Chiaki Taga, Noaki Tatara, and Kenji Fukui, "Season Variations in Eating Disorder Subtypes in Japan," International Journal of Eating Disorders 33 (2003): pp. 71–77.

頁236 隨著大型食肉動物消失：David Baron, The Beast in the Garden: A Modern Parable of Man and Nature, New York: Norton, 2004: p. 19.

頁236 五十年來：Scott Creel, John Winnie Jr., Bruce Maxwell, Ken Hamlin, and Michael Creel, "Elk Alter Habitat Selection as an Antipredator Response to Wolves," Ecology 86 (2005): pp. 3387–97; John W. Laundre, Lucina Hernandez, and Kelly B. Altendorf, "Wolves, Elk, and Bison: Reestablishing the 'landscape of fear' in Yellowstone National Park, U.S.A.," Canadian Journal of Zoology 79 (2001): pp. 1401–9; Geoffrey C. Trussell, Patrick J. Ewanchuk, and Mark D. Bertness, "Trait-Mediated Effects in Rocky Intertidal Food Chains: Predator Risk Cues Alter Prey Feeding Rates," Ecology 84 (2003): pp. 629 –40 ; Aaron J. Wirsing and Willilam J. Ripple, "Frontiers in Ecology and the Environment: A Comparison of Shark and Wolf Research Reveals Similar Behavioral Responses by Prey," Frontiers in Ecology and the Environment (2010). doi: 10.1980/090226.

頁237 坦白說，除了松鼠：Stephen B. Vander Wall, Food Hoarding in Animals, Chicago: University of Chicago Press, 1990.

頁237 啄木鳥在老樹上打造：Ibid.

頁239 例如，有嚴重依附障礙：Mark D. Simms, Howard Dubowitz, and Moira A. Szilagyi, "Health Care Needs of Children in the Foster Care System," Pediatrics 105 (2000): pp. 909–18.

頁239 無論囤積的是食物：Alberto Pertusa, Miguel A. Fullana, Satwant Singh, Pino Alonso, Jose M. Mechon, and David Mataix-Cols. "Compulsive Hoarding: OCD Symptom, Distinct Clinical Syndrome, or Both?" American Journal of Psychiatry 165 (2008): pp. 1289–98.

頁239 強迫症和幾種其他：Walter H. Kaye, Cynthia M. Bulik, Laura Thornton, Nicole Barbarich, Kim Masters, and Price Foundation Collaborative Group, "Comorbidity of Anxiety Disorders with Anorexia and Bulimia Nervosa," American Journal of Psychiatry 161 (2004): pp. 2215–21.

頁240 染病的動物會限制：Janet Treasure and John B. Owen, "Intriguing Links Between Animal Behavior and Anorexia Nervosa," International Journal of Eating Disorders 21 (1997): p. 307.

頁240 花很多時間進行跟營養：Ibid.

頁241　豬隻，尤其是那些：Ibid.

頁241　導致產生極端行為：Ibid., p. 308.

頁241　某種類似的遺傳基礎：Ibid.

頁241　針對雙胞胎和不同世代：Ibid., pp. 307–11.

頁242　患有神經性厭食症的人：Michael Strober interview, Los Angeles, CA, February 2, 2010.

頁242　研究發現，此病最常攻擊：Treasure and Owen, "Intriguing Links," pp. 307–11.

頁242　離乳對仔豬來說：Ibid.; S. C. Kyriakis, and G. Andersson, "Wasting Pig Syndrome (WPS) in Weaners—Treatment with Amperozide," Journal of Veterinary Pharmacology and Therapeutics 12 (1989): pp. 232–36.

頁243　豬農會注意自己飼養：Treasure and Owen, "Intriguing Links," p. 308.

頁243　在發現恐懼與飲食行為：Treasure and Owen, "Intriguing Links," pp. 307–11; "Thin Sow Syndrome," ThePigSite.com, accessed September 10, 2010. http://www.thepigsite.com/pighealth/article/212/thin-sow-syndrome.

頁243　這完全無法醫治："Diseases: Thin Sow Syndrome," PigProgress.Net, accessed December 19, 2011. http://www.pigprogress.net/diseases/thin-sow-syndrome-d89.html.

頁243　豬農建議提高染病豬隻："Thin Sow Syndrome"; "Diseases: Thin Sow Syndrome."

頁243　同樣地，研究齧齒動物：Robert A. Boakes, "Self-Starvation in the Rat: Running Versus Eating," Spanish Journal of Psychology 10 (2007): p. 256.

頁243　豬農也建議立刻增加："Thin Sow Syndrome"; Treasure and Owen, "Intriguing Links," p. 308.

頁244　精神病學家說：Christian S. Crandall, "Social Cognition of Binge Eating," Journal of Personality and Social Psychology 55 (1988): pp. 588–98.

頁244　今日，熱切的暴食症患者：Beverly Gonzalez, Emilia Huerta-Sanchez, Angela Ortiz-Nieves, Terannie Vazquez-Alvarez, and Christopher Kribs-Zaleta, "Am I Too Fat? Bulimia as an Epidemic," Journal of Mathematical Psychology 47 (2003): pp. 515–26; "Tips and Advice." Thinspiration, accessed September 14, 2010. http://mytaintedlife.wetpaint.com/page/Tips+and+Advice.

頁244　骨瘦如柴的名人："Tips and Advice," Thinspiration.

頁245　透過有意識的方式：Kristen E. Lukas, Gloria Hamor, Mollie A. Bloomsmith, Charles L. Horton, and Terry L. Maple, "Removing Milk from Captive Gorilla Diets: The Impact on Regurgitation and Reingestion (R/R) and Other Behaviors," Zoo Biology 18 (1999): p. 516.

頁245　一隻染病的大猩猩：Ibid., pp. 515–28.

頁246　就算不是學來的：Ibid., p. 526.

頁246　許多人相信野生動物：Ibid., p. 516.

頁247　德州中部的麥金萊瀑布：Sheryl Smith-Rodgers, "Scary Scavengers," Texas Parks and Wildlife, October 2005, accessed November 9, 2010. http://www.tpwmagazine.com/archive/2005/oct/legend/.

頁247　有些毛毛蟲也以：Jacqualine Bonnie Grant, "Diversification of Gut Morphology in

Caterpillars Is Associated with Defensive Behavior," Journal of Experimental Biology 209 (2006): pp. 3018–24.

頁248 有些動物會用排便：Caro, Antipredator Defenses.

第 10 章 無尾熊與淋病：感染的隱祕威力

頁249 二〇〇九年，燎原野火：Fox News, "Scorched Koala Rescued from Australia' s Wildfire Wasteland," February 10, 2009, accessed August 25, 2011. http://www.foxnews.com/story/0,2933,490566,00.html.

頁249 然而六個月後：ABC News, "Sam the Bushfire Koala Dies," August 7, 2009, accessed August 25, 2011. http://www.abc.net.au/news/2009-08-06/sam-the-bushfire-koala-dies/1381672.

頁250 有項針對醫師進行：Dag Album and Steinar Westin, "Do Diseases Have a Prestige Hierarchy? A Survey Among Physicians and Medical Students," Social Science and Medicine 66 (2008): p. 182.

頁251 在生物學界，少數：Rob Knell, telephone interview, October 21, 2009.

頁251 人類免疫缺乏病毒／後天免疫缺乏症候群是全球：World Health Organization, "Global Health Risks: Mortality and Burden of Disease Attributable to Selected Major Risks," 2009, accessed September 30, 2011. http://www.who.int/healthinfo/global_burden_disease/GlobalHealthRisks_report_full.pdf.

頁251 想想下列狀況：Ann B. Lockhart, Peter H. Thrall, and Janis Antonovics, "Sexually Transmitted Diseases in Animals: Ecological and Evolutionary Implications," Biological Reviews of the Cambridge Philosophical Society 71 (1996): pp. 415–71.

頁251 嚴格說來，侵襲無尾熊：Robin M. Bush and Karin D. E. Everett, "Molecular Evolution of the Chlamydiaceae," International Journal of Systematic and Evolutionary Microbiology 51 (2001): pp. 203–20; L. Pospisil and J. Canderle, "Chlamydia (Chlamydiophila) pneumoniae in Animals: A Review," Veterinary Medicine—Czech 49 (2004): pp. 129–34.

頁252 經由性行為傳染的：G. Smith and A. P. Dobson, "Sexually Transmitted Diseases in Animals," Parasitology Today 8 (1992): pp. 159–66.

頁252 一整窩仔豬可能：Ibid., p. 161.

頁252 養殖的鵝若患有性病：Ibid.

頁252 馬匹的傳染性子宮炎：APHIS Veterinary Services, "Contagious Equine Metritis," last modified June 2005, accessed August 25, 2011. http://www.aphis.usda.gov/publications/animal_health/content/printable_version/fs_ahcem.pdf.

頁252 犬隻性病可能會導致：Smith and Dobson, "Sexually Transmitted Diseases," p. 161.

頁252 例如唐金斯蟹：Ibid., p. 163.

頁252 兩點瓢蟲這種地球上最淫亂的生物：Knell interview.

頁252　一隻性交後的飢餓家蠅：Lockhart, Thrall, and Antonovics, "Sexually Transmitted Diseases," p. 422.

頁252　驚人的是，某些昆蟲：Ibid., p. 432; Robert J. Knell and K. Mary Webberley, "Sexually Transmitted Diseases of Insects: Distribution, Evolution, Ecology and Host Behaviour," Biological Review 79 (2004): pp. 557–81.

頁253　確實，從魚類與爬蟲類：Lockhart, Thrall, and Antonovics, "Sexually Transmitted Diseases," pp. 418, 423.

頁253　舉例來說，兔梅毒曾一度傳播：Smith and Dobson, "Sexually Transmitted Diseases," p. 163.

頁253　這些難纏的細菌會造成：University of Wisconsin–Madison School of Veterinary Medicine, "Brucellosis," accessed October 5, 2010. http://www.vetmed.wisc.edu/pbs/zoonoses/brucellosis/brucellosisindex.html.

頁253　牛、豬、狗是透過性交傳染：J. D. Oriel and A. H. S. Hayward, "Sexually Transmitted Diseases in Animals," British Journal of Venereal Diseases 50 (1974): p. 412.

頁254　透過這種方式從動物：Centers for Disease Control and Prevention, "Brucellosis," accessed September 15, 2011. http://www.cdc.gov/ncidod/dbmd/diseaseinfo/brucellosis_g.htm.

頁254　它在已開發國家：Ibid.

頁254　日本的動物園管理員：International Society for Infectious Diseases, "Brucellosis, Zoo Animals, Human—Japan," last modified June 25, 2001, accessed August 25, 2010. http://ww w.promedmail.org/pls/otn/f?p=2400:1001:16761574736063971049::::F2400_P1001 _BACK _PAGE,F2400_P1001_ ARCHIVE_NUMBER,F2400_P1001 _USE _ARCHIVE :1202,20010625.1203,Y.

頁254　儘管人傳人的案例很少：Ibid.

頁255　如今，滴蟲是最沒有魅力：Centers for Disease Control and Prevention, "Diseases Characterized by Vaginal Discharge," Sexually Transmitted Diseases Treatment Guidelines, 2010, accessed September 15, 2011. http://www.cdc.gov/std/treatment/2010/vaginal-discharge.htm.

頁255　不過，陰道滴蟲過去：Jane M. Carlton, Robert P. Hirt, Joana C. Silva, Arthur L. Delcher, Michael Schatz, Qi Zhao, Jennifer R. Wortman, et al., "Draft Genome Sequence of the Sexually Transmitted Pathogen Trichomonas vaginalis," Science 315 (2007): pp. 207–12.

頁255　古代陰道滴蟲住在白蟻：Ibid.

頁255　比方口腔鞭毛滴蟲：Ibid.

頁255　牛隻滴蟲會引起：H. D. Stockdale, M. D. Givens, C. C. Dykstra, and B. L. Blagburn, "Tritrichomonas foetus Infections in Surveyed Pet Cats," Veterinary Parasitology 160 (2009): pp. 13–17; Lynette B. Corbeil, "Use of an Animal Model of Trichomoniasis as a Basis for Understanding This Disease in Women," Clinical Infectious Diseases 21 (1999): pp. S158–61.

頁255　雞滴蟲實際上是許多：Ewan D. S. Wolff, Steven W. Salisbury, John R. Horner, and David J. Varricchio, "Common Avian Infection Plagued the Tyrant Dinosaurs," PLoS One 4 (2009): p.

e7288.

頁255　近來對霸王龍：Ibid.

頁256　舉例來說，數百年前：Kristin N. Harper, Paolo S. Ocampo, Bret M. Steiner, Robert W. George, Michael S. Silverman, Shelly Bolotin, Allan Pillay, et al., "On the Origin of the Treponematoses: A Phylogenetic Approach," PLoS Neglected Tropical Disease 2 (2008): p. e148.

頁256　在發現目前偏好的人類生殖道：Ibid.

頁257　性行為與母親的乳汁：Beatrice H. Hahn, George M. Shaw, Kevin M. De Cock, and Paul M. Sharp, "AIDS as a Zoonosis: Scientific and Public Health Implications," Science 28 (2000): pp. 607–14; A. M. Amedee, N. Lacour, and M. Ratterree, "Mother-to-infant transmission of SIV via breast-feeding in rhesus macaques," Journal of Medical Primatology 32 (2003): pp. 187–93.

頁257　這個理論是，西非的獵人：Martine Peeters, Valerie Courgnaud, Bernadette Abela, Philippe Auzel, Xavier Pourrut, Frederic Bilollet-Ruche, Severin Loul, et al., "Risk to Human Health from a Plethora of Simian Immunodeficiency Viruses in Primate Bushmeat," Emerging Infectious Diseases 8 (2002): pp. 451–57.

頁259　恐水症是感染狂犬病：Centers for Disease Control and Prevention, "Rabies," accessed September 15, 2011. http://www.cdc.gov/rabies/.

頁259　或者以弓形蟲為例：Ajai Vyas, Seon-Kyeong Kim, Nicholas Giacomini, John C. Boothroyd, and Robert M. Sapolsky, "Behavioral Changes Induced by Toxoplasma Infection of Rodents Are Highly Specific to Aversion of Cat Odors," Proceedings of the National Academy of Sciences 104 (2007): pp. 6442–47.

頁260　對弓形蟲而言：Ibid.; J. P. Dubey, "Toxoplasma gondii," in Medical Microbiology, 4th ed., ed. S. Baron, chapter 84. Galveston: University of Texas Medical Branch at Galveston, 1996.

頁260　在子宮中感染弓形蟲：Vyas et al., "Behavioral Changes," p. 6446.

頁260　有紀錄顯示：Frederic Libersat, Antonia Delago, and Ram Gal, "Manipulation of Host Behavior by Parasitic Insects and Insect Parasites," Annual Review of Entomology 54 (2009): pp. 189–207; Amir H. G osman, Arne Janssen, Elaine F. de Brito, Eduardo G. Cordeiro, Felipe Colares, Juliana Oliveira Fonseca, Eraldo R. Lima, et al., "Parasitoid Increases Survival of Its Pupae by Inducing Hosts to Fight Predators," PLoS One 3 (2008): p. e2276.

頁261　雄性的短翅灶蟋：Marlene Zuk, and Leigh W. Simmons, "Reproductive Strategies of the Crickets (Orthoptera: Gryllidae)," in The Evolution of Mating Systems in Insects and Arachnids, ed. Jae C. Choe and Bernard J. Crespi, Cambridge: Cambridge University Press, 1997, pp. 89 –109.

頁261　玉米螟蛉母蛾感染了：Knell and Webberley, "Sexually Transmitted Diseases of Insects," p. 574.

頁261　感染了某種性傳染蟎：Ibid., pp. 573–74.

頁262　例如，白色剪秋羅屬植物：Peter H. Thrall, Arjen Biere, and Janis Antonovics, "Plant Life-History and Disease Suspectibility: The Occurrence of Ustilago violacea on Different Species

Within the Caryophyllaceae," Journal of Ecology 81 (1993): pp. 489–90.

頁262　杜克大學植物病理生態學家：Lockhart, Thrall, and Antonovics, "Sexually Transmitted Diseases," p. 423.

頁262　錐蟲也會運用類似：Smith and Dobson, "Sexually Transmitted Diseases," pp. 159–60.

頁262　有意思的是，科學家和獸醫師：Knell interview.

頁263　年過五十的人染上：Centers for Disease Control and Prevention, "Persons Aged 50 and Older: Prevention Challenges," accessed September 29, 2011. http://www.cdc.gov/hiv/topics/over50/challenges.htm.

頁263　例如，鹿和有蹄類：Colorado Division of Wildlife, "Wildlife Research Report—Mammals—July 2005," accessed October 11, 2011. http://wildlife.state.co.us/SiteCollectionDocu ments/DOW/Research/Mammals/Publications/2004–2005WILDLIFERESEARCHREPORT.pdf.

頁263　當流產布氏桿菌導致：Oriel and Hay ward, "Sexually Transmitted Diseases in Animals," p. 414.

頁264　它叫做泄殖腔輕啄：B. C. Sheldon, "Sexually Transmitted Disease in Birds: Occurrence and Evolutionary Significance," Philosophical Transactions of the Royal Society of London B 339 (1993): pp. 493, 496; N. B. Davies, "Polyandry, Cloaca-Pecking and Sperm Competition in Dunnocks," Nature 302 (1983): pp. 334–36.

頁265　交合後被阻止梳理：Sheldon, "Sexually Transmitted Disease in Birds," p. 493.

頁265　許多鳥類在交尾後：Ibid.

頁265　在人類的案例中，用力擦洗：Allan M. Brandt, No Magic Bullet: A Social History of Venereal Disease in the United States Since 1880, New York: Oxford University Press, 1987.

頁265　一項南非地松鼠：J. Waterman, "The Adaptive Function of Masturbation in a Promiscuous African Ground Squirrel," PLoS One 5 (2010): p. e13060.

頁265　最近有項研究顯示，光是：Mark Schaller, Gregory E. Miller, Will M. Gervais, Sarah Yager, and Edith Chen, "Mere Visual Perception of Other People' s Disease Symptoms Facilitates a More Aggressive Immune Response," Psychological Science 21 (2010): 649–52.

頁265　舉例而言，無論是榛雞：Matt Ridley, The Red Queen: Sex and the Evolution of Human Nature, New York: Harper Perennial, 1993.

頁265　泄殖腔輕啄可能也有助：B. C. Sheldon, "Sexually Transmitted Disease in Birds: Occurrence and Evolutionary Significance," Philosophical Transactions of the Royal Society of London B 339 (1993): pp. 493, 496; N. B. Davies, "Polyandry, Cloaca-Pecking and Sperm Competition in Dunnocks," Nature 302 (1983): pp. 334–36.

頁266　大衛・史特拉強：David P. Strachan, "Hay Fever, Hygiene and Household Size," British Medical Journal 299 (1989): pp. 1259 –60.

頁266　幾年後，德國科學家艾莉卡・馮穆修斯：PBS, "Hygiene Hypothesis," accessed October 4, 2011. http://www.pbs.org/wgbh/evolution/library/10/4/l_104_07.html.

頁267　大多數動物有多個性伴侶：Ridley, The Red Queen.

頁268　在自然族群中，治療疾病：Janis Antonovics telephone interview, September 30, 2009.

頁269　提姆斯和他的昆士蘭：Peter Timms telephone interview, October 5, 2009.

頁270　這就是為什麼雖然：Randy Dotinga, "Genetic HIV Resistance Deciphered," Wired.com, January 7, 2005, accessed November 9, 2010. http://www.wired.com/medtech/health/news/2005/01/66198#ixzz13JfSSBIj.

頁271　最近有個透過遺傳物質對抗：Mark Schoofs, "A Doctor, a Mutation and a Potential Cure for AIDS," Wall Street Journal, November 7, 2008, accessed October 11, 2011. http://online.wsj.com/article/SB122602394113507555.html.

第 11 章　離巢獨立：動物的青春期與成長的冒險

頁273　你不會在這片危險的水域：Tim Tinker telephone interview, July 28, 2011.

頁273　在其他動物身上：Kate E. Evans and Stephen Harris, "Adolescence in Male African Elephants, Loxodonta africana, and the Importance of Sociality," Animal Behaviour 76 (2008): pp. 779–87; "Life Cycle of a Housefly," accessed October 10, 2011. http://www.vtaide.com/png/housefly.htm.

頁273　親代扶養在不同種生物：T. H. Clutton-Brock, The Evolution of Parental Care, Princeton: Princeton University Press, 1991.

頁274　對錦花鳥來說：Tim Ruploh e-mail correspondence, August 5, 2011.

頁274　就綠猴而言：Lynn Fairbanks interview, Los Angeles, CA, May 3, 2011.

頁274　就連低等的單細胞草履蟲：Marine Biological Laboratory, The Biological Bulletin, vols. 11–12. Charleston: Nabu Press, 2010: p. 234.

頁274　「青春期醫學」：Society for Adolescent Health and Medicine, "Overview," accessed October 12, 2011. http://www.adolescenthealth.org/Overview/2264.htm.

頁275　孩童一旦活過嬰兒期：Centers for Disease Control and Prevention, "Worktable 310: Deaths by Single Years of Age, Race, and Sex, United States, 2007," last modified April 22, 2010, accessed October 14, 2011. http://www.cdc.gov/nchs/data/dvs/MortFinal2007_Worktable310.pdf.

頁275　美國疾病管制局指出：Arialdi M. Minino, "Mortality Among Teenagers Aged 12–19 Years: United States, 1999 –2006," NCHS Data Brief 37 (May 2010), accessed October 14, 2011. http://www.cdc.gov/nchs/data/databriefs/db37.pdf.

頁275　等到二十五歲左右：Melonie Heron, "Deaths: Leading Causes for 2007," National Vital Statistics Reports 59 (2011), accessed October 14, 2011. http://www.cdc.gov/nchs/data/nvsr/nvsr59/nvsr59_08.pdf.

頁275　年輕（動物）死於掠食者：Tim Caro, Antipredator Defenses in Birds and Mammals, Chicago: University of Chicago Press, 2005: p. 15.

頁275　因為牠們跑得不夠快：Maritxell Genovart, Nieves Negre, Giacomo Tavecchia, Ana Bistuer,

Luís Parpal, and Daniel Oro, "The Young, the Weak and the Sick: Evidence of Natural Selection by Predation," PLoS One 5 (2010): p. e9774 ; Sarah M. Durant, Marcella Kelly, and Tim M. Caro, "Factors Affecting Life and Death in Serengeti Cheetahs: Environment, Age, and Sociality," Behavioral Ecology 15 (2004): pp. 11–22 ; Caro, Antipredator Defenses, p. 15.

頁276　青少年死於一種：Margie Peden, Kayode Oyegbite, Joan Ozanne-Smith, Adnan A. Hyder, Christine Branche, AKM Fazlur Rahman, Frederick Rivara, and Kidist Bartolomeos, "World Report on Child Injury Prevention," Geneva: World Health Organization, 2008.

頁276　疾病管制局指出，在美國：Minino, "Mortality Among Teenagers," p. 2.

頁276　根據世界衛生組織指出：Peden et al., "World Report."

頁276　此外還要求他們必須在車牌：Chris Megerian, "N.J. Officials Unveil Red License Decals for Young Drivers Under Kyleigh' s Law," New Jersey Real-Time News, March 24, 2010, accessed October 10, 2011. http://www.nj.com/news/index.ssf/2010/03/nj_officials_decide_how_to_imp.html.

頁276　但是大量的新神經學研究：Linda Spear, The Behavioral Neuroscience of Adolescence, New York: Norton, 2010; Linda Van Leijenhorst, Kiki Zanole, Catharina S. Van Meel, P. Michael Westenberg, Serge A. R. B. Rombouts, and Eveline A. Crone, "What Motivates the Adolescent? Brain Regions Mediating Reward Sensitivity Across Adolescence," Cerebral Cortex 20 (2010): pp. 61–69; Laurence Steinberg, "The Social Neuroscience Perspective on Adolescent Risk-Taking," Developmental Review 28 (2008): pp. 78–106; Laurence Steinberg, "Risk Taking in Adolescence: What Changes, and Why?" Annals of the New York Academy of Sciences 1021 (2004): pp. 51–58; Stephanie Burnett, Nadege Bault, Girgia Coricelli, and Sarah-Jayne Blakemore, "Adolescents' Heightened Risk-Seeking in a Probabilistic Gambling Task," Cognitive Development 25 (2010): pp. 183–96; Linda Patia Spear, "Neurobehavioral Changes in Adolescence," Current Directions in Psychological Science 9 (2000): pp. 111–14; Cheryl L. Sisk, "The Neural Basis of Puberty and Adolescence," Nature Neuroscience 7(2004): pp. 1040 –47; Linda Patia Spear, "The Biology of Adolescence," last updated February 2, 2010, accessed October 10, 2011.

頁277　來自羅馬高等健康研究所：Giovanni Laviola, Simone Macrì, Sara Morley- Fletcher, and Walter Adriani, "Risk-Taking Behavior in Adolescent Mice: Psychobiological Determinants an Early Epigenetic Influence," Neuroscience and Biobehavioral Reviews 27 (2003): pp. 19–31.

頁277　青春期的大鼠還展現出：Kirstie H. Stansfield, Rex M. Philpot, and Cheryl L. Kirstein, "An Animal Model of Sensation Seeking: The Adolescent Rat," Annals of the New York Academy of Sciences 1021 (2004): pp. 453–58.

頁277　同樣的，當靈長類學者：Lynn A. Fairbanks, "Individual Differences in Response to a Stranger: Social Impulsivity as a Dimension of Temperament in Vervet Monkeys (Cercopithecus aethiops sabaeus), Journal of Comparative Psychology 115 (2001): pp. 22–28; Fairbanks interview.

頁277 人類免疫缺乏病毒和愛滋病：World Health Organization, “Global Health Risks: Mortality and Burden of Disease Attributable to Selected Major Risks,” 2009, accessed September 30, 2011. http://www.who.int/healthinfo/global_burden_disease/Global HealthRisks_report_full.pdf.

頁278 成年前的錦花鳥：Ruploh e-mail correspondence.

頁278 在成長過渡期：Tinker interview; Gena Bentall interview, Moss Landing, CA, August 4, 2011.

頁278 年輕的動物：Caro, Antipredator Defenses, p. 20.

頁278 就拿湯姆森瞪羚：Clare D. Fitzgibbon, “Anti-predator Strategies of Immature Thomson’s Gazelles: Hiding and the Prone Response,” Animal Behaviour 40 (1990): pp. 846–55.

頁279 群體攻擊是一種讓整個群體：Judy Stamps telephone interview, August 4, 2011.

頁281 這種看向別處的反應：N. J. Emery, “The Eyes Have It: The Neuroethology, Function and Evolution of Social Gaze,” Neuroscience and Biobehavioral Reviews 24 (2000): pp. 581–604.

頁281 麻雀若感覺到有眼光：Carter et al., “Subtle Cues,” pp. 1709 –15.

頁281 相關的研究顯示：Emery, “The Eyes Have It,” pp. 581–604.

頁281 為了測試自己的危險偵測技能：Caro, Antipredator Defenses.

頁281 綠猴是個很有趣的例子：Fairbanks interview; Lynn A. Fairbanks, Matthew J. Jorgensen, Adriana Huff, Karin Blau, Yung-Yu Hung, and J. John Mann, “Adolescent Impulsivity Predicts Adult Dominance Attainment in Male Vervet Monkeys,” American Journal of Primatology 64 (2004): pp. 1–17.

頁283 她告訴我，在這幾個星期：Fairbanks interview.

頁283 青春期特有的高度衝動性：Fairbanks et al., “Adolescent Impulsivity.”

頁284 特定年齡的行為特徵：Spear, “Neurobehavioral Changes.”

頁284 深植在我們過去的演化中：Spear, “The Biology of Adolescence.”

頁286 以青春期的非洲象為例：Kate E. Evans and Stephen Harris, “Adolescence in Male African Elephants, Loxodonta africana, and the Importance of Sociality,” Animal Behaviour 76 (2008): pp. 779–87.

頁286 相較於年長公象群體：Ibid.

頁286 班投則登記了海獺群類似：Bentall interview.

頁286 公野馬與斑馬也會：Claudia Feh, “Social Organisation of Horses and Other Equids,” Havemeyer Equine Behavior Lab, accessed April 15, 2010. http://research.vet.upenn.edu /HavemeyerEquineBehaviorLabHomePage /ReferenceLibraryHavemeyerEquineBehaviorLab /HavemeyerWorkshops / HorseBehaviorandWelfare1316June2002/HorseBehaviorandWelfare2 /RelationshipsandCommunicationinSociallyNatura/tabid/3119/Default.aspx.

頁286 艾凡斯和哈里斯認出：Evans and Harris, “Adolescence.”

頁287 對加州兀鷲而言：Michael Clark interview, Los Angeles, CA, July 21, 2011.

頁287　母野馬也會離開自己的原生馬群：Claudia Feh, “Social Organisation of Horses and Other Equids,” Havemeyer Equine Behavior Lab, accessed April 15, 2010. http://research.vet.upenn.edu /HavemeyerEquineBehaviorLabHomePage /ReferenceLibraryHavemeyerEquineBehaviorLab /HavemeyerWorkshops /HorseBehaviorandWelfare1316June2002/HorseBehaviorandWelfare2 /RelationshipsandCommunicationinSociallyNatura/tabid/3119/Default.aspx.

頁287　在成年公象群中，因顯著增多：Evans and Harris, “Adolescence.”

頁288　洛杉磯動物園「加州兀鷲繁殖計畫」：Michael Clark interview, Los Angeles, CA, July 21, 2011.

頁288　「《蒼蠅王》情境」：Ibid.

頁288　耶魯大學心理學系教授：Alan Kazdin telephone interview, July 26, 2011.

頁289　有同儕在身邊是一種獎勵：Alan Kazdin and Carlo Rotella, “No Breaks! Risk and the Adolescent Brain,” Slate, February 4, 2010, accessed October 10, 2011. http://www.slate.com/articles/life/family/2010/02/no_brakes_2.html.

頁289　錦花鳥也會聚集成：Ruploh e-mail correspondence.

頁289　古代的青少年也會形成團體：David J. Varricchio, Paul C. Sereno, Zhao Xijin, Tan Lin, Jeffery A. Wilson, and Gabrielle H. Lyon, “Mud-Trapped Herd Captures Evidence of Distinctive Dinosaur Sociality,” Acta Palaeontologica Polonica 53 (2008): pp. 567–78.

頁289　粉紅鮭的成長也完全沒有：Jean-Guy J. Godin, “Behavior of Juvenile Pink Salmon (Oncorhynchus gorbuscha Walbaum) Toward Novel Prey: Influence of Ontogeny and Experience, Environmental Biology of Fishes 3 (1978): pp. 261–66.

頁289　感謝洛杉磯動物園：Michael Clark interview, Los Angeles, CA, July 21, 2011.

頁291　蘇珊・裴瑞寫了一本很有趣的書：Susan Perry, with Joseph H. Manson, Manipulative Monkeys: The Capuchins of Lomas Barbudal, Cambridge: Harvard University Press, 2008: p. 51.

頁291　「很高的社會智力」：Susan Perry telephone interview, May 12, 2011.

頁292　她特別追蹤一隻捲尾猴：Ibid.

頁292　違法與犯罪行為：Laurence Steinberg, The 10 Basic Principles of Good Parenting, New York: Simon & Schuster, 2004; Laurence Steinberg and Kathryn C. Monahan, “Age Differences in Resistance to Peer Influence,” Developmental Psychology 43 (2007): pp. 1531–43.

頁293　在二〇一〇年九月：LGBTQNation, “Two More Gay Teen Suicide Victims—Raymond Chase, Cody Barker—Mark 6 Deaths in September,” October 1, 2010, accessed October 10, 2011. http://www.lgbtqnation.com/2010/10/two-more-gay-teen-suicide-victims-raymond-chase-cody-barker-mark-6-deaths-in-september/.

頁293　他們的死亡被加進：Centers for Disease Control and Prevention, “Suicide Prevention: Youth Suicide,” accessed October 14, 2011. http://www.cdc.gov/violenceprevention/pub/youth_suicide.html.

頁294　可是近來的研究指出：U.S. Department of Health and Human Services, Health Resources and

Services Administration, Stop Bullying Now!, “Children Who Bully,” accessed October 14, 2011. http://stopbullying.gov/community/tip_sheets/children_who_bully.pdf.

頁295 英國牛津的生物學家：T. H. Clutton-Brock and G. A. Parker, “Punishment in Animal Societies,” Nature 373 (1995): pp. 209 –16.

頁296 近來，生物學家在另一種鳥：Martina S. Müller, Elaine T. Porter, Jacquelyn K. Grace, Jill A. Awkerman, Kevin T. Birchler, Alex R. Gunderson, Eric G. Schneider, et al., “Maltreated Nestlings Exhibit Correlated Maltreatment As Adults: Evidence of A ‘Cycle of Violence,’ in Nazca Boobies (Sula Granti),” The Auk 128 (2011): pp. 615–19.

頁297 譬如克氏長臂猿：Clutton-Brock, The Evolution of Parental Care.

頁297 三趾樹獺的母親：Ibid.

頁297 太早接觸酒精：Linda Spear, “Modeling Adolescent Development and Alcohol Use in Animals,” Alcohol Res Health 24 (2000): pp. 115–23.

頁298 你會讓自己和所有的：Charles Darwin, “The Autobiography of Charles Darwin,” The Complete Work of Charles Darwin Online, accessed October 13, 2011. http://darwin-online.org.uk/content/frameset?itemID=F1497&viewtype-text&pageseq=1.

頁299 我的父親是我所知最和藹可親的人：Darwin, “The Autobiography.”

第 12 章　人獸同源學

頁300 一九九九年的夏天：Tracey McNamara interview, Pomona, CA, May 2009; George V. Ludwig, Paul P. Calle, Joseph A. Mangiafico, Bonnie L. Raphael, Denise K. Danner, Julie A. Hile, Tracy L. Clippinger, et al., “An Outbreak of West Nile Virus in a New York City Captive Wildlife Population,” American Journal of Tropical Medicine and Hygiene 67 (2002): pp. 67–75; Robert G. McLean, Sonya R. Ubico, Douglas E. Docherty, Wallace R. Hansen, Louis Sileo, and Tracey S. McNamara, “West Nile Virus Transmission and Ecology in Birds,” Annals of the New York Academy of Sciences 951 (2001): pp. 54–57; K. E. Steele, M. J. Linn, R. J. Schoepp, N. Komar, T. W. Geisbert, R. M. Manduca, P. P. Calle, et al., “Pathology of Fatal West Nile Virus Infections in Native and Exotic Birds During the 1999 Outbreak in New York City, New York,” Veterinary Pathology 37 (2000): pp. 208–24 ; Peter P. Marra, Sean Griffing, Carolee Caffrey, A. Marm Kilpatrick, Robert McLean, Christopher Brand, Emi Saito, et al., “West Nile Virus and Wildlife,” BioScience 54 (2004): pp. 393–402; Caree Vander Linden, “USAMRIID Supports West Nile Virus Investiga- tions,” accessed October 11, 2011. http://ww2.dcmilitary.com/dcmilitary_archives/ stories/100500/2027-1.shtml; Rosalie T. Trevejo and Millicent Eidson, “West Nile Virus,” Journal of the American Veterinary Medical Association 232 (2008): pp. 1302– 09.

頁302 假如你在夏末發現腦炎：American Museum of Natural History, “West Nile Fever: A Medical Detective Story,” accessed October 10, 2011. http://www.amnh.org/sciencebulletins/biobulletin/

biobulletin/story1378.html.

頁303　動物園裡有很多桶死鳥：McNamara interview.

頁304　它讓她「寒毛直豎」：Ibid.

頁304　「那時我靈光一現，」：Ibid.

頁305　在四十八小時內：Linden, "USAMRIID."

頁305　「科學界的最佳方式」：McNamara interview.

頁305　自從它首次出現後：James J. Sejvar, "The Long-Term Outcomes of Human West Nile Virus Infection," Emerging Infections 44 (2007): pp. 1617–24; Douglas J. Lanska, "West Nile Virus," last modified January 28, 2011, accessed October 13, 2011. http://www.medlink.com/medlinkcontent.asp.

頁305　在一份提交給國會的報告：United States General Accounting Office, "West Nile Virus Outbreak: Lessons for Public Health Preparedness," Report to Congressional Requesters, September 2000, accessed October 10, 2011. http://www.gao.gov/new.items/he00180.pdf.

頁306　獸醫師學界不應被忽略：Ibid.

頁306　美國及世界各國的其他團體：Donald L. Noah, Don L. Noah, and Harvey R. Crowder, "Biological Terrorism Against Animals and Humans: A Brief Review and Primer for Action," Journal of the American Veterinary Medical Association, 221 (2002): pp. 40–43; Wildlife Disease News Digest, accessed October 10, 2011. http://wdin.blogspot.com/.

頁306　金絲雀資料庫以眾所周知：Canary Database, "Animals as Sentinels of Human Environmental Health Hazards," accessed October 10, 2011. http://canarydatabase.org/.

頁306　美國國際開發總署注入數億美元：USAID press release, "USAID Launches Emerging Pandemic Threats Program," October 21, 2009.

頁307　約娜・馬傑特是加大戴維斯分校：University of California, Davis, "UC Davis Leads Attack on Deadly New Diseases," UC Davis News and Information, October 23, 2009, accessed on October 10, 2011. http://www.news.ucdavis.edu/search/news_detail.lasso?id=9259.

頁307　我們不知道外面有什麼疾病：Jonna Mazet interviewed on Capital Public Radio, by Insight host Jeffrey Callison, October 26, 2009. http://www.facebook.com/video/video.php?v=162741314486.

頁307　超過兩千億美元的經費：Marguerite Pappaioanou address to the University of California, Davis Wildlife and Aquatic Animal Medicine Symposium, February 12, 2011, Davis, CA.

頁307　這項計畫凝聚了來自學術機構：USAID spokesperson, March 19, 2012.

頁308　近來，格瑞那達島上有個三年級：One Health, One Medicine Foundation, "Health Clinics," accessed October 10, 2011. http://www.onehealthonemedicine.org/Health_Clinics.php.

頁308　在麻州的塔弗茲有個計畫：North Grafton, "Dogs and Kids with Common Bond of Heart Disease to Meet a Cummings School," Tufts University Cummings School of Veterinary Medicine, April 22, 2009, accessed October 10, 2011. http://www.tufts.edu/vet/pr/20090422.html.

頁308　裝有人工尾鰭的海豚溫特：Clearwater Marine Aquarium, "Maja Kazazic," accessed October 10,

2011. http://www.seewinter.com/winter/winters-friends/maja.

頁311 在二〇〇六年汙染了嫩菠菜：Michele T. Jay, Michael Cooley, Diana Carychao, Gerald W. Wiscomb, Richard A. Sweitzer, Leta Crawford-Miksza,Jeff A. Farrar, et al., "Escherichia coli O157:H7 in Feral Swine Near Spinach Fields and Cattle, Central California Coast," Emerging Infectious Diseases 13 (2007): pp. 1908–11; Michele T. Jay and Gerald W. Wiscomb, "Food Safety Risks and Mitigation Strategies for Feral Swine (Sus scrofa) Near Agriculture Fields," in Proceedings of the Twenty-third Vertebrate Pest Conference, edited by R. M. Timm and M. B. Madon. University of California, Davis, 2008.

頁311 造成一場史上最猛烈的疫病爆發：Laura H. Kahn, "Lessons from the Netherlands," Bulletin of the Atomic Scientists, January 10, 2011, accessed October 10, 2011. http://www.thebulletin.org/web-edition/columnists/laura-h-kahn/lessons-the-netherlands.

頁311 事實上，豬流感始於人類：Matthew Scotch, John S. Brownstein, Sally Vegso, Deron Galusha, and Peter Rabinowitz, "Human vs. Animal Outbreaks of the 2009 Swine-Origin H1N1 Influenza A Epidemic," EcoHealth (2011): doi: 10/1007/s10393-011-0706-x.

頁311 Q代表的是「問號」：Ibid.

頁312 可是，就像我們害怕鬆散的蘇聯核武：Laura H. Kahn, "An Interview with Laura H. Kahn," Bulletin of the Atomic Scientists, last updated October 8, 2011, accessed October 10, 2011. http://www.thebulletin.org/web-edition/columnists/laura-h-kahn/interview.

頁312 在六大「造成國家安全危機」：Centers for Disease Control and Prevention, "Bioterrorism Agents/Diseases," accessed October 10, 2011. http://www.bt.cdc.gov/agent/agentlist-category.asp; C. Patrick Ryan, "Zoonoses Likely to Be Used in Bioterrorism," Public Health Reports 123 (2008): pp. 276–81.

頁313 名單上的第六種媒介物：Centers for Disease Control and Prevention, "Bioterrorism Agents/Diseases."

頁313 在二〇〇七年三月：U.S. Food and Drug Administration, "Melamine Pet Food Recall—Frequently Asked Questions," accessed October 13, 2011. http://www.fda.gov/animalveterinary/safetyhealth/RecallsWithdrawals/ucm129932.htm.

頁313 對於不是傳染性的威脅：Melissa Trollinger, "The Link Among Animal Abuse, Child Abuse, and Domestic Violence," Animal Legal and Historical Center, September 2001, accessed October 10, 2011. http://www.animallaw.info/articles/arus30sepcololaw29.htm.